石油石化职业技能鉴定试题集

特车泵工

中国石油天然气集团公司职业技能鉴定指导中心 编

石油工业出版社

内 容 提 要

本书是由中国石油天然气集团公司职业技能鉴定指导中心依据特车泵工职业资格等级标准,统一组织编写的《石油石化职业技能鉴定试题集》中的一本。本书包括特车泵工初级工、中级工和高级工三个级别的理论知识试题和技能操作试题,是特车泵工职业技能培训和鉴定的必备用书。

图书在版编目(CIP)数据

特车泵工/中国石油天然气集团公司职业技能鉴定指导中心编.
北京:石油工业出版社,2013.7
 (石油石化职业技能鉴定试题集)
ISBN 978-7-5021-9657-8

Ⅰ.特…
Ⅱ.中…
Ⅲ.泵-机械采油-职业技能-鉴定-习题集
Ⅳ.TE355.5-44

中国版本图书馆 CIP 数据核字(2013)第 144546 号

出版发行:石油工业出版社
(北京安定门外安华里2区1号 100011)
网　　址:http://pip.cnpc.com.cn
编辑部:(010)64523585　发行部:(010)64523620
经　销:全国新华书店
印　刷:北京中石油彩色印刷有限责任公司
2013年7月第1版　2013年7月第1次印刷
787×1092毫米　开本:1/16　印张:13.5
字数:342千字
定价:48.00元
(如出现印装质量问题,我社发行部负责调换)
版权所有,翻印必究

《石油石化职业技能鉴定试题集》
编委会

主　任：孙金瑜

副主任：向守源　邱　颖

委　员：(以姓氏笔画为序)

丁传峰	丁福良	王阳福	王运才	王奎一
司志臣	刘孝祖	刘金彪	刘晓华	朱正建
朱春杰	纪安德	许　坚	李世效	李孟洲
李超英	宋玉权	张全胜	张树忠	张晓明
张爱东	张章兴	杨日新	杨明亮	杨静芬
陈若平	帕尔哈提	庞宝森	胡友彬	赵　华
郭为民	崔贵维	崔　昶	曹宗祥	职丽枫
韩　伟	熊术学	蔡激扬	樊红五	潘　慧

前　言

为适应技术、工艺、设备、材料的发展和更新，提高石油石化企业员工队伍素质，满足培训、鉴定工作的需要，中国石油天然气集团公司职业技能鉴定指导中心和中国石油化工集团公司职业技能鉴定指导中心共同组织对"十五"期间编写的部分工种职业技能鉴定题库进行了修订，同时新组织开发了部分工种职业技能鉴定题库。

本套题库的修订、编写坚持以职业活动为导向、以职业技能为核心、统一规范、充实完善的原则，注重内容的先进性与通用性；修订的题库在原题库基础上做了较大的补充和修改，增加了鉴定点和试题，内容主要是新技术、新工艺、新设备、新材料。理论知识试题仍分为选择题、判断题、简答题、计算题四种题型，以客观性试题为主；技能操作试题体现了具体化、量化、可检验、可考核的原则，更具有可操作性。

为方便石油石化企业员工学习使用，现将题库中部分试题编辑出版，形成本套《石油石化职业技能鉴定试题集》。每个工种按级别编写，合为一册出版。理论知识试题公开出版了题库中70%左右的试题，其余30%的隐含试题在相应鉴定点中都可找到同类型或同内容的试题。新试题集出版后，原试题集不再使用。

本工种题库由辽河油田公司组织修订，杨世云、李景任主编，参加编写的人员有胥向东、孙世义、孙松印、齐伟、邓世海、马雪艳、唐君、朱生发、陈丹。参加审定的人员有四川石油管理局井下作业公司张祥安；大庆油田第一采油厂王振强，新疆石油管理局井下作业公司范金生。

由于编者水平有限，书中错误、疏漏之处请广大读者提出宝贵意见。

编者

目 录

特车泵工职业资格等级标准(节选) ································· (1)

第一部分　初级工理论知识试题

鉴定要素细目表 ··· (4)
理论知识试题 ·· (8)
理论知识试题答案 ··· (38)

第二部分　初级工技能操作试题

考核内容层次结构表 ·· (42)
鉴定要素细目表 ·· (43)
技能操作试题 ··· (44)

第三部分　中级工理论知识试题

鉴定要素细目表 ·· (69)
理论知识试题 ··· (74)
理论知识试题答案 ·· (111)

第四部分　中级工技能操作试题

考核内容层次结构表 ·· (115)
鉴定要素细目表 ·· (116)
技能操作试题 ··· (117)

第五部分　高级工理论知识试题

鉴定要素细目表 ·· (144)
理论知识试题 ··· (149)
理论知识试题答案 ··· (184)

第六部分　高级工技能操作试题

考核内容层次结构表 ·· (188)
鉴定要素细目表 ·· (189)
技能操作试题 ··· (190)
参考文献 ··· (209)

特车泵工职业资格等级标准(节选)

一、基础知识

1. 特车泵的基本知识
(1)水泥车。
(2)油田常用水泥车。
(3)压裂车(或压裂机泵组)。
(4)国外压裂车发展现状。
2. 泵的知识
(1)泵的基本知识。
(2)离心泵的基本知识。
(3)往复泵的基本知识。
(4)其他常见泵的基本知识。
(5)特车泵辅助装置的结构。
3. 流体力学知识
(1)流体的概念。
(2)流体的性质。
4. 法定计量单位及换算
5. 四冲程柴油机的基本构造
(1)机体组建。
(2)曲柄连杆机构。
(3)燃料供给系统。
(4)润滑系统。
(5)冷却系统。
(6)启动系统。
(7)增压系统。
6. 井下作业、修井及大修知识
(1)井下作业一般知识。
(2)油井改造基本知识。
(3)油水井大修知识。

二、工作要求

1. 初级

职业功能	工作内容	技能要求	相关知识
一、启动特车泵前的检查	(一)检查柴油机	1. 能检查柴油机的燃油状况 2. 能检查柴油机的机油状况 3. 能检查柴油机的冷却液状况	1. 设备用油料型号 2. 设备用冷却液型号

续表

职业功能	工作内容	技能要求	相关知识
一、启动特车泵前的检查	(二)检查特车泵及附件	1. 能检查特车泵状况 2. 能检查附件状况	1. 特车泵型号 2. 特车泵辅助装置的结构
	(三)检查传动部分	能检查传动部分状况	传动部分的结构
二、启动柴油机及特车泵	(一)启动柴油机	1. 能按正确的步骤操作 2. 能按标准启动柴油机	1. 柴油机启动步聚 2. 柴油机的工作原理
	(二)启动特车泵	1. 能按正确的步骤操作 2. 能按标准启动特车泵	1. 特车泵启动步骤 2. 特车泵的工作原理
三、操作特车泵	(一)井场管线连接及试压	1. 能按标准连接各种管线 2. 能正确进行试压	1. 柴油机的操作规程 2. 特车泵的操作规程
	(二)根据施工要求操作特车泵	1. 能听从现场人员指挥 2. 能根据施工要求正确操作特车泵	特车泵工作性能参数
四、判断与排除一般故障	(一)判断与排除柴油机一般故障	1. 能判断与排除柴油机一般故障 2. 能排除柴油机一般故障	1. 柴油机的结构 2. 柴油机故障判断与排除方法
	(二)判断与排除特车泵一般故障	1. 能判断特车泵一般故障 2. 能排除特车泵一般故障	1. 特车泵的结构 2. 特车泵故障判断与排除方法

2. 中级

职业功能	工作内容	技能要求	相关知识
一、维护保养特车泵	(一)维护保养柴油机	1. 能进行柴油机的日常保养 2. 能进行柴油机的一级保养作业 3. 能检修并更换柴油机易损部件	1. 柴油机的日常保养规程 2. 柴油机的一级保养规程
	(二)维护保养特车泵	1. 能进行特车泵的日常保养 2. 能进行特车泵的一级保养作业 3. 能检修并更换特车泵易损部件	1. 特车泵的日常保养规程 2. 特车泵的一级保养规程
	(三)测绘零件图	能测绘简单零件图	1. 常用工具及量具的使用、维护常识 2. 机械制图方法
二、修理特车泵	(一)修理柴油机	1. 能检查柴油机各部位 2. 能按标准修理柴油机	1. 修理工常识 2. 电学基本常识
	(二)修理特车泵及所属附件	1. 能检查特车泵及所属附件 2. 能按标准修理特车泵及所属附件	1. 特车泵主要零件材料型号 2. 所属附件材料型号
	(三)修理曲轴箱及传动系统	1. 能检查曲轴箱及传动系统 2. 能按标准修理曲轴箱及传动系统	1. 机械传动机构 2. 液力传动机构

3. 高级

职业功能	工作内容	技能要求	相关知识
一、判断与排除常见故障	(一)检查与调整各部间隙及压力	1. 能检查各部间隙及压力 2. 能按标准调整各部间隙及压力	1. 柴油机修理及调整数据 2. 特车泵修理及调整数据
	(二)判断与排除常见故障	1. 能判断柴油机常见故障 2. 能排除柴油机常见故障 3. 能判断特车泵常见故障 4. 能排除特车泵常见故障	1. 柴油机常见故障的处理方法 2. 特车泵常见故障的处理方法
二、维护保养特车泵	(一)维护保养柴油机	1. 能进行柴油机的二级保养作业 2. 能配合修理人员进行柴油机的三级保养作业	1. 钳工基本常识 2. 机加工基本常识 3. 柴油机二级保养规程 4. 柴油机三级保养规程
	(二)维护保养特车泵	1. 能进行特车泵的二级保养作业 2. 能配合修理人员进行特车泵的三级保养作业	1. 质量管理体系常识 2. 特车泵二级保养规程 3. 特车泵三级保养规程
	(三)测绘工件	1. 能测绘零件图 2. 能看懂装配图	1. 公差与配合 2. 机械制图知识

第一部分　初级工理论知识试题

鉴定要素细目表

行为领域	代码	鉴定范围（重要程度比例）	鉴定比重	代码	鉴 定 点	重要程度	备注
基础知识 A 30%	A	泵的基本常识 (2:2:1)	2%	001	泵的定义	Y	
				002	泵的性能	X	
				003	泵的分类	Y	
				004	泵的配件组成方式	X	
				005	泵的参数	Z	
	B	离心泵的基本常识 (2:3:1)	3%	001	离心泵的基本原理	Y	
				002	离心泵的分类	X	
				003	离心泵的结构	Y	
				004	离心泵的性能	X	
				005	离心泵的吸上高度和汽蚀	Z	
				006	离心泵的特点	Y	
	C	往复泵的基本常识 (7:5:1)	6%	001	往复泵的工作原理	X	
				002	往复泵的分类	Y	
				003	往复泵的性能特点	X	
				004	往复泵的流量	Y	
				005	往复泵的压头和压力	X	
				006	往复泵的功率及效率	X	
				007	往复泵动力端的构成	X	
				008	往复泵液力端的构成	X	
				009	柱塞的结构、参数及作用	Z	
				010	往复泵泵阀的结构	Y	
				011	往复泵十字头的结构	X	
				012	往复泵连杆的结构及参数	Y	
				013	往复泵缸套的结构	Y	
	D	其他常见泵 (4:3:1)	4%	001	齿轮泵的结构和用途	X	
				002	齿轮泵的工作原理	Y	
				003	齿轮泵的性能、特点及参数	Z	

续表

行为领域	代码	鉴定范围（重要程度比例）	鉴定比重	代码	鉴 定 点	重要程度	备注
基础知识A 30%	D	其他常见泵(4:3:1)	4%	004	叶片泵的工作原理及应用	X	
				005	试压泵的特点及工作原理	Y	
				006	叶片泵的结构	X	
				007	轴流泵的种类与结构	X	
				008	手摇泵的工作原理	Y	
	E	压裂固井(水泥)泵阀的检查及保养(6:5:0)	5%	001	阀的分类及用途	Y	
				002	安全阀工作原理及结构	X	
				003	低压旋塞阀结构及工作原理	X	
				004	蝶形阀的结构及工作原理	X	
				005	高压旋塞阀的结构	X	
				006	高压旋塞阀的使用	Y	
				007	高压针形阀的结构	Y	
				008	高压针形阀的使用	Y	
				009	高压活动弯头的保养和使用	Y	
				010	高压活动弯头的应用特点	X	
				011	高压(排出)管线	X	
	F	法定计量单位(5:2:1)	4%	001	计量基础知识	Y	
				002	长度、面积、体积的单位	X	
				003	力、压力、扭矩的单位	X	
				004	功、功率的单位	X	
				005	质量、密度的单位	X	
				006	温度的单位	X	
				007	时间及其他计量单位	Y	
				008	常用量具基本知识	Z	
	G	常用井下工具(7:6:2)	6%	001	有杆抽油泵	X	
				002	电动潜油泵	X	
				003	油井封隔器	Z	
				004	水井封隔器	Y	
				005	滤砂管	Y	
				006	防砂充填工具	Y	
				007	油管锚定工具	X	
				008	气锚	X	
				009	泄油器	Y	
				010	脱接器	Y	
				011	防顶卡瓦	Y	
				012	分采开关	X	
				013	配水器	X	
				014	气举阀	X	
				015	洗井器	Z	

续表

行为领域	代码	鉴定范围（重要程度比例）	鉴定比重	代码	鉴定点	重要程度	备注
专业知识 B 70%	A	常用油液的常识（3:3:0）	6%	001	汽油的规格及性能	Y	
				002	轻柴油的规格及性能	X	
				003	轻柴油的选用	X	
				004	其他燃料的规格及应用	X	
				005	柴油机油的规格及应用	Y	
				006	防冻液的使用	Y	
	B	压裂固井（水泥）泵的操作及维护保养（5:4:1）	10%	001	泵工作前的准备	X	
				002	泵工作前的检查	X	
				003	泵的启动	X	
				004	泵的操作	Y	
				005	完工后的检查	Y	
				006	完工后的要求	Z	
				007	泵的一级保养检查内容	X	
				008	泵的一级保养清洁内容	X	
				009	泵的二级保养检查内容	Y	
				010	泵的二级保养清洁内容	Y	
	C	柴油机的工作原理（7:4:1）	12%	001	石油矿场内燃机的特点	Y	
				002	石油矿场内燃机的性能要求	Z	
				003	内燃机的分类	Y	
				004	内燃机的型号	X	
				005	柴油机的做功过程	X	
				006	内燃机曲柄连杆机构的结构	X	
				007	内燃机曲柄连杆机构的组件	X	
				008	单缸四冲程柴油机的工作原理	X	
				009	单缸二冲程柴油机的工作原理	X	
				010	多缸柴油机工作过程的特点	Y	
				011	四冲程柴油机机构的组成	Y	
				012	四冲程柴油机系统的组成	X	
	D	柴油机常见故障的排除（4:3:1）	8%	001	柴油机不能启动	X	
				002	柴油机有杂音	X	
				003	柴油机烟色不对	X	
				004	机油压力不正常	X	
				005	机油温度高、耗油量大	Y	
				006	出水温度过高	Y	
				007	柴油机喷油泵故障	Z	
				008	柴油机调速器故障	Y	

续表

行为领域	代码	鉴定范围（重要程度比例）	鉴定比重	代码	鉴定点	重要程度	备注
专业知识 B 70%	E	特车泵配件损坏与预防 (5:3:1)	10%	001	摩擦的概念和种类	X	
				002	磨损的概念和过程	Y	
				003	特车泵零件损坏的原因	X	
				004	预防特车泵零件损坏的方法	Z	
				005	拉杆的损坏及预防	X	
				006	主轴及连杆轴承的损坏及预防	Y	
				007	阀与阀座的损坏及预防	X	
				008	泵体上、下堵头的损坏及预防	X	
				009	泵阀弹簧的损坏及预防	Y	
	F	特车泵的润滑系统 (3:4:1)	10%	001	润滑的形式	Y	
				002	齿轮传动及润滑	X	
				003	润滑油的选用	X	
				004	润滑脂概述及理化指标	Z	
				005	润滑系统的基本组成	Y	
				006	动力端的润滑	Y	
				007	液力端的润滑	Y	
				008	齿轮油的选用	X	
	G	设备辅助工具 (3:2:1)	6%	001	油压千斤顶	X	
				002	螺旋千斤顶	X	
				003	倒链	X	
				004	手电钻	Y	
				005	电动扳手	Y	
				006	设计简单工具的一般步骤	Z	
	H	硫化氢防护 (4:3:0)	8%	001	硫化氢的危害和特性	X	
				002	救援技术和急救方法	X	
				003	正确使用呼吸保护设备	Y	
				004	限制空间和封闭设施的进入程序	Y	
				005	硫化氢的来源和暴露征兆	X	
				006	硫化氢的监测仪器	Y	
				007	工作场所中的预防	X	

注：X—核心要素；Y——一般要素；Z—辅助要素。

理论知识试题

一、选择题(每题有4个选项,只有1个是正确的,将正确的选项号填入括号内)

1. AA001　泵可以使液体的（　　）和压力增加。
　　　　　(A) 容积　　　　(B) 流速　　　　(C) 能量　　　　(D) 温度

2. AA001　油田用于酸化、压裂、防砂等作业的压裂泵是（　　）三柱塞往复泵。
　　　　　(A) 单吸　　　　(B) 双吸　　　　(C) 单作用　　　(D) 双作用

3. AA001　常把用来抽吸液体、输送液体和使液体（　　）的机器统称为泵。
　　　　　(A) 降低压力　　(B) 降低能量　　(C) 增加压力　　(D) 增加能量

4. AA002　往复泵的效率为（　　）。
　　　　　(A) 70%~95%　　(B) 75%~95%　　(C) 80%~95%　　(D) 85%~95%

5. AA002　为了保证泵的正常工作,泵一般要在汽蚀余量大于其允许汽蚀余量（　　）液柱的情况下工作。
　　　　　(A) 0.3~0.6m　 (B) 0.5~0.8m　 (C) 0.6~1.0m　 (D) 0.6~1.2m

6. AA002　比转数是设计泵时的一个（　　）。
　　　　　(A) 重要参数　　(B) 一般参数　　(C) 普通参数　　(D) 没用参数

7. AA003　容积式泵是依靠工作室容积（　　）改变而输送液体的。
　　　　　(A) 速度　　　　(B) 旋转　　　　(C) 间隙　　　　(D) 效率

8. AA003　容积式泵主要有回转泵和（　　）。
　　　　　(A) 离心泵　　　(B) 轴流泵　　　(C) 喷射泵　　　(D) 往复泵

9. AA003　往复泵可分为隔膜泵和（　　）。
　　　　　(A) 活塞(柱塞)泵　　　　　　　　(B) 齿轮泵
　　　　　(C) 滑片泵　　　　　　　　　　　(D) 凸轮泵

10. AA004　固井泵系统是由汽车发动机、（　　）和功率分配箱来驱动固井泵。
　　　　　(A) 汽车变速箱　(B) 减速箱　　　(C) 分动器　　　(D) 链条箱

11. AA004　驱动部分由球面蜗轮蜗杆传动副、（　　）、连杆、十字头和机座组成。
　　　　　(A) 飞轮　　　　(B) 曲轴　　　　(C) 轴瓦　　　　(D) 运动副

12. AA004　压裂泵的吸入空气包由总管、（　　）和法兰组成。
　　　　　(A) 排气管　　　(B) 支管　　　　(C) 支架　　　　(D) 排水阀

13. AA005　压裂泵是卧式三缸单作用柱塞泵,它的主要性能参数是（　　）。
　　　　　(A) 最高压力81MPa　　　　　　　(B) 最高压力85MPa
　　　　　(C) 最高压力87MPa　　　　　　　(D) 最高压力90MPa

14. AA005　泵的二级保养累计运转应（　　）。
　　　　　(A) 300~500h　 (B) 450~700h　 (C) 400~480h　 (D) 500~700h

15. AA005　每一台泵都有一个比转数,比转数大的泵,其转数（　　）。
　　　　　(A) 一定高　　　(B) 不一定高　　(C) 一定低　　　(D) 不一定低

16. AB001　离心泵在启动之前，泵内应（　　）液体。
　　　　　　（A）灌满　　　　（B）灌二分之一　　（C）不灌　　　　（D）灌三分之二

17. AB001　在离心力的作用力下，液体沿流道被甩向叶轮出口，液体从叶轮获得能量，使压力和（　　）均增加。
　　　　　　（A）能量　　　　（B）效率　　　　（C）速度　　　　（D）容积

18. AB001　由于叶轮入口中心处形成没有液体的局部真空，使吸液罐和叶轮中心处的液体之间就产生了（　　）。
　　　　　　（A）能量　　　　（B）压差　　　　（C）流量　　　　（D）速度

19. AB002　离心泵按叶轮的吸入液体方式可分为（　　）和双吸泵。
　　　　　　（A）单吸　　　　（B）三吸　　　　（C）多吸　　　　（D）四吸

20. AB002　AC 型离心泵是（　　）蜗壳式普通离心水泵。
　　　　　　（A）单级单吸　　（B）双级双吸　　（C）多级单吸　　（D）三级双吸

21. AB002　多级离心泵有多个叶轮，一个叶轮便是（　　）级。
　　　　　　（A）一　　　　　（B）二　　　　　（C）三　　　　　（D）四

22. AB003　叶轮是离心泵结构中的（　　）构件之一。
　　　　　　（A）主要　　　　（B）次要　　　　（C）附属　　　　（D）替代

23. AB003　泵壳的作用是将叶轮甩出来的高速（　　）经蜗形流道减速后汇集起来变为压力能，导向泵的出口。
　　　　　　（A）液体　　　　（B）气体　　　　（C）转速　　　　（D）固体

24. AB003　泵密封件的作用是阻止转动件、泵轴、叶轮和静止件（　　）的间隙处不发生液体向外漏失和直接磨损。
　　　　　　（A）泵盖　　　　（B）托架　　　　（C）泵壳　　　　（D）平衡装置

25. AB004　目前我国最大的离心泵流量达 $54500 m^3/h$，并且这类泵（　　）和压力都很平稳而没有波动。
　　　　　　（A）速度　　　　（B）流量　　　　（C）转速　　　　（D）能量

26. AB004　离心泵的（　　）较高，可与电动机和汽轮机直接相连，传动机构简单紧凑。
　　　　　　（A）转速　　　　（B）压力　　　　（C）流量　　　　（D）能量

27. AB004　当液体黏度增加时，泵的流量、扬程、吸上高度和（　　）都会显著地降低。
　　　　　　（A）效率　　　　（B）压力　　　　（C）容积　　　　（D）能量

28. AB005　在通常情况下，1 个标准大气压相当于（　　）水柱高度。
　　　　　　（A）1.3m　　　　（B）2.3m　　　　（C）3.3m　　　　（D）10.3m

29. AB005　在汽蚀现象发生时，泵还会发生（　　）。
　　　　　　（A）气泡和振动　（B）流量和气泡　（C）流量和振动　（D）振动和噪声

30. AB005　在汽蚀猛烈的时候，泵就（　　）工作。
　　　　　　（A）提高效率　　（B）降低效率　　（C）继续正常　　（D）完全中断

31. AB006　离心泵的流量范围很大，一般常用的流量为（　　）。
　　　　　　（A）$5～20000 m^3/h$　　　　　　（B）$5～15000 m^3/h$
　　　　　　（C）$7～20000 m^3/h$　　　　　　（D）$6～20000 m^3/h$

32. AB006　离心泵操作方便，调节维修容易，并容易实现自动化和远距离（　　）。
　　　　　　（A）工作　　　　（B）操作　　　　（C）维修　　　　（D）购买

33. AB006 （　） 是离心泵的优点之一。
    (A) 液体黏度对泵的影响小　　　　(B) 设备技术性能先进
    (C) 扬程高　　　　　　　　　　　(D) 设备修理费用较低

34. AC001 往复泵柱塞在泵缸内从一顶端位置移至另一顶端位置,这两顶端的距离称为柱塞行程长度或冲程,用符号（　）表示。
    (A) R　　　(B) D　　　(C) A　　　(D) S

35. AC001 往复泵柱塞在原动机带动下,来回往复一次完成一个（　）过程和一个排出过程称为一个工作循环。
    (A) 流入　　　(B) 吸入　　　(C) 排入　　　(D) 压力

36. AC001 油田压裂用柱塞泵是由（　）为原动机,通过曲柄连杆机构等带动柱塞作往复运动的。
    (A) 柴油机　　(B) 电动机　　(C) 蒸汽　　　(D) 压缩空气

37. AC002 柱塞泵往复一次有两次吸入和两次排出过程的泵称为（　）柱塞泵。
    (A) 差动式　　(B) 单作用　　(C) 双作用　　(D) 隔膜式

38. AC002 活塞(柱塞)往复一次有一次吸入过程和两次排出过程或两次吸入过程和一次排出过程的泵称为（　）。
    (A) 差动泵　　(B) 单作用泵　(C) 双作用泵　(D) 齿轮泵

39. AC002 隔膜式往复泵是依靠隔膜片来回鼓动来达到吸入和（　）液体的。
    (A) 压入　　　(B) 流入　　　(C) 排出　　　(D) 吸进

40. AC003 由于往复泵的吸入和排出液体的过程是不连续的,因此排出的（　）不均匀。
    (A) 压力　　　(B) 流量　　　(C) 速度　　　(D) 流速

41. AC003 往复泵泵阀靠阀上下的压差开启,靠自重和（　）关闭。
    (A) 弹簧力　　(B) 推力　　　(C) 拉力　　　(D) 吸力

42. AC003 往复泵不能用改变排出压力的办法来调节（　）。
    (A) 温度　　　(B) 速度　　　(C) 流量　　　(D) 体积

43. AC004 往复泵的理论体积流量的大小与往复泵的柱塞的（　）和冲次等因素有关。
    (A) 冲程　　　(B) 直径　　　(C) 重量　　　(D) 粗糙度

44. AC004 多缸单作用往复泵的理论体积流量计算公式 $q_{v理} = ASnm$,其中 A 表示柱塞的（　）。
    (A) 排量　　　(B) 冲程　　　(C) 冲次　　　(D) 截面积

45. AC004 多缸单作用往复泵的理论体积流量计算公式 $q_{v理} = ASnm$,其中 S 表示柱塞的（　）。
    (A) 排量　　　(B) 冲程　　　(C) 冲次　　　(D) 截面积

46. AC005 如果已知泵排出口（　）与输送液体的密度,即可求出往复泵在该状态下工作的有效压头。
    (A) 压力　　　(B) 流量　　　(C) 容积　　　(D) 流速

47. AC005 在有关压力计算中,有时以表压力为已知条件,求柱塞端面的受力,其公式为 $F = Ap_表$,其中 $p_表$ 为（　）。
    (A) 柱塞端面承受压力　　　　　　(B) 柱塞横截面积
    (C) 表压力　　　　　　　　　　　(D) 柱塞数量

48. AC005　在有关压力计算中,有时以表压力为已知条件,求柱塞端面的受力,其公式为 $F = Ap_表$,其中 A 为（　　）。
　　（A）柱塞端面承受压力　　　　　（B）柱塞横截面积
　　（C）表压力　　　　　　　　　　（D）柱塞数量

49. AC006　泵的总效率公式为 $\eta_b = P/P_主$,其中 P 代表为（　　）。
　　（A）泵的有效功率　　　　　　　（B）泵的有效压头
　　（C）泵的实际流量　　　　　　　（D）实际体积流量

50. AC006　泵的总效率可由实验测出,一般情况下 $\eta_b =$（　　）。
　　（A）0.7~0.98　（B）0.7~0.95　（C）0.7~0.96　（D）0.7~0.9

51. AC006　泵的总效率公式为 $\eta_b = P/P_主$,其中 $P_主$ 代表为（　　）。
　　（A）泵的有效功率　　　　　　　（B）泵的有效压头
　　（C）泵主轴功率　　　　　　　　（D）实际体积流量

52. AC007　往复泵的主体结构是由（　　）和液力端构成。
　　（A）动力端　　（B）泵体　　（C）曲轴　　（D）连杆

53. AC007　往复泵动力端是由（　　）机构组成。
　　（A）泵体、曲轴、连杆、减速装置　（B）泵体连杆减速总量、齿轮
　　（C）泵体曲轴齿轮连杆　　　　　　（D）曲轴、连杆、减速装置、齿轮

54. AC007　油田用压裂车压裂泵的动力端传动减速一般采用（　　）,并对称地装在主轴两端。
　　（A）蜗轮　　（B）人字齿轮　　（C）正齿轮　　（D）斜齿轮

55. AC008　压裂泵液力端由泵头、吸入阀、排出阀、柱塞、封闭填料盒、缸套、（　　）等组成。
　　（A）连杆　　（B）曲轴　　（C）十字头　　（D）拉杆

56. AC008　进口的压裂车组一般在液力端吸入口装有吸入稳压器,如 LT416.9 型压裂泵吸入稳压器内应充（　　）压力的氮气。
　　（A）0.1MPa　（B）0.15MPa　（C）0.2MPa　（D）0.25MPa

57. AC008　压裂泵液力端柱塞密封的润滑采用（　　）润滑。
　　（A）机械泵送油　　　　　　　　（B）强制供油
　　（C）气动增压器供油　　　　　　（D）飞溅

58. AC009　柱塞不但具有光滑耐磨的表面,并且硬度要高,硬度应达到 HRC（　　）以上。
　　（A）50　　（B）55　　（C）60　　（D）65

59. AC009　W-1500 型压裂车压裂泵的柱塞直径为（　　）。
　　（A）101.6mm　（B）110mm　（C）115mm　（D）125mm

60. AC009　因密封原因或柱塞自身材质原因引起柱塞严重磨损或偏磨,使其圆柱度公差大于（　　）时,应予以更换。
　　（A）0.1mm　（B）0.2mm　（C）0.3mm　（D）0.4mm

61. AC010　大泵内有空气应打开（　　）把泵头内灌满液体驱出空气。
　　（A）吸入阀　（B）排出阀　（C）柱塞　（D）阀弹簧

62. AC010　在满足压力和排量的前提下,可换用大直径（　　）以降低冲次,对提高阀的使用寿命有益。

　　　　　　(A) 柱塞　　　　(B) 座体　　　　(C) 阀座　　　　(D) 排出管

63. AC010　阀在往复泵里是最主要零件,液体在泵工作室内的吸入和排送过程全部由(　)控制。
　　　　　　(A) 柱塞　　　　(B) 弹簧　　　　(C) 流量　　　　(D) 阀

64. AC011　往复泵十字头一端为敞口,另一端为密闭的端面,端面上螺纹用于连接(　)。
　　　　　　(A) 柱塞　　　　(B) 曲轴　　　　(C) 齿轮　　　　(D) 连杆

65. AC011　往复泵十字头与滑套的配合间隙一般为(　)。
　　　　　　(A) 0.255～0.380mm　　　　　　(B) 0.30～0.385mm
　　　　　　(C) 0.310～0.390mm　　　　　　(D) 0.315～0.390mm

66. AC011　往复泵十字头的导板固定在(　)。
　　　　　　(A) 曲轴上　　(B) 十字头　　(C) 泵体上　　(D) 连杆上

67. AC012　装配后的往复泵连杆轴承和曲轴连杆轴颈的接触面积不得少于(　)并应达到标准间隙。
　　　　　　(A) 80%　　　　(B) 95%　　　　(C) 88%　　　　(D) 90%

68. AC012　AB-400C 压裂泵连杆轴径与连杆轴承间隙为(　)。
　　　　　　(A) 0.06～0.15mm　　　　　　(B) 0.07～0.16mm
　　　　　　(C) 0.08～0.17mm　　　　　　(D) 0.09～0.18mm

69. AC012　ABD-700B 型压裂泵连杆径与连杆轴承间隙为(　)。
　　　　　　(A) 0.08～0.139mm　　　　　　(B) 0.05～0.132mm
　　　　　　(C) 0.06～0.135mm　　　　　　(D) 0.07～0.137mm

70. AC013　缸套两端都带有螺纹,一端固定在(　)上,利用台阶定位。
　　　　　　(A) 连杆　　　　(B) 阀座　　　　(C) 阀体　　　　(D) 泵体

71. AC013　AC-400C 型压裂泵有两种缸套,分别装入(　)和 φ100mm 的柱塞。
　　　　　　(A) φ115mm　　(B) φ110mm　　(C) φ90mm　　(D) φ80mm

72. AC013　缸套壁上的 6 个小通孔是(　)的油道。
　　　　　　(A) 润滑柱塞　　(B) 润滑连杆　　(C) 润滑泵阀　　(D) 润滑阀体

73. AD001　齿轮泵在油田压裂设备中一般是用来输送燃料油和(　)的。
　　　　　　(A) 润滑油　　　(B) 酸　　　　　(C) 防冻液　　　(D) 液压油

74. AD001　内啮合齿轮泵和外啮合齿轮泵比较,内啮合齿轮泵结构紧凑、体积小、(　)性能好,但齿形复杂,不易加工。
　　　　　　(A) 动力　　　　(B) 排出　　　　(C) 吸入　　　　(D) 流速

75. AD001　齿轮泵还广泛地应用于工程机械、矿山机械、农业机械和机加设备的(　)中等、作用力不大的,简单的液体液压系统中。
　　　　　　(A) 流量　　　　(B) 压力　　　　(C) 速度　　　　(D) 扭矩

76. AD002　当一对啮合齿轮,其中一个主动齿轮由原动机带动旋转,另一从动齿轮与(　)相啮合而转动。
　　　　　　(A) 从动齿轮　　(B) 主动轴　　　(C) 主动齿轮　　(D) 从动轴

77. AD002　齿轮泵工作时,主动、从动齿轮不断旋转,泵便能不断(　)和排出液体。
　　　　　　(A) 吸入　　　　(B) 吸上　　　　(C) 压出　　　　(D) 流入

78. AD002　外啮合齿轮泵是(　)最广泛的一种齿轮泵。

(A) 应用　　　　(B) 结构　　　　(C) 工作　　　　(D) 范围

79. AD003　通常齿轮泵的径向间隙为（　）。
(A) 0.20~0.25mm　　　　(B) 0.15~0.29mm
(C) 0.10~0.15mm　　　　(D) 0.25~0.30mm

80. AD003　通常齿轮泵的端面间隙为（　）。
(A) 0.03~0.09mm　　　　(B) 0.04~0.10mm
(C) 0.05~0.11mm　　　　(D) 0.06~0.12mm

81. AD003　（　）是齿轮泵的主要特点之一。
(A) 制造成本低　(B) 制造成本高　(C) 体积大　　(D) 重量大

82. AD004　当叶片泵转子由原动机带动,叶片在（　）或弹簧力的作用下,紧压在泵体的内壁上。
(A) 压力　　　(B) 离心力　　　(C) 重力　　　(D) 推力

83. AD004　双作用叶片泵（　）较大,均匀性也较好。
(A) 流速　　　(B) 流量　　　(C) 压力　　　(D) 扭矩

84. AD004　双作用叶片泵的流量是（　）的。
(A) 可变　　　(B) 固定　　　(C) 可调　　　(D) 随意

85. AD005　试压泵的流量一般较小,一般不超过（　）。
(A) $1m^3/h$　　(B) $1.5m^3/h$　　(C) $2m^3/h$　　(D) $2.5m^3/h$

86. AD005　当试压泵出口达到20MPa时,试压容器内也达到（　）的压力。
(A) 8MPa　　　(B) 9MPa　　　(C) 20MPa　　　(D) 17MPa

87. AD005　超高压试压泵可达（　）MPa。
(A) 上百　　　(B) 上千　　　(C) 上万　　　(D) 几十

88. AD006　单作用叶片泵的工作压力一般小于（　）。
(A) 6.86MPa　　(B) 6.96MPa　　(C) 7.86MPa　　(D) 7.96MPa

89. AD006　双作用叶片泵,当转子转一周时,便有（　）吸入和排出过程。
(A) 1次　　　(B) 2次　　　(C) 3次　　　(D) 4次

90. AD006　双作用叶片泵的工作压力最大可达（　）。
(A) 19MPa　　(B) 19.5MPa　　(C) 20MPa　　(D) 21.1MPa

91. AD007　轴流泵的泵体形状是圆筒形,叶轮固定在（　）上。
(A) 轴承　　　(B) 泵轴　　　(C) 泵体　　　(D) 电动机传动轴

92. AD007　轴流泵的叶轮一般由（　）片弯曲叶片组成。
(A) 2~6　　　(B) 6~9　　　(C) 10~12　　　(D) 14~18

93. AD007　轴流泵的进口管为（　）。
(A) 长方形　　(B) 喇叭形　　(C) 椭圆形　　(D) 圆形

94. AD008　手摇泵一般排出（　）不高,流量也不大。
(A) 压力　　　(B) 体积　　　(C) 温度　　　(D) 扬程

95. AD008　手摇泵大多用于各种（　）。
(A) 重要操作　(B) 关键操作　(C) 普遍操作　(D) 辅助操作

96. AD008　手摇泵对人的体力（　）。
(A) 消耗大　　(B) 消耗不大　(C) 消耗非常大　(D) 没有消耗

97. AE001　阀门一般可按用途（　）、工作温度、驱动方式等进行分类。
　　　　　　（A）压力　　　　（B）流量　　　　（C）容积　　　　（D）速度
98. AE001　阀门按用途分为截止阀、调节阀、单向阀、分流阀和（　）等。
　　　　　　（A）低压阀　　　（B）高压阀　　　（C）安全阀　　　（D）真空阀
99. AE001　往复泵安全阀属于高压（　）阀。
　　　　　　（A）常温　　　　（B）中温　　　　（C）高温　　　　（D）低温
100. AE002　剪力销式安全阀在往复泵工作时活塞处于（　）状态。
　　　　　　（A）封闭　　　　（B）半封闭　　　（C）打开　　　　（D）半打开
101. AE002　剪力销式安全阀所控制的压力大小是由安全销的（　）和材质不同来确定的。
　　　　　　（A）压力　　　　（B）长短　　　　（C）直径　　　　（D）粗糙度
102. AE002　根据施工压力可以更换安全阀的（　）。
　　　　　　（A）阀座　　　　（B）阀体　　　　（C）销子　　　　（D）阀门
103. AE003　当低压旋塞阀开着时，阀芯的通孔与（　）相通，液体流过。
　　　　　　（A）阀体　　　　（B）管路　　　　（C）安全阀　　　（D）高压旋塞阀
104. AE003　低压旋塞阀的一个锥形柱体与阀体的锥面配合起（　）作用。
　　　　　　（A）密封　　　　（B）压力　　　　（C）通道　　　　（D）导向
105. AE003　低压旋塞阀属于（　）截止阀。
　　　　　　（A）常温、高压、自动　　　　　　　（B）高温、低压、自动
　　　　　　（C）常温、低压、手动　　　　　　　（D）高温、高压、手动
106. AE004　在一般情况，蝶形阀的手柄与管路轴线平行时为（　）的位置。
　　　　　　（A）全闭　　　　（B）半开　　　　（C）全开　　　　（D）半闭
107. AE004　如果蝶形阀在关闭位置，手柄旋转（　）就是全开位置。
　　　　　　（A）120°　　　　（B）90°　　　　（C）150°　　　　（D）180°
108. AE004　蝶形阀安装在压裂泵的（　）管路中。
　　　　　　（A）压力　　　　（B）上水　　　　（C）排水　　　　（D）流量
109. AE005　高压旋塞阀旋转（　）手轮就能达到全开或全关的目的。
　　　　　　（A）90°　　　　（B）120°　　　　（C）150°　　　　（D）180°
110. AE005　从结构上比较，高压旋塞阀比低压旋塞阀（　）。
　　　　　　（A）简单　　　　（B）复杂　　　　（C）一样　　　　（D）便宜
111. AE005　高压旋塞阀在阀体上固定有（　）与阀芯配合的钢制瓦片。
　　　　　　（A）一块　　　　（B）两块　　　　（C）三块　　　　（D）四块
112. AE006　高压旋塞阀属于高压（　）手动截止阀。
　　　　　　（A）低温　　　　（B）常温　　　　（C）中温　　　　（D）高温
113. AE006　重新更换高压旋塞阀应做水压试验，试验压力要超过泵压值的 4.9MPa 以上，应保持（　）不渗漏才能使用。
　　　　　　（A）5min　　　　（B）10min　　　（C）15min　　　（D）20min
114. AE006　高压旋塞阀安装在压裂泵的（　）。
　　　　　　（A）管线中　　　（B）上水口　　　（C）排出口　　　（D）流量上
115. AE007　高压针形阀针阀芯的锥面与阀座的锥孔面配合起（　）作用。
　　　　　　（A）密封　　　　（B）压力　　　　（C）流量　　　　（D）通道

116. AE007　高压放空阀的阀座与阀体之间有（　），用螺纹连接。
　　　　　　（A）胶套　　　（B）胶管　　　（C）密封圈　　　（D）液体
117. AE007　高压针形阀的阀座与阀体之间有密封圈用（　）连接。
　　　　　　（A）法兰　　　（B）螺纹　　　（C）销钉　　　（D）螺栓
118. AE008　高压针形阀与泵的连接方式是螺纹连接，连接管线公称直径为（　）。
　　　　　　（A）38.1mm(1.5in)　　　　　　（B）50mm(2in)
　　　　　　（C）63mm(2.5in)　　　　　　（D）76mm(3in)
119. AE008　AC-400C型水泥车工作结束后用的是（　）阀进行放空。
　　　　　　（A）安全　　　（B）低压　　　（C）针型　　　（D）放空
120. AE008　高压针形阀是在工作结束（　）使用。
　　　　　　（A）排气时　　（B）排液时　　（C）打压时　　（D）放压时
121. AE009　压裂时与井口采油树连接用的是（　）高压活动弯头。
　　　　　　（A）50mm　　　（B）75mm　　　（C）38mm　　　（D）100mm
122. AE009　WT2×70高压活动弯头装（　）钢球。
　　　　　　（A）φ9.5mm　　（B）φ10mm　　（C）φ11mm　　（D）φ12mm
123. AE009　活接头采用（　）的挡瓦结构，卡簧固定，拆卸方便，易于更换。
　　　　　　（A）一片式　　（B）两片式　　（C）三片式　　（D）四片式
124. AE010　AC-400B型压裂车用的φ50mm(2in)活动弯头，它的最高工作压力是（　）。
　　　　　　（A）39.2MPa　　（B）40MPa　　（C）41MPa　　（D）38MPa
125. AE010　WT2×30高压活动弯头的流通直径为（　），耐压30MPa。
　　　　　　（A）40mm　　　（B）45mm　　　（C）50mm　　　（D）55mm
126. AE010　ACF-700型压裂泵的高压活动弯头有（　）连接方式。
　　　　　　（A）一种　　　（B）两种　　　（C）三种　　　（D）四种
127. AE011　ABD-700B型压裂车排出管系在水压试验时，要求在88.3MPa压力下保持（　）不允许有渗漏现象。
　　　　　　（A）10min　　（B）15min　　（C）20min　　（D）25min
128. AE011　耐压40MPa高压管线可以用于（　）型压裂车。
　　　　　　（A）AC-400C　　（B）ABD-700　　（C）W-1500　　（D）SNC-300
129. AE011　各种型号的压裂车的高压排出管系是不能互换的，不单纯是连接螺纹不同，材质、尺寸及承受的（　）都不相同。
　　　　　　（A）垂直　　　（B）压力　　　（C）密封　　　（D）流速
130. AF001　不属于我国法定计量单位的是（　）。
　　　　　　（A）吨　　　　（B）安培　　　（C）英寸　　　（D）焦耳
131. AF001　下列单位中，（　）不属于国际单位制的基本单位。
　　　　　　（A）米　　　　（B）千克　　　（C）安培　　　（D）摄氏度
132. AF001　质量单位千克的符号是（　）。
　　　　　　（A）kg　　　　（B）mg　　　　（C）K　　　　（D）Gj
133. AF002　2in油管对应的管子内径约为（　）。
　　　　　　（A）50.8mm　　（B）20mm　　　（C）25.4mm　　（D）33mm
134. AF002　1.5m^2=15000（　）。

(A) dm²   (B) cm²   (C) mm²   (D) μm²

135. AF002 1gal(英加仑) = ( )。
(A) 2.985L   (B) 5.465L   (C) 3.785L   (D) 4.546L

136. AF003 已知汞的密度为 $13.6 \times 10^3 kg/m^3$,当大气压为750mmHg时,相当于( )。
(A) 18133Pa   (B) 99960Pa   (C) 177706Pa   (D) 102000Pa

137. AF003 压力单位名称:帕的符号是( )。
(A) MPa   (B) atm   (C) Pa   (D) kPa

138. AF003 压力单位名称:Pa(帕)的其他表示式是( )。
(A) N·m   (B) kg/m²   (C) N/m²   (D) kg·m

139. AF004 某人用5kg的力将一物体在水平面上移动了10m,他所做的功为( )。
(A) 490J   (B) 50J   (C) 49J   (D) 0J

140. AF004 单位作用力在其方向上移动单位距离所做的功为1J,可推知J相当于( )。
(A) N·m   (B) N/m   (C) m/N   (D) N·m²

141. AF004 日常使用的电功单位是"度"又叫千瓦时,1度等于( )。
(A) 10^3J   (B) 3.6×10^3J   (C) 6.0×10^4J   (D) 3.6×10^6J

142. AF005 2.5L某液体质量为1kg,则其密度为( )。
(A) 400kg/m³   (B) 250kg/m³   (C) 2500kg/m³   (D) 450kg/m³

143. AF005 5磅的大锤质量约为( )。
(A) 2.576kg   (B) 2.27kg   (C) 4.36kg   (D) 3.05kg

144. AF005 某一高为0.5m的正方体容器盛满着250kg的液体,该液体的密度为( )。
(A) 1000kg/m³   (B) 500kg/m³   (C) 2000kg/m³   (D) 1250kg/m³

145. AF006 某进口柴油机规定使用温度不超过225°F,合( )。
(A) 85℃   (B) 107℃   (C) 99℃   (D) 125℃

146. AF006 水的沸点为( )。
(A) 100°F   (B) 212°F   (C) 32°F   (D) 95°F

147. AF006 水的沸点为100℃,用热力学温度表示为( )。
(A) -273.15K   (B) 273.15K   (C) 173.15K   (D) 373.15K

148. AF007 1200r/min 相当于( )。
(A) 3768rad/min   (B) 7536rad/min
(C) 62.8rad/min   (D) 600rad/min

149. AF007 某车以36km/h的速度通过长为360m的桥,需用( )。
(A) 10s   (B) 6s   (C) 60s   (D) 36s

150. AF007 水的相对分子质量为18,则1mol水的质量为( )。
(A) 1.8kg   (B) 0.18kg   (C) 18g   (D) 1.8g

151. AF008 外径千分尺的活动套管每旋进一圈,则测杆同时前进( )。
(A) 1mm   (B) 0.5mm   (C) 0.01mm   (D) 0.25mm

152. AF008 百分表的测量精度为( )。
(A) 0.1mm   (B) 0.05mm   (C) 0.02mm   (D) 0.01mm

153. AF008 用标准尺寸校对过的百分表测量缸径时,若表针逆时针方向离开"零"位,说明被测缸径比标准尺寸的缸径( )。

(A) 小 (B) 大 (C) 相等 (D) 不可比较

154. AG001 有杆抽油泵根据抽油泵的装配和在油管中的固定方式可分为（ ）。
(A) 整筒泵和组合泵 (B) 定筒式和动筒式
(C) 管式和杆式 (D) 可捞式和不可捞式

155. AG001 对于泵径大于（ ）的抽油泵一般统称为大泵。
(A) φ81mm (B) φ82mm (C) φ83mm (D) φ84mm

156. AG001 特种抽油泵主要包括（ ）。
(A) 防砂泵、抽稠泵 (B) 抽稠泵、螺杆泵
(C) 防砂泵、抽稠泵和螺杆泵 (D) 防砂泵、螺杆泵

157. AG002 电动潜油泵整套装置分为（ ）三部分。
(A) 井下、地面和电力传送 (B) 地下、地面和传输
(C) 井下、地下和电力传送 (D) 地下、电动和传输

158. AG002 多级离心潜油泵常用的是（ ）系列电泵(60Hz)，泵轴最大制动功率69～188kW。
(A) 88 (B) 98 (C) 120 (D) 130

159. AG002 电动潜油泵一般指（ ）。
(A) 井下机组 (B) 电泵井口 (C) 单个装置 (D) 整套装置

160. AG003 Y111-150 封隔器钢体最大外径是（ ）。
(A) 115mm (B) 150mm (C) 138mm (D) 208mm

161. AG003 Y221 封隔器下井过程中，要求操作平稳，不得正转油管，以免中途坐封，如发现中途坐封，应将油管上提（ ），即可解封。
(A) 1～2mm (B) 2～3mm (C) 3～4mm (D) 4～5mm

162. AG003 Y445 型封隔器采用液压坐封，双向卡瓦锚定，坐封后与下部管柱一起丢手，并备有二次插入密封插头，有（ ）系列。
(A) A、B 两种 (B) B、C 两种
(C) A、B、C 三种 (D) A、B、C、D 四种

163. AG004 Y341-115 封隔器采用液压平衡方式，提高了封隔器的（ ）承压能力。
(A) 单向 (B) 双向 (C) 多向 (D) 全面

164. AG004 Y341 型水井封隔器解封：上提油管，卸下油管挂，接（ ）油管短节，下放管柱，即可实现封隔器的解封。
(A) 1～3m (B) 3～5m (C) 5～7m (D) 7～9mm

165. AG004 Y342 型水井封隔器可单级或多级使用于井深为（ ）以内的井，井温小于120℃(150℃)的水井的分层注水。
(A) 2500m (B) 3000m (C) 3500m (D) 4000m

166. AG005 割缝防砂筛管是在油管上（ ），排列均匀，结构简单，施工方便。
(A) 钻大眼 (B) 钻小眼 (C) 割缝 (D) 焊缝

167. AG005 下入整体金属毡滤砂管前应用（ ）的通井规，通井至设计深度。
(A) φ118mm×1000mm (B) φ118mm×1100mm
(C) φ118mm×1200mm (D) φ118mm×1300mm

168. AG005 电动潜油泵专用不锈钢金属绕丝滤砂管最小通径是（ ）。
(A) 62mm (B) 65mm (C) 68mm (D) 70mm

169. AG006　充填孔与油套串通,油管压力降为（　　）,此时就完成了封隔器坐封,并打开了填砂通道。
　　　　（A）3MPa　　（B）2MPa　　（C）1MPa　　（D）0

170. AG006　下高压充填工具前要先（　　）。
　　　　（A）开井　　（B）关井　　（C）通井　　（D）洗井

171. AG006　最高充填压力为（　　）。
　　　　（A）10MPa　　（B）20MPa　　（C）30MPa　　（D）60MPa

172. AG007　油管锚定工具SM型水力锚主要由（　　）、锚瓦、本体等部分组成。
　　　　（A）接头　　（B）变扣　　（C）下接头　　（D）上接头

173. AG007　液压油管锚安装于泵上,抽油过程中,油管内的液面（　　）油套环空液面,锚爪自动伸出,锚定在套管内壁上。
　　　　（A）等同于　　（B）高于　　（C）低于　　（D）高于或低于

174. AG007　FX系列油管锚,油管打压,使锚瓦伸出卡在套管内壁上,锚定管柱。上提油管,拉力约为油管自重加（　　）,剪断销钉,解除锚定。
　　　　（A）50kN　　（B）25kN　　（C）20kN　　（D）15kN

175. AG008　离心回流式气锚主要由外管与具有螺旋筋的离心式中心管（　　）而成。
　　　　（A）连接　　（B）螺纹连接　　（C）焊接　　（D）组焊

176. AG008　沉降式气锚最大外径为（　　）。
　　　　（A）70mm　　（B）80mm　　（C）90mm　　（D）100mm

177. AG008　LS螺旋砂气锚最大外径为（　　）。
　　　　（A）114mm　　（B）120mm　　（C）124mm　　（D）150mm

178. AG009　销钉式泄油器连接在抽油泵筒下部、固定阀（　　）,也可连接在电泵上部油管处,与泵一起下入井中生产。
　　　　（A）中部　　（B）上部　　（C）下部　　（D）右边

179. AG009　撞滑式泄油器泄油时,与撞击头相连的撞击杆长度要（　　）冲程。
　　　　（A）等于　　（B）长于　　（C）短于　　（D）大于

180. AG009　支撑式泄油器下井时受下部管柱的悬重作用呈（　　）。
　　　　（A）打开状态　　（B）半开状态　　（C）关闭状态　　（D）半关闭状态

181. AG010　自旋式脱接器上体轨道的作用是在（　　）上将中心杆的头部引向槽孔内。
　　　　（A）前后方向　　（B）左右方向　　（C）上下方向　　（D）任意方向

182. AG010　卡爪脱接器的总长为（　　）。
　　　　（A）520mm　　（B）530mm　　（C）540mm　　（D）550mm

183. AG010　旋转式脱接器对接时,下体头部沿着上体孔内的到向曲面移动,到位后在爪块的作用下旋转（　　）,上体与下体挂接,抽油泵即可正常工作。
　　　　（A）70°　　（B）75°　　（C）80°　　（D）90°

184. AG011　普通防顶卡瓦的丢手压力为（　　）。
　　　　（A）9～12MPa　　（B）12～15MPa　　（C）15～18MPa　　（D）18～21MPa

185. AG011　普通防顶卡瓦用于油井的（　　）和电动潜油泵分层采油工艺。
　　　　（A）深井浅修　　（B）深井深修　　（C）浅井浅修　　（D）浅井深修

186. AG011　YDS-114型丢手总长为（　　）。

(A) 450mm　　　(B) 480mm　　　(C) 482mm　　　(D) 485mm

187. AG012　YK-115液压分采开关主要由轨道（　）机构、分采机构和压力控制机构等组成。
(A) 多向　　　(B) 转向　　　(C) 转换　　　(D) 换向

188. AG012　YK-115液压分采开关总长为（　）。
(A) 1170mm　　　(B) 1180mm　　　(C) 1190mm　　　(D) 1200mm

189. AG012　YK-115液压分采开关由于钢球与球座的位置原因,该开关应该应用于井斜小于（　）的井。
(A) 70°　　　(B) 45°　　　(C) 50°　　　(D) 40°

190. AG013　ZJK配水器主要由配水机构和（　）两部分组成。
(A) 换向机构　　(B) 定压机构　　(C) 控制机构　　(D) 芯子机构

191. AG013　ZJK配水器的注水量由（　）进行控制。
(A) 水嘴　　　(B) 活塞　　　(C) 芯子　　　(D) 控制阀

192. AG013　ZJK配水器钢体最大外径为（　）。
(A) 150mm　　　(B) 120mm　　　(C) 115mm　　　(D) 110mm

193. AG014　气举阀中的重要部件是（　）。
(A) 旁通套筒　　(B) 波纹管　　(C) 充气腔室　　(D) 单流阀

194. AG014　气举阀筒体外径为（　）。
(A) 90mm　　　(B) 80mm　　　(C) 75mm　　　(D) 73mm

195. AG014　气举阀总长度为（　）。
(A) 550mm　　　(B) 520mm　　　(C) 510mm　　　(D) 500mm

196. AG015　KXJ-114安全洗井器适用于（　）油田,是起油层保护作用的井下工具。
(A) 低渗低压　　(B) 低渗高压　　(C) 高渗低压　　(D) 高渗高压

197. AG015　KXJ-114洗井器钢体最大外径为（　）。
(A) 150mm　　　(B) 114mm　　　(C) 110mm　　　(D) 100mm

198. AG015　KXJ-114洗井器总长为（　）。
(A) 550mm　　　(B) 570mm　　　(C) 580mm　　　(D) 590mm

199. BA001　汽油是按其（　）来划分牌号的。
(A) 辛烷值　　　(B) 凝点　　　(C) 运动黏度　　(D) 纯度

200. BA001　汽车在炎热夏季行驶时用绝热材料将汽油泵和输油管隔开,主要是为了（　）。
(A) 防止发生火灾　　　　　　(B) 提高汽油的辛烷值
(C) 防止生成胶状物质　　　　(D) 防止发生气阻现象

201. BA001　汽油具有蒸发性强、（　）的特点。
(A) 点燃温度高、自燃温度低　　(B) 点燃温度、自燃温度都低
(C) 点燃温度低、自燃温度高　　(D) 点燃温度、自燃温度都高

202. BA002　柴油在运输和储存过程中（　）。
(A) 不易挥发和变质　　　　　(B) 不易挥发和易变质
(C) 易挥发和易变质　　　　　(D) 易挥发和不易变质

203. BA002　轻柴油可按其（　）来划分牌号。
(A) 凝点　　　(B) 密度　　　(C) 含硫量　　　(D) 纯度

204. BA002 按国家标准,柴油分为（　）牌号。
 (A) 0,-10,-20,-35 四个
 (B) 10,0,-10,-20,-35 五个
 (C) 10,0,-10,-20,-35,-50 六个
 (D) 0,-10,-20 三个

205. BA003 柴油发动机选用的轻柴油的凝点应（　）。
 (A) 低于当地气温 0℃ 左右　　(B) 低于当地气温 3~5℃
 (C) 高于当地气温 10℃ 左右　　(D) 高于当地气温 3~5℃

206. BA003 为保证正常的供油量及高压油泵的润滑和雾化的质量,要求轻柴油有合适的（　）。
 (A) 黏度　　(B) 含硫量　　(C) 蒸发性　　(D) 安定性

207. BA003 某地区冬季最低气温为 -15℃ 左右,应选用（　）轻柴油。
 (A) -10 号　　(B) -20 号　　(C) -35 号　　(D) 0 号

208. BA004 额定转速为 800r/min 的柴油机应选用（　）。
 (A) 10 号重柴油　　(B) 20 号重柴油
 (C) 10 号轻柴油　　(D) -20 号轻柴油

209. BA004 重柴油在使用前需采用离心沉降、加热沉降或者过滤等方法（　）。
 (A) 降低含硫量　　(B) 降低其黏度
 (C) 除去杂质和水分　　(D) 降低残炭量

210. BA004 作为燃料油的柴油有多种牌号,总起来分为（　）两大类。
 (A) 高级油和低级油　　(B) 轻柴油和重柴油
 (C) 轻柴油和高级油　　(D) 低级油和重柴油

211. BA005 柴油机油 CD15W/40,代号中 15W（　）。
 (A) 表示其 100℃ 运动黏度　　(B) 代表其低温性能
 (C) 表示其具有良好的清净分散性　　(D) 表示其具有足够黏度

212. BA005 WESTERN1500 型压裂车泵用发动机额定功率为 1342kW,工作于重负荷条件下,宜选用（　）柴油机油。
 (A) CD 级　　(B) CC 级　　(C) CB 级　　(D) CA 级

213. BA005 长城以南、长江以北地区柴油机宜选用（　）柴油机油。
 (A) 5W/30　　(B) 10W/30　　(C) 15W/40　　(D) 25W/30

214. BA006 酒精型防冻液易燃,配制时酒精的含量（　）,否则,蒸发出的蒸气容易着火。
 (A) 不得超过 20%　　(B) 不得超过 40%
 (C) 可大于 40%,但应小于 50%　　(D) 不得超过 30%

215. BA006 硬水不能直接用作柴油机冷却水,必须经过（　）后,才可以使用。
 (A) 充分沉淀　　(B) 充分搅拌　　(C) 软化处理　　(D) 加温过滤

216. BA006 甘油是无色油状液体,沸点是（　）。
 (A) 310℃　　(B) 267℃　　(C) 293℃　　(D) 290℃

217. BB001 高压管线连接时要求不（　）,要有摆动余地。
 (A) 松动　　(B) 憋劲　　(C) 流动　　(D) 活动

218. BB001 施工时按施工要求接好（　）管线。

(A) 进口　　　(B) 出口　　　(C) 进出口　　　(D) 低压

219. BB001　施工前要熟知施工的（　）。
(A) 操作规程　(B) 设备和场地　(C) 人员动态　(D) 天气情况

220. BB002　施工前应检查压裂泵动力端、变速箱内（　）量是否符合规定，油质是否符合标准。
(A) 润滑油　(B) 润滑脂　(C) 柴油　(D) 汽油

221. BB002　施工前应检查安全保险装置，并按规定调定好（　）压力。
(A) 试泵　(B) 工作　(C) 启泵　(D) 试验

222. BB002　施工前应检查各（　）是否灵敏可靠。
(A) 部位　(B) 零件　(C) 仪表　(D) 连接

223. BB003　泵在启动前应检查变速箱排挡杆是否在（　）位置。
(A) 一挡　(B) 空挡　(C) 二挡　(D) 三挡

224. BB003　开泵前应检查柱塞润滑情况，如 W-1500 型压泵车柱塞润滑压力应不低于（　）压力。
(A) 0.2MPa　(B) 0.3MPa　(C) 0.4MPa　(D) 0.5MPa

225. BB003　凡属液控或气控的变速传动箱，控制（　）应达到额定值。
(A) 温度　(B) 气路　(C) 压力　(D) 液体

226. BB004　在施工作业时，操作人员严守工作岗位，要经常注意和检查动力端、（　）和变速箱、柴油机等部位运转是否正常。
(A) 液力端　(B) 仪表　(C) 管线　(D) 高压活动弯头

227. BB004　在施工中要注意泵的上水情况和（　）变化，不得超载荷运转。
(A) 流量　(B) 压力　(C) 容积　(D) 效率

228. BB004　施工中加强同混砂车、井口、施工现场指挥的联系，严禁随意（　）。
(A) 开泵　(B) 试泵　(C) 作业　(D) 停泵

229. BB005　施工结束后将变速箱排挡置入（　）位置。
(A) 空挡　(B) 一挡　(C) 二挡　(D) 三挡

230. BB005　施工结束变速箱调入空挡后，柴油机在怠速运转（　）方可停泵熄火。
(A) 15~20min　(B) 10~15min　(C) 5~10min　(D) 20~25min

231. BB005　放空清洗完毕后，空泵运转（　）左右停泵，放净泵及管线内的积水。
(A) 60s　(B) 30s　(C) 100s　(D) 120s

232. BB006　W-1500 型压裂车在施工后，要求让柴油机怠速转运（　），方可熄灭停车。
(A) 6~8min　(B) 8~10min　(C) 10~12min　(D) 12~14min

233. BB006　AC-400C 型压裂车台上柴油机停机前应先摘掉负荷，降低转数，待水温降到（　）时方可关闭油门停车。
(A) 25~35℃　(B) 40~50℃　(C) 50~70℃　(D) 80~90℃

234. BB006　施工结束后，打开放空阀，用（　）冲洗泵的液力端和管线。
(A) 清水　(B) 汽油　(C) 柴油　(D) 混合液

235. BB007　压裂泵一级保养应检查柱塞、密封圈、阀体、（　）、阀弹簧等的磨损情况。
(A) 拉杆　(B) 阀座　(C) 齿轮　(D) 曲轴

236. BB007　压裂泵一级保养应检查并拧紧各部（　）。

(A) 螺栓螺母　　(B) 弯头　　(C) 阀门　　(D) 销钉

237. BB007　压裂泵一级保养应检查泵十字头、导板、曲轴、轴承、（　）的润滑情况。
(A) 拉杆　　(B) 柱塞　　(C) 阀座　　(D) 阀弹簧

238. BB008　清洗3PCF-300泵机油滤清器时,首先用尖撬杠插进滤清器盖上直径为（　）的孔中逆时针方向卸松滤清器盖。
(A) φ10mm　　(B) φ12mm　　(C) φ13mm　　(D) φ15mm

239. BB008　压裂泵的一级保养除各项检查项目外还应清洁（　）、变速箱的外表。
(A) 柴油机　　(B) 底盘　　(C) 柱塞泵　　(D) 轮胎

240. BB008　泵的一级保养包括（　）。
(A) 二级保养　　(B) 定时保养　　(C) 专项保养　　(D) 例保内容

241. BB009　变速箱各挡齿轮允许有均匀的啮合声,但在稳定转速下不允许有高低变化的（　）声。
(A) 敲击　　(B) 轻微敲击　　(C) 轻微响　　(D) 轻微啮合

242. BB009　压裂泵二级保养时应检查变速箱、传动箱、减速箱（　）磨损情况。
(A) 齿轮　　(B) 轴　　(C) 销子　　(D) 轴承

243. BB009　压裂泵二级保养时应检查十字头、（　）磨损情况及十字头销子衬套的磨损情况。
(A) 拉杆　　(B) 轴承　　(C) 导板　　(D) 曲轴

244. BB010　AC-400C压裂泵二级保养时应清洗润滑柱塞油箱并更换（　）冷却用油。
(A) 40L　　(B) 30L　　(C) 20L　　(D) 50L

245. BB010　W-1500型压裂泵二级保养时,应清洗W-1500型大泵动力端油箱并更换大泵润滑油,其容量为（　）。
(A) 340L　　(B) 350L　　(C) 360L　　(D) 320L

246. BB010　泵的二级保养包括（　）。
(A) 特定保养　　(B) 定时保养　　(C) 专项保养　　(D) 一保内容

247. BC001　燃料在（　）内直接燃烧,靠燃气膨胀推动活塞对外做功的机器,称为内燃机。
(A) 气缸　　(B) 泵　　(C) 缸体　　(D) 缸盖

248. BC001　柴油机是产生（　）的机器,因此叫发动机。
(A) 动力　　(B) 高压　　(C) 高温　　(D) 流速

249. BC001　柴油机是通过（　）、传动轴、变速箱、链条箱等传动的装置,带动泵的曲轴旋转。
(A) 离合器　　(B) 飞轮　　(C) 曲轴　　(D) 齿轮

250. BC002　YLC-1050压裂车上的柴油机最大扭矩为（　）。
(A) 4000N·m　　(B) 4290N·m　　(C) 4100N·m　　(D) 4150N·m

251. BC002　要求柴油机最低稳定转速比最高稳定转速范围要（　）。
(A) 一致　　(B) 相同　　(C) 小　　(D) 大

252. BC002　热效率高标志着发动机的经济性好,即（　）的消耗量少。
(A) 能量　　(B) 功率　　(C) 燃料　　(D) 热量

253. BC003　四冲程柴油机是指活塞移动（　）个冲程,完成一个工作循环。
(A) 四　　(B) 二　　(C) 五　　(D) 六

254. BC003　中速柴油机额定转速一般在（　）。

(A) 600～1000r/min　　　　　　(B) 500～900r/min
(C) 650～1200r/min　　　　　　(D) 550～1000r/min

255. BC003　在一固定（　）位置进行工作,称为固定式柴油机。
(A) 变动　　(B) 不变　　(C) 移动　　(D) 转动

256. BC004　内燃机名称是按照所采用的主要（　）来命名。
(A) 燃料　　(B) 用途　　(C) 缸数　　(D) 工作

257. BC004　内燃机型号应反映出它的主要结构和（　）。
(A) 参数　　(B) 性能　　(C) 名称　　(D) 机型

258. BC004　内燃机型号中,用符号（　）表示二冲程。
(A) E　　(B) D　　(C) f　　(D) A

259. BC005　将吸进柴油机气缸内的新鲜空气进行压缩以获得着火所必要的（　）。
(A) 温度　　(B) 空气　　(C) 能量　　(D) 氧气

260. BC005　为了使柴油得到充分燃烧,空气总是要供应的富裕些,1kg 柴油往往要供给（　）空气。
(A) 26kg　　(B) 25kg　　(C) 22kg　　(D) 20kg

261. BC005　在完成压缩行程时,柴油机气缸内的空气温度可升高到（　）。
(A) 500～700℃　(B) 700～800℃　(C) 800～900℃　(D) 400～500℃

262. BC006　柴油机活塞只能沿气缸做（　）往复运动。
(A) 直线　　(B) 曲线　　(C) 旋转　　(D) 弧线

263. BC006　柴油机连杆一端与活塞相连,另一端与连杆（　）相连。
(A) 轴　　(B) 瓦　　(C) 销　　(D) 螺栓

264. BC006　柴油机连杆轴绕着主轴中心线进行（　）。
(A) 摆动　　(B) 旋转　　(C) 窜动　　(D) 速度

265. BC007　柴油机当活塞往复运动时,通过（　）推动曲轴主轴中心产生旋转运动。
(A) 轴柄　　(B) 连杆　　(C) 连杆轴　　(D) 主轴

266. BC007　柴油机活塞行程等于（　）的曲柄半径长度。
(A) 二倍　　(B) 三倍　　(C) 四倍　　(D) 一倍

267. BC007　曲轴将作用在活塞上的气体压力变成（　）而输出。
(A) 扭矩　　(B) 推力　　(C) 拉力　　(D) 胀力

268. BC008　随着活塞下移,气缸内部容积增大,压力随之（　）。
(A) 增大　　(B) 不减　　(C) 不变　　(D) 减小

269. BC008　柴油机在燃烧与膨胀过程中,气缸内气体的最高温度可达 1700～2000℃,最高压力可达（　）。
(A) 3.9～5.9MPa　　　　　　(B) 4.9～6.8MPa
(C) 5.9～7.8MPa　　　　　　(D) 6.9～8.8MPa

270. BC008　柴油机在实际工作中,在压缩结束前约在上死点前（　）时开始将燃料喷入气缸。
(A) 8°～32°　(B) 10°～35°　(C) 15°～35°　(D) 20°～35°

271. BC009　当二冲程柴油机扫气过程结束,活塞继续上移一个较小的距离时,进气孔被（　）关闭。

(A) 排气门　　　(B) 进气门　　　(C) 活塞　　　(D) 曲轴

272. BC009　二冲程柴油机进气过程不能像非增压四冲程柴油机那样,在外界大气压力下依靠( )运动直接吸入。
(A) 进气门　　　(B) 活塞　　　(C) 曲轴　　　(D) 排气门

273. BC009　从结构上讲,二冲程柴油机比四冲程柴油机多了一套( )。
(A) 进气门　　　(B) 凸轮机构　　(C) 压气机构　　(D) 排气门

274. BC010　四冲程柴油机每个工作循环中,只有燃烧膨胀冲程是做功的,而排气( )和压缩等三个辅助冲程不但不做功,而且还要消耗一部分功。
(A) 进气　　　(B) 空气　　　(C) 压气　　　(D) 废气

275. BC010　四缸柴油机的曲轴间隔转角为( )。
(A) 90°　　　(B) 120°　　　(C) 150°　　　(D) 180°

276. BC010　多缸柴油机在结构上比较复杂,但它能使柴油机( )的均匀性大大改善。
(A) 功率　　　(B) 压力　　　(C) 运转　　　(D) 容积

277. BC011　Z12V190型柴油机各缸发火间隔角度为( )。
(A) 60°　　　(B) 90°　　　(C) 120°　　　(D) 150°

278. BC011　柴油机配气机构与进排气系统的作用是定时地排出废气,吸入新鲜空气,提供燃料燃烧所需要的充足( )。
(A) 氢气　　　(B) 空气　　　(C) 氧气　　　(D) 氮气

279. BC011　柴油机燃料供给与调节系统包括输油泵、喷油器、( )、燃油滤清器以及调速器等。
(A) 喷油泵　　　(B) 齿轮泵　　　(C) 离心泵　　　(D) 清片泵

280. BC012　柴油机润滑系统的作用是将润滑油送到柴油机运转件摩擦表面,以减少运转的( )和摩擦阻力。
(A) 磨损　　　(B) 润滑　　　(C) 散热　　　(D) 震动

281. BC012　柴油机冷却系统主要包括( )、风扇、机油散热器,空气中间冷却器和节温装置等。
(A) 油泵　　　(B) 水泵　　　(C) 空气滤清器　　(D) 机油滤清器

282. BC012　柴油机增压后会有所变化,其中柴油机的( )。
(A) 机械负荷增加,热负荷降低　　(B) 机械负荷降低,热负荷增加
(C) 机械负荷增加,热负荷增加　　(D) 机械负荷降低,热负荷降低

283. BD001　柴油机燃油管路堵塞时,可以发生( )的故障。
(A) 柴油机功率不足　　　　　　(B) 柴油机发动不着火
(C) 发动后又灭火　　　　　　　(D) 不能一次就发动

284. BD001　柴油机的输油泵不供油时,可以发生( )的故障。
(A) 机油压力低　　　　　　　　(B) 柴油机功率不足
(C) 油温高　　　　　　　　　　(D) 柴油机不能启动

285. BD001　喷油正常但不着火,排气管内有燃料,可能是( )的故障。
(A) 喷油器喷不出油　　　　　　(B) 气缸压缩压力不足
(C) 油管堵塞　　　　　　　　　(D) 电路故障

286. BD002　柴油机活塞销与铜套配合太松,运转时有( ),急速时更清晰。

(A) 轻微而尖锐的响声　　　　　(B) 不规则的清脆金属敲击声
(C) 有节奏的清脆金属敲击声　　(D) 低沉不清晰的敲击声

287. BD002 柴油机连杆轴瓦间隙过大时,可以听到（　）。
(A) 轻微而尖锐的响声　　　　　(B) 沉重而有力的撞击声
(C) 不规则的清脆金属敲击声　　(D) 有节奏的清脆金属敲击声

288. BD002 柴油机曲轴滚动轴承径向间隙过小时,运转中发出（　）。
(A) 轻微而尖锐的响声　　　　　(B) 沉重而有力的撞击声
(C) 特别尖锐而刺耳的声音　　　(D) 有节奏的清脆金属敲击声

289. BD002 柴油机运转中气门碰活塞,气缸盖处发出（　）的敲击声。
(A) 沉重而均匀、有节奏　　　　(B) 沉重而无节奏
(C) 沉重而有力　　　　　　　　(D) 不规则的清脆

290. BD003 柴油机气门间隙不正确,导致排气门漏气,排气管会（　）。
(A) 保持正常烟色　　　　　　　(B) 冒蓝烟
(C) 冒黑烟　　　　　　　　　　(D) 冒白烟

291. BD003 柴油机喷油提前角太小,排气管会（　）。
(A) 冒黑烟　　(B) 冒蓝烟　　(C) 冒白烟　　(D) 保持正常烟色

292. BD003 柴油机涡轮增压器弹力气封环烧损或磨损,排气管会（　）。
(A) 保持正常烟色　　　　　　　(B) 冒白烟
(C) 冒黑烟　　　　　　　　　　(D) 冒蓝烟

293. BD003 柴油机喷油器喷油压力过低,排气管会（　）。
(A) 冒黑烟　　　　　　　　　　(B) 保持正常烟色
(C) 冒蓝烟　　　　　　　　　　(D) 冒白烟

294. BD004 柴油机机油泵内进空气,会使（　）。
(A) 机油压力增加,压力表平稳　(B) 机油压力减少,压力表平稳
(C) 机油压力下降,压力表波动　(D) 压力增加,压力表波动

295. BD004 柴油机油底壳内机油量不足,会使（　）。
(A) 机油压力增加,压力表平稳　(B) 机油压力下降,压力表波动
(C) 机油压力减少,压力表平稳　(D) 压力增加,压力表波动

296. BD004 柴油机连杆瓦间隙过大,会使（　）。
(A) 机油压力下降,压力表波动　(B) 机油压力减少,压力表平稳
(C) 机油压力增加,压力表平稳　(D) 压力增加,压力表波动

297. BD004 柴油机压力表油道堵塞时,会使（　）。
(A) 机油压力下降,压力表波动　(B) 机油压力减少
(C) 无机油压力,压力表指针不动　(D) 机油压力增加

298. BD005 柴油机负荷过重时,机油的变化是（　）。
(A) 温度过高,耗量增大　　　　(B) 温度不高,耗量增大
(C) 温度过高,耗量不大　　　　(D) 温度不高,耗量不大

299. BD005 柴油机机油散热器阻塞时,机油的变化是（　）。
(A) 耗量太大　　　　　　　　　(B) 温度太大
(C) 温度过高　　　　　　　　　(D) 温度不高

300. BD005　柴油机机油消耗较快,可能是(　)。
　　　　　(A) 活塞环被粘住或磨损过大　　(B) 机油冷却器阻塞时
　　　　　(C) 机油压力调压阀损坏　　　　(D) 连杆瓦间隙过大

301. BD005　柴油机活塞和缸套磨损过大时,会使(　)。
　　　　　(A) 机油面增加　　　　　　　　(B) 机油变黑
　　　　　(C) 机油温度过低　　　　　　　(D) 冷却水温增高

302. BD006　柴油机风扇转速达不到规定要求,在高负荷下(　)。
　　　　　(A) 出水温度和机油温度都升高　(B) 出水温度低,机油温度高
　　　　　(C) 出水温度高,机油温度低　　(D) 出水温度和机油温度都低

303. BD006　柴油机水泵叶轮损坏时,会使(　)。
　　　　　(A) 出水温度,机油温度高　　　(B) 出水温度和机油温度都升高
　　　　　(C) 出水温度高,机油温度低　　(D) 出水温度和机油温度都低

304. BD006　柴油机水泵叶轮与壳体的间隙过大时,会使(　)。
　　　　　(A) 出水温度和机油温度都低　　(B) 出水温度低,机油温度高
　　　　　(C) 出水温度和机油温度都升高　(D) 出水温度高,机油温度低

305. BD006　柴油机节温器失灵时,会使(　)。
　　　　　(A) 出水温度增高　　　　　　　(B) 出水温度和机油温度降低
　　　　　(C) 出水温度低,机油温度高　　(D) 机油温度升高

306. BD007　柴油机燃油滤清器堵塞时,会出现(　)的故障。
　　　　　(A) 喷油压力过大　　　　　　　(B) 喷油量不足
　　　　　(C) 喷油泵不喷油　　　　　　　(D) 喷油压力过低

307. BD007　柴油机喷油泵柱塞弹簧断裂时,会出现(　)的故障。
　　　　　(A) 喷油泵不喷油　　　　　　　(B) 供油不均匀
　　　　　(C) 喷油量不足　　　　　　　　(D) 喷油压力过低

308. BD007　柴油机喷油泵出油阀弹簧断裂时,会出现(　)的故障。
　　　　　(A) 喷油压力过低　　　　　　　(B) 喷油泵不喷油
　　　　　(C) 供油不均匀　　　　　　　　(D) 喷油量不足

309. BD007　柴油机喷油泵调节齿圈松动时,会出现(　)的故障。
　　　　　(A) 供油不均匀　　　　　　　　(B) 喷油量不足
　　　　　(C) 喷油压力过低　　　　　　　(D) 喷油泵不喷油

310. BD008　柴油机喷油嘴喷孔积炭或滴油时,会有(　)的故障。
　　　　　(A) 容易飞车　　　　　　　　　(B) 达不到标定转速
　　　　　(C) 转速不稳定　　　　　　　　(D) 无怠速

311. BD008　柴油机喷油泵凸轮轴轴向间隙太大时,会发生(　)的故障。
　　　　　(A) 转速不稳定　　　　　　　　(B) 无怠速
　　　　　(C) 容易飞车　　　　　　　　　(D) 达不到标定转速

312. BD008　柴油机调速器飞铁销孔磨损松动时,会有(　)的故障。
　　　　　(A) 达不到标定转速　　　　　　(B) 转速不稳定
　　　　　(C) 无怠速　　　　　　　　　　(D) 容易飞车

313. BE001　当零件相对运动时,在其接触面上产生阻止其运动的相互作用现象,称为(　)。

A、摩擦　　　　（B）磨损　　　　（C）摩擦力　　　　D、边界摩擦

314. BE001　摩擦按摩擦副运动状态可分为（　）。
　　　（A）外摩擦与内摩擦　　　　（B）静摩擦与动摩擦
　　　（C）滑动摩擦与滚动摩擦　　（D）干摩擦与液体摩擦

315. BE001　摩擦按摩擦副运动形式可分为（　）。
　　　（A）外摩擦与内摩擦　　　　（B）静摩擦与动摩擦
　　　（C）滑动摩擦与滚动摩擦　　（D）干摩擦与液体摩擦

316. BE001　摩擦表面只有一层很薄（几个分子厚）的油膜时，所产生的摩擦称为（　）摩擦。
　　　（A）边界　　　（B）液体　　　（C）干　　　（D）磨料

317. BE002　一般来说在设计或使用机器时，应力求延长（　）磨损阶段。
　　　（A）跑合　　　（B）剧烈　　　（C）稳定　　　（D）疲劳

318. BE002　机械零件的正常磨损过程一般可分为（　）三个阶段。
　　　（A）跑合磨损、稳定磨损、剧烈磨损　　　（B）跑合磨损、剧烈磨损、稳定磨损
　　　（C）跑合磨损、快速磨损、剧烈磨损　　　（D）跑合磨损、剧烈磨损、快速磨损

319. BE002　在摩擦面间由于化学腐蚀介质作用而引起的零件表面磨损称为（　）磨损。
　　　（A）磨料　　　（B）粘附　　　（C）腐蚀　　　（D）麻点

320. BE003　特车泵零件正常的磨损过程是（　）。
　　　（A）磨料磨损、粘附磨损、麻点磨损、腐蚀磨损
　　　（B）磨料磨损、麻点磨损、腐蚀磨损、粘附磨损
　　　（C）粘附磨损、磨料磨损、腐蚀磨损、麻点磨损
　　　（D）磨料磨损、粘附磨损、腐蚀磨损、麻点磨损

321. BE003　不能承受弯曲交变应力的零件是（　）。
　　　（A）齿轮　　　（B）曲轴　　　（C）连杆　　　（D）连杆轴承

322. BE003　特车泵部分零件由于承受着弯曲交变应力和其他交变的复杂应力，往往由于疲劳而产生（　）。
　　　（A）扭曲或折断　（B）裂纹或扭曲　（C）裂纹式折断　（D）磨损式扭曲

323. BE004　为使磨损率较低，对于组成摩擦副材料的硬度要求一般比磨料硬度高（　）倍左右。
　　　（A）1　　　（B）1.3　　　（C）1.5　　　（D）2

324. BE004　能够减轻零件腐蚀磨损的材料是（　）。
　　　（A）铜基合金　（B）球墨铸铁　（C）普通钢　（D）不锈钢

325. BE004　热处理是要改变工件（　）从而达到改善力学性能的目的。
　　　（A）内部化学成分　　　　（B）内部组织结构
　　　（C）外部形状　　　　　　（D）所含元素的比例

326. BE005　拉杆作为动力端和液力端连接的主要零件承受的是（　）。
　　　（A）冲击应力　（B）摩擦力　（C）吸引力　（D）拉力

327. BE005　为了防止拉杆在螺纹处断裂，在紧固液力端的固定螺母时一定要（　）。
　　　（A）加大紧固的力量　　　　（B）减小紧固的力量
　　　（C）用力均匀　　　　　　　（D）达到200N·m

328. BE005　拉杆作为动力端与液力端连接的主要零件,经常产生的故障是（　）。
　　　　（A）拉杆扭曲　　　　　　　　（B）拉杆被压短
　　　　（C）拉杆被拉长　　　　　　　（D）拉杆在螺纹处断裂

329. BE006　不会造成主轴承及连杆轴承产生异常和损坏的原因是（　）。
　　　　（A）工作时间过长　　　　　　（B）润滑条件恶劣
　　　　（C）紧固螺母扭矩没达到标准　（D）间隙过大

330. BE006　PG05动力端主轴承瓦盖连接螺栓扭矩为（　）。
　　　　（A）100N·m　（B）138N·m　（C）165N·m　（D）218N·m

331. BE006　主轴承及连杆轴承磨损的主要预防措施是（　）。
　　　　（A）选用黏度大的润滑油　　　（B）大修及解体时调整间隙
　　　　（C）加大螺母的扭矩　　　　　（D）减小螺母的扭矩

332. BE007　特车泵液力端阀胶皮的损坏形式是（　）。
　　　　（A）腐蚀与老化　（B）磨损与老化　（C）变形与老化　（D）磨损与腐蚀

333. BE007　特车泵液力端阀与阀座易损坏的原因是（　）。
　　　　（A）工作压力过高　　　　　　（B）工作转速过高
　　　　（C）输送液体压力过高　　　　（D）液力端走空泵

334. BE007　特车泵液力端阀及阀座的主要损坏形式为（　）。
　　　　（A）疲劳剥离与冲击损坏　　　（B）粘附磨损与冲击损坏
　　　　（C）机械损伤与冲击损坏　　　（D）疲劳剥离与粘附磨损

335. BE008　特车泵体上、下堵头的安装过程中,堵头盖上紧用力应均匀,压体下平面应（　），否则下阀体将出现液体吸入。
　　　　（A）垂直　　（B）成45°角　　（C）成60°角　　（D）水平

336. BE008　特车泵泵体上、下堵头常见故障是在液力端（　）。
　　　　（A）易被刺漏　（B）易被磨损　（C）易被冲击断裂　（D）易被冲击变形

337. BE008　造成特车泵泵体上、下堵头在液力端易被刺漏的原因是（　）。
　　　　（A）安装误差和冲击力　　　　（B）安装误差和介质腐蚀
　　　　（C）冲击力和介质腐蚀　　　　（D）介质腐蚀和摩擦力

338. BE009　特车泵液力端阀弹簧的损坏形式主要是（　）和锈蚀。
　　　　（A）扭曲　　（B）变形　　（C）折断　　（D）失效

339. BE009　特车泵液力端阀弹簧是（　）结构的圆柱螺旋压缩弹簧。
　　　　（A）YI　　（B）YII　　（C）YIII　　（D）RYII

340. BE009　特车泵液力端阀弹簧的损坏形式主要是折断和（　）。
　　　　（A）失效　　（B）锈蚀　　（C）扭曲　　（D）变形

341. BF001　将装有需要润滑部件的箱体内充满润滑油,这种润滑形式称为（　）润滑。
　　　　（A）压力　　（B）喷淋　　（C）飞溅　　（D）浸泡

342. BF001　利用管路将润滑油引到需要润滑的部位并淋到齿轮上或运动副上,这种润滑方式称为（　）润滑。
　　　　（A）压力　　（B）喷淋　　（C）飞溅　　（D）浸泡

343. BF001　目前柴油机使用最广泛的润滑方式是（　）。
　　　　（A）复合式润滑　（B）飞溅润滑　（C）压力润滑　（D）自动润滑

344. BF002　齿轮传动按轴线的相互位置可分为三类。平行轴传动又称（　　）。
　　　　　　（A）相交轴传动　（B）交错轴传动　（C）平面传动　（D）空间传动

345. BF002　按齿轮传动装置的工作条件分类，分为（　　）。
　　　　　　（A）闭式，开式　　　　　　　　（B）闭式、开式和半开式
　　　　　　（C）闭式、开式和半闭式　　　　（D）开式、半开式

346. BF002　大部分的较轻负荷到中负荷的工业齿轮润滑都属于（　　）。
　　　　　　（A）流体润滑　（B）弹性流体润滑　（C）边界润滑　（D）极压润滑

347. BF003　选用润滑油的依据是润滑油的（　　）。
　　　　　　（A）黏滞性　（B）外观　（C）黏度　（D）凝固点

348. BF003　我国的单级内燃机油，是以（　　）时的运动黏度来划分牌号的。
　　　　　　（A）$-5℃$　（B）$0℃$　（C）$100℃$　（D）$150℃$

349. BF003　润滑油在使用过程中，其黏度也会发生变化，一般油的黏度变化超过（　　）时即应更换。
　　　　　　（A）10%　（B）20%　（C）30%　（D）40%

350. BF004　针入度越大，则其脂（　　），稠度越小，流动性越好，摩擦阻力越小。
　　　　　　（A）较硬　（B）硬　（C）越软　（D）越好

351. BF004　滴点不但能告诉我们润滑脂流动的温度，而且也决定于润滑脂的（　　）温度。
　　　　　　（A）最低使用　（B）一般使用　（C）凝固　（D）最高使用

352. BF004　钙钠基脂是由（　　）稠化中等黏度的矿物油制成。
　　　　　　（A）动植物油钠皂　　　　　　　（B）动植物油钙钠基混合皂
　　　　　　（C）动植物油与石灰制成的钙皂　（D）动植物油钙皂

353. BF005　润滑系统中为进行压力润滑、保证润滑油循环和足够油压而设置的装置是（　　）。
　　　　　　（A）润滑油泵　（B）限压阀　（C）润滑油散热器　（D）润滑油滤清器

354. BF005　湿式润滑循环系统是（　　）。
　　　　　　（A）机油不直接储存在油底壳内，通过机油泵沿各润滑管道被输送到各摩擦表面上去
　　　　　　（B）机油不直接储存在油底壳内，通过输油泵沿各润滑管道被输送到各摩擦表面上去
　　　　　　（C）机油直接储存在油底壳内，通过输油泵沿各润滑管道被输送到各摩擦表面上去
　　　　　　（D）机油直接储存在油底壳内，通过机油泵沿各润滑管道被输送到各摩擦表面上去

355. BF005　干式润滑循环系统是（　　）。
　　　　　　（A）机油单独储存在柴油机外部的机油箱内；通过机油箱内的输油泵送到柴油机各摩擦表面上去。
　　　　　　（B）机油单独储存在柴油机内部的机油箱内；通过机油箱内的输油泵送到柴油机各摩擦表面上去。
　　　　　　（C）机油单独储存在柴油机内部的机油箱内；机油泵通过机油箱内的机油泵送到柴油机各摩擦表面上去。

(D) 机油单独储存在柴油机外部的机油箱内;机油通过机油箱内的机油泵送到柴油机各摩擦表面上去。

356. BF006　为保证润滑油温度在（　），通常在特车泵上专设有润滑油散热器。
(A) 40℃~50℃　　(B) 50℃~60℃　　(C) 60℃~70℃　　(D) 70℃~90℃

357. BF006　特车泵连杆轴承的润滑形式是（　）润滑。
(A) 喷淋　　　　(B) 飞溅　　　　(C) 浸泡　　　　(D) 压力

358. BF006　特车泵动力端润滑系统中,溢流阀压力标准为（　）之间。
(A) 0.3~0.6MPa　　　　　　(B) 0.5~0.8MPa
(C) 0.7~0.875MPa　　　　　(D) 0.9~1.125MPa

359. BF007　通常,压裂泵液力端柱塞密封润滑采用（　）润滑。
(A) 强制压力　　　　　　　(B) 气动增压泵供油
(C) 喷淋　　　　　　　　　(D) 飞溅

360. BF007　液力端润滑系统主要采用一个（　）齿轮油泵通过供油管道与油嘴对其进行润滑。
(A) 1/2in　　(B) 3/4in　　(C) 7/8in　　(D) 3/8in

361. BF003　对于液力端的润滑,选用润滑油的凝点,比使用时的平均最低气温（　）。
(A) 不能太高　(B) 尽量低些　(C) 接近　(D) 低5℃左右

362. BF008　一般国产齿轮油的换油周期为（　）。
(A) 2000h　　(B) 3000h　　(C) 4000h　　(D) 5000h

363. BF008　双曲线齿轮油共分为（　）个牌号。
(A) 4　　　　(B) 5　　　　(C) 6　　　　(D) 7

364. BF008　普通齿轮油有20号、26号、30号和（　）共4个牌号。
(A) 34号　　　　　　　　　(B) 40号
(C) 合成工业齿轮油　　　　(D) 合成汽车齿轮油

365. BG001　油压千斤顶主要由（　）等部件所组成。
(A) 大活塞、小活塞、调整螺杆、压杆套、壳体、针阀
(B) 传动齿轮、调整螺杆、压杆套、壳体
(C) 传动齿轮、螺旋副、压杆套、壳体
(D) 传动齿轮、螺旋副、双向棘轮、壳体

366. BG001　油压千斤顶内应加注（　）。
(A) 机油　　(B) 液压油　　(C) 黄油　　(D) 柴油

367. BG001　千斤顶从结构形式可分为（　）四种。
(A) 油压式、气压式、电动式和机械式
(B) 油压式、自动式、电动式和机械式
(C) 水压式、气压式、电动式和机械式
(D) 水压式、自动式、电动式和机械式

368. BG002　螺旋千斤顶主要由（　）等部件所组成。
(A) 活塞、螺旋副、双向棘轮、杠杆套
(B) 大活塞、小活塞、双向棘轮、杠杆套
(C) 传动齿轮、螺旋副、双向棘轮、杠杆套、壳体

(D) 大活塞、小活塞、针阀、杠杆套、壳体

369. BG002 螺旋千斤顶内应按要求加注（ ）。
(A) 柴油　　　(B) 液压油　　　(C) 黄油　　　(D) 机油

370. BG002 螺旋千斤顶属于（ ）千斤顶。
(A) 油压式　　　(B) 气压式　　　(C) 电动式　　　(D) 机械式

371. BG003 改进型倒链的结构是采用（ ）而制成的一种手动起吊工具。
(A) 蜗轮蜗杆减速机构　　　(B) 伞齿轮减速机构
(C) 摩擦轮系减速机构　　　(D) 行星轮系减速机构

372. BG003 倒链适用于（ ）的手动起吊作业。
(A) 固定地点的野外作业　　　(B) 流动性大的室内作业
(C) 固定地点、无电源的室内作业　　　(D) 流动性大、无电源的野外作业

373. BG003 倒链是一种靠人力为动力的手动起吊工具，它的起吊能力是（ ）。
(A) 有规定的　　　(B) 没有规定的
(C) 决定于人工的拉动力量　　　(D) 决定于一起拉动人员的数量

374. BG004 电钻(手电钻)的结构是由（ ）等部件组成。
(A) 电动机、传动机械、壳体、钻夹头
(B) 电动机、外壳、变压器、加压器
(C) 电动机、传动机械、变压器、加压器
(D) 电动机、传动机械、壳体、加压器

375. BG004 按照电钻(手电钻)的输出转速,现在的规格中（ ）。
(A) 有单速、双速、四速和无级调速等电钻
(B) 有单速、双速、三速和无级调速等电钻
(C) 有单速、双速等电钻
(D) 只有一种速度的电钻

376. BG004 电钻(手电钻)的钻头装夹在钻夹头或圆锥套筒内,区别是（ ）。
(A) 6mm 及以下用钻夹头,6mm 以上用锥套筒
(B) 13mm 及以下用钻夹头,13mm 以上用锥套筒
(C) 13mm 及以下用锥套筒,13mm 以上用钻夹头
(D) 6mm 及以下用锥套筒,6mm 以上用钻夹头

377. BG005 电动扳手主要供装拆（ ）用。
(A) 双头螺栓及螺母　　　(B) 螺钉
(C) 六角头螺栓及螺母　　　(D) 方头螺栓及圆螺母

378. BG005 电动扳手采用（ ）,可以产生很大的装拆力矩。
(A) 杠杆机构　　　(B) 扭力机构　　　(C) 冲击机构　　　(D) 弹簧机构

379. BG005 机动扳手根据驱动能源不同,可分为（ ）三种。
(A) 电动、风动(气动)和液压　　　(B) 电动、风动(气动)和机械
(C) 水动、风动(气动)和液压　　　(D) 油动、风动(气动)和液压

380. BG006 设计自用工具和夹具时,首先要知道工具和夹具的（ ）。
(A) 用途　　　(B) 结构　　　(C) 尺寸　　　(D) 数量

381. BG006 设计自用工具和夹具时,根据用途确定结构,画出（ ）。

(A) 示意图　　(B) 装配图　　(C) 零件图　　(D) 制造图

382. BG006　按使用特点,夹具可分为（　）。
(A) 专用夹具和组合夹具
(B) 拼装夹具和组合夹具
(C) 专用夹具和可调夹具
(D) 拼装夹具和可调夹具

383. BH001　硫化氢是一种剧毒（　）。
(A) 固体　　(B) 液体　　(C) 不燃气体　　(D) 可燃气体

384. BH001　硫化氢比空气重,所以能在（　）聚集。
(A) 高位地方　(B) 平面地方　(C) 低洼地区　(D) 潮湿地带

385. BH001　硫化氢不能依靠气味来警示危险浓度,因为处于浓度超过（　）的硫化氢环境中,人会由于嗅觉神经受到麻痹而快速失去嗅觉。
(A) $15mg/m^3$(10ppm)　　(B) $72mg/m^3$(50ppm)
(C) $150mg/m^3$(100ppm)　(D) $435mg/m^3$(300ppm)

386. BH002　进入毒气区抢救中毒人员之前,自己应先戴上防毒面具或（　）,否则,自己也会成为中毒者。
(A) 呼吸器　(B) 空气呼吸器　(C) 反压式呼吸器　(D) 正压式呼吸器

387. BH002　抢救时应立即把中毒者从硫化氢分布的现场抬到（　）的地方。
(A) 空气新鲜　(B) 现场以外　(C) 远离现场　(D) 平坦地面

388. BH002　如果中毒者没有停止呼吸,保持中毒者处于（　）,有条件的可给予输氧。
(A) 正常状态　(B) 活动状态　(C) 休息状态　(D) 停止状态

389. BH003　当环境空气中硫化氢浓度超过（　）时,应佩戴正压式空气呼吸器。
(A) $15mg/m^3$(10ppm)　　(B) $72mg/m^3$(50ppm)
(C) $22mg/m^3$(15ppm)　　(D) $30mg/m^3$(20ppm)

390. BH003　正压式空气呼吸器的有效供气时间应大于（　）。
(A) 30min　(B) 20min　(C) 10min　(D) 5min

391. BH003　对所有正压式空气呼吸器应（　）至少检查1次,并且在每次使用前后都应进行检查,以保证其维持正常的状态。
(A) 一季度　(B) 二个月　(C) 每月　(D) 每天

392. BH004　进入有限空间必须经过（　）。
(A) 上报　(B) 传达　(C) 培训　(D) 许可

393. BH004　在进入所有的限制空间（　）,均应对其进行气体检测,以了解其内的空气环境是否符合安全要求。
(A) 同时　(B) 之前　(C) 之后　(D) 时间段

394. BH004　进入密闭装置的人员应该佩戴便携式监测仪,硫化氢的报警浓度应设定在（　）。
(A) $22mg/m^3$(15ppm)　　(B) $72mg/m^3$(50ppm)
(C) $15mg/m^3$(10ppm)　　(D) $30mg/m^3$(20ppm)

385. BH005　钻入含硫化氢地层、地层流体侵入钻井液,这是钻井液中硫化氢的（　）。
(A) 主要来源　(B) 一般来源　(C) 次要来源　(D) 全部来源

396. BH005　当吸入浓度达到（　）以上时,很快失去知觉,几秒钟后就可能出现窒息,呼吸和心脏停止,中毒者一般无法自救。
　　　(A)1200mg/m³(800ppm)　　　　　　(B)1050mg/m³(700ppm)
　　　(C)900mg/m³(600ppm)　　　　　　　(D)750mg/m³(500ppm)

397. BH005　当遇到硫化氢浓度在（　）以上的毒气时,仅吸一口气,就可能死亡,一般很难抢救。
　　　(A)6000mg/m³(4000ppm)　　　　　　(B)4500mg/m³(3000ppm)
　　　(C)3000mg/m³(2000ppm)　　　　　　(D)1500mg/m³(1000ppm)

398. BH006　便携式硫化氢电子探测报警器能在硫化氢气体对人体危害出现（　）,对硫化氢气体的浓度进行检测报警。
　　　(A)同时　　　　(B)之后　　　　(C)全过程　　　　(D)之前

399. BH006　硫化氢检测仪器种类很多,按使用方式分为便携式和（　）。
　　　(A)固定式　　　(B)超重式　　　(C)常规式　　　(D)扩散式

400. BH006　固定式硫化氢监测仪每（　）校验一次。
　　　(A)半年　　　　(B)一年　　　　(C)一年半　　　(D)两年

401. BH007　当硫化氢浓度达到（　）的阈限值时,立即安排专人观察风向、风速,以便确定受侵害的危险区。
　　　(A)22mg/m³(15ppm)　　　　　　　(B)72mg/m³(50ppm)
　　　(C)15mg/m³(10ppm)　　　　　　　(D)30mg/m³(20ppm)

402. BH007　当硫化氢浓度达到（　）的安全临界浓度时,立即戴上正压式空气呼吸器。
　　　(A)22mg/m³(15ppm)　　　　　　　(B)72mg/m³(50ppm)
　　　(C)15mg/m³(10ppm)　　　　　　　(D)30mg/m³(20ppm)

403. BH007　当井喷失控时,井场硫化氢浓度达到（　）的危险临界浓度时,现场作业人员应立即撤离井场。
　　　(A)220mg/m³(150ppm)　　　　　　(B)72mg/m³(50ppm)
　　　(C)150mg/m³(100ppm)　　　　　　(D)300mg/m³(200ppm)

二、判断题(对的画"√",错的画"×")

(　) 1. AA001　常把用来抽吸液体、输送液体和使液体增加能量的机器统称为泵。
(　) 2. AA002　泵的允许汽蚀余量越大,泵越不易发生汽蚀。
(　) 3. AA003　泵的类型复杂,品种繁多,现代应用的泵一般按其工作原理可分为四大类。
(　) 4. AA004　球面蜗轮蜗杆传动副的减速比为20.5,模数为18。
(　) 5. AA005　泵的几何安装高度和允许吸上真空高度是一回事。
(　) 6. AB001　离心泵工作时,在液体被甩向叶轮出口的同时,叶轮入口中心就形成了没有液体的局部真空。
(　) 7. AB002　离心泵按泵体接缝形式可分为:具有水平接缝的泵和具有垂直接缝的泵。
(　) 8. AB003　离心泵轴向平衡装置最常见的有平衡孔、平衡管和平衡盘等。
(　) 9. AB004　离心泵与同一指标的往复泵相比,结构简单紧凑,体积小,重量轻,零部件少。
(　) 10. AB005　如果泵的叶轮中心为绝对真空,不计吸入管阻损失,外界大气压力也只能将水升高到10.3m高度。
(　) 11. AB006　小流量离心泵因流道很窄,所以它的效率也很低。

( ) 12. AC001　由于泵缸内的工作部件(活塞或柱塞)的运动为往复式的,因此称为往复泵。
( ) 13. AC002　往复泵按泵缸的位置可分为卧式和立式泵两种。
( ) 14. AC003　因往复泵不具有自吸能力,因此泵在运转前需要在泵内灌满液体。
( ) 15. AC004　往复泵在单位时间内所排出的实际液体量称为实际体积流量。
( ) 16. AC005　最大压力是指最大安全工作压力即许用的最大压力。
( ) 17. AC006　在选择原动机功率时应考虑传动机械的传动效率因素和泵有时过载等情况。
( ) 18. AC007　压裂泵动力端的减速装置装在曲轴的输入端。
( ) 19. AC008　压裂泵液力端由泵头、吸入阀、排出阀、柱塞、封闭填料盒、缸套、拉杆等组成。
( ) 20. AC009　柱塞的密封圈采用V形自动密封圈,安装V形槽口应向动力端方向。
( ) 21. AC010　往复泵泵阀弹簧的作用是使阀体吸排液后自动回位。
( ) 22. AC011　往复泵十字头导向板间隙如果过小,在十字头运动时,因摩阻大,引起发热,应调整导板间隙。
( ) 23. AC012　往复泵连杆大头轴孔多为分开式,有平口和斜口。
( ) 24. AC013　润滑不良或润滑油变质是往复泵缸套磨损的原因之一。
( ) 25. AD001　齿轮泵按齿轮形状可分为正齿轮泵、斜齿轮泵和人字齿轮泵等。
( ) 26. AD002　齿轮泵工作时当两齿逐渐分开,工作室的容积逐渐减小形成部分真空。
( ) 27. AD003　一般轴流泵的压力为 0.68~19.6MPa。
( ) 28. AD004　叶片泵的转子是开有径向槽的圆柱形体,在槽内安放叶片,叶片在槽内不能自由滑动。
( ) 29. AD005　试压泵是利用液体具有偏差地传递压力的原理来给容器试压的。
( ) 30. AD006　双作用叶片泵的转子和定子的相对位置是改变的,所以泵的流量是不固定的。
( ) 31. AD007　轴流泵半调节式的叶片是安装在泵上的,改变角度需要把叶片松开用手调节。
( ) 32. AD008　手摇泵一般在体力消耗不大的情况下,把液体从容器内抽出来,或把液体输送到容器中去。
( ) 33. AE001　阀按压力可分为真空阀、低压阀、中压阀、高压阀、超高压阀和截止阀等。
( ) 34. AE002　往复泵出口处装有安全阀,作用是保证管线在运转中不超过一定的压力,确保泵、管线和人身安全。
( ) 35. AE003　高压旋塞阀有的用螺纹与管路连接,有的用法兰与管路连接。
( ) 36. AE004　蝶形阀手柄上有销子固定紧的卡簧防止闸板自动旋转。
( ) 37. AE005　高压旋塞阀从结构上比低压旋塞阀复杂,强度和密封性能上都要求较高。
( ) 38. AE006　高压旋塞阀安装在泵的吸入口,承受吸入口高压液体的压力。
( ) 39. AE007　3PC-300型柱塞泵高压放空阀属于针形阀。
( ) 40. AE008　高压针形阀在泵循环时关着,工作结束放压时使用它放压。
( ) 41. AE009　高压活动弯头也叫长摆动多级旋转接头。
( ) 42. AE010　高压活动弯头用于多转角能摆动、耐高压的活动管汇、管线的转角处的连接。
( ) 43. AE011 低压排出管采用组焊结构,消除螺纹连接高压液体易漏的可能性。
( ) 44. AF001 英制单位是以长度单位"英寸",重量单位"磅"为基础的度量衡单位制单位。
( ) 45. AF002 充满5gal柴油桶需用柴油22.73L。
( ) 46. AF003 25kgf·m 相当于200N·m。
( ) 47. AF004 1kg 汽油完全燃烧约释放10500kcal的热量,相当于42000kJ。
( ) 48. AF005 钢的密度为 $7.8 \times 10^3 kg/m^3$,则10t钢的体积约为$7.8m^3$。
( ) 49. AF006 摄氏温度的度属于国际单位制的基本单位。
( ) 50. AF007 1库仑的电量是一个电子所带电量的 6.02×10^{23} 倍。
( ) 51. AF008 内径百分表可测量任意尺寸的孔的内径。
( ) 52. AG001 井下螺杆泵由转子和定子组成。
( ) 53. AG002 潜油电动机为三相笼式同步感应电动机。
( ) 54. AG003 Y422-115 封隔器最大内径是60mm。
( ) 55. AG004 Y341 型水井封隔器采用下放管柱进行解封,但并不安全。
( ) 56. AG005 整体金属毡滤砂管防砂施工简单,操作方便,耐冲击,但作业时不能减少地层污染。
( ) 57. AG006 防砂充填工具主要由液压机构、锁紧机构、密封机构、锚定机构、充填机构、关闭机构和丢手机构等组成。
( ) 58. AG007 液压油管锚检泵时,油管打压,打开泄压活塞,油套压差消失,锚爪在弹簧的作用下自动收回,解除锚定。
( ) 59. AG008 离心回流式气锚下完管柱,封隔器坐封后,用污水反循环洗井一周。
( ) 60. AG009 销钉式泄油器用于$\phi 80mm$及以下管式抽油泵井和电泵井。
( ) 61. AG010 自旋式脱接器退出时迫使上接头与中心杆旋转180°,之后中心杆头部与上接头的槽孔重合,完成脱接。
( ) 62. AG011 普通防顶卡瓦主要分为丢手、挡砂和正卡瓦三部分。
( ) 63. AG012 YK-115 液压分采开关用于移动管柱换层采油。可多级使用,满足2~4层换层生产。
( ) 64. AG013 下井操作,将芯子配上所需水嘴,投入到ZJK配水器内,不能直接下入井中。
( ) 65. AG014 目前常用的气举阀是一种靠注入水压力作用在波纹管有效面积上使其打开的气举阀。
( ) 66. AG015 洗井器应轻拿轻放,下井要求操作平稳,不得猛提猛放。
( ) 67. BA001 汽油的蒸气压过低,易在输油管中挥发生成气泡,使输油管路发生气阻现象。
( ) 68. BA002 轻柴油是按其密度来划分牌号的。
( ) 69. BA003 柴油发动机应根据其压缩比来选择所用轻柴油牌号。
( ) 70. BA004 重柴油凝点低,黏度较大,使用时需用蒸汽或柴油机排出的废气进行预热。
( ) 71. BA005 在寒区和严寒区,要选用低黏度的柴油机油。
( ) 72. BA006 乙二醇型防冻液无毒,可以用嘴吸取。
( ) 73. BB001 施工时按要求人离井口保持安全距离。

( ) 74. BB002　施工前应检查进出口管线活动弯头连接是否可靠。
( ) 75. BB003　AC-400B压裂车压裂泵的变速箱有四个挡位。
( ) 76. BB004　冬季施工临时停泵时应做间歇循环,防止冻结。
( ) 77. BB005　施工结束后应打开泵盖检查柱塞磨损情况。
( ) 78. BB006　施工作业完毕后立即拆掉高低压管线。
( ) 79. BB007　压裂泵一级保养应检查并拧紧变速箱(传动箱)和压裂泵固定螺栓。
( ) 80. BB008　机油冷却器堵塞不是造成压裂泵传动箱油温过高的原因之一。
( ) 81. BB009　由于压裂泵曲柄的受力是周期循环变化的,所以磨损是不均匀的,通常磨成圆柱形。
( ) 82. BB010　在观察机油压力表时,如压力忽高忽低,这表明机油泵工作不良,说明是机油滤清器堵塞,或机油量不足等造成的。
( ) 83. BC001　内燃机构造复杂、精密度高、制造费用高,但操作维修技能要求比较低。
( ) 84. BC002　柴油机在正常运行过程中,需要进行繁重复杂的操作。
( ) 85. BC003　柴油机和汽油机都属于旋转式内燃机。
( ) 86. BC004　内燃机型号国家统一规定,中部为冲程符号,不用符号表示为二冲程内燃机。
( ) 87. BC005　内燃机排气过程就是将新鲜空气吸入气缸,提供燃料燃烧时所需的氮气。
( ) 88. BC006　柴油机连杆随着活塞和曲轴的旋转而进行旋转。
( ) 89. BC007　柴油机曲轴每转动一圈(360°)活塞便移动一个冲程。
( ) 90. BC008　在新鲜空气进入柴油机气缸的过程中,由于受空气滤清器、进气管、进气门等阻力影响,使进气终了时气缸的气体压力略高于大气压力。
( ) 91. BC009　二冲程柴油机采用进气门型式的配气机构。
( ) 92. BC010　提高柴油机运转的均匀性方法之一就是采用单缸结构型式。
( ) 93. BC011　柴油机上所有运动件和辅助系统都支承在机体组件上。
( ) 94. BC012　目前油田压裂车台上柴油机所采用的起动系统有电动启动系统、压缩空气启动系统、液压启动系统。
( ) 95. BD001　气门漏气时应更换新气门。
( ) 96. BD002　活塞与缸套间隙过大时,可在缸体外壁处听到撞击声。
( ) 97. BD003　柴油机长期低负荷(标定功率40%以下)运转,虽排气不好,但可延长使用期。
( ) 98. BD004　柴油机机油冷却器油管破裂,会使压力表压力增加。
( ) 99. BD005　柴油机涡轮增压器的弹力密封装置失效时,会使机油面上升较快。
( ) 100. BD006　在闭式循环的柴油机中,虽然散热器水量不足,也不会使水温过高。
( ) 101. BD007　柴油机输油泵进油接头滤网阻塞时,会使喷油泵出油量不足。
( ) 102. BD008　柴油机喷油泵调速弹簧断裂时,会使标定转速达不到。
( ) 103. BE001　所有摩擦都是有害无益的,是必须减少和避免的。
( ) 104. BE002　磨损会降低零件的工作可靠性,但不会影响机器的效率。
( ) 105. BE003　特车泵零部件在交变载荷的作用下会加大磨损。
( ) 106. BE004　为了减轻特车泵零部件腐蚀磨损,应加大其表面粗糙度值。
( ) 107. BE005　作为动力端和液力端的主要连接部件,拉杆所承受的是柱塞运动时所产生的冲击力。

( ) 108. BE006 柴油机曲轴主轴承都是滑动轴承,即瓦片结构。
( ) 109. BE007 装配液力端阀胶皮时,应注意胶皮与阀体平齐,不得高于阀体。
( ) 110. BE008 特车泵泵体上、下堵头在液力端的检修中经常需要拆开,在组装过程中稍有误差,就会造成泵头的刺漏。
( ) 111. BE009 阀弹簧的损坏形式主要是扭曲变形。
( ) 112. BF001 利用特车泵工作时运动件带起来的油滴或油雾润滑摩擦表面称为飞溅润滑。
( ) 113. BF002 齿轮每次啮合均需重新建立油膜,且啮合表面不相吻合,形成油膜的条件较差。
( ) 114. BF003 高转速的机动设备要求黏度小的润滑油。
( ) 115. BF004 向润滑部位注入钙基脂时,可以加热注入。
( ) 116. BF005 特车泵润滑油泵的吸入口处应安装阻力较大的精细过滤装置,以防止各种杂质进入润滑油泵,保证润滑油泵正常工作。
( ) 117. BF006 在通常情况下特车泵动力端的所有运动件都采用喷淋润滑。
( ) 118. BF007 气动润滑油泵在工作时不允许有响声,如果发出有节奏的响声就说明气动润滑油泵出现了故障。
( ) 119. BF008 双曲线齿轮油都加有极压添加剂,具有良好的抗压性能。普通齿轮油没有加入极压添加剂,因此不能用普通齿轮油代替双曲线齿轮油。
( ) 120. BG001 油压千斤顶使用时,首先用手将撑牙推向上升方向,然后开始起重。
( ) 121. BG002 螺旋千斤顶使用时,可以选择任何方向受力都能起到作用。
( ) 122. BG003 使用倒链起重,首先要清楚倒链规定吊起的负荷,不能超载。
( ) 123. BG004 19mm、23mm 的手电钻扭矩很大,使用时最好两人操作。
( ) 124. BG005 双定电动扳手在拧紧螺栓(螺母)时,能自动控制扭矩和扭转角度。
( ) 125. BG006 设计自用工具和夹具时,需要按照使用条件选用材料和热处理方法。
( ) 126. BH001 吸入一定浓度的二氧化硫不会引起人身伤害甚至死亡。
( ) 127. BH002 在医生证明中毒者已恢复健康可返回工作岗位之前,应把中毒者置于医疗监护之下。
( ) 128. BH003 正压式空气呼吸器应放在仓库的安全位置。
( ) 129. BH004 在监测仪报警时,装置内作业人员应有秩序撤出,避免因为混乱而造成其他事故。
( ) 130. BH005 H_2S 在低浓度时可闻到臭鸡蛋味,当浓度高时,人的嗅觉迅速钝化,反而闻不到。
( ) 131. BH006 便携式硫化氢监测仪每一年校验一次。
( ) 132. BH007 在采取控制和消除措施后,不用监测危险区大气中的硫化氢及二氧化硫浓度。

理论知识试题答案

一、选择题

1. B	2. C	3. D	4. B	5. A	6. A	7. C	8. D	9. A	10. A
11. B	12. B	13. B	14. C	15. B	16. A	17. C	18. B	19. A	20. A
21. A	22. A	23. A	24. C	25. B	26. A	27. A	28. D	29. D	30. D
31. A	32. B	33. D	34. D	35. B	36. A	37. C	38. A	39. C	40. B
41. A	42. C	43. A	44. D	45. B	46. A	47. C	48. B	49. A	50. D
51. C	52. A	53. A	54. D	55. D	56. B	57. C	58. B	59. A	60. A
61. B	62. A	63. D	64. A	65. A	66. C	67. A	68. A	69. D	70. D
71. C	72. A	73. A	74. C	75. C	76. C	77. A	78. A	79. C	80. B
81. A	82. B	83. B	84. B	85. A	86. C	87. B	88. A	89. B	90. D
91. B	92. A	93. B	94. A	95. D	96. B	97. A	98. C	99. A	100. A
101. C	102. C	103. B	104. A	105. C	106. C	107. B	108. B	109. A	110. B
111. B	112. B	113. C	114. C	115. A	116. C	117. B	118. B	119. C	120. D
121. B	122. A	123. C	124. A	125. C	126. B	127. C	128. A	129. B	130. C
131. D	132. A	133. A	134. B	135. D	136. B	137. C	138. C	139. A	140. A
141. D	142. A	143. B	144. C	145. B	146. B	147. D	148. B	149. D	150. C
151. B	152. D	153. B	154. C	155. C	156. C	157. A	158. B	159. D	160. B
161. B	162. C	163. B	164. B	165. C	166. C	167. C	168. A	169. D	170. C
171. C	172. D	173. B	174. C	175. D	176. C	177. A	178. B	179. C	180. A
181. D	182. C	183. D	184. C	185. A	186. C	187. D	188. C	189. B	190. C
191. A	192. C	193. B	194. D	195. D	196. A	197. B	198. C	199. A	200. D
201. C	202. A	203. A	204. C	205. B	206. A	207. B	208. A	209. C	210. B
211. B	212. A	213. C	214. B	215. C	216. D	217. C	218. C	219. A	220. A
221. B	222. C	223. B	224. A	225. C	226. A	227. B	228. D	229. A	230. A
231. B	232. B	233. C	234. C	235. B	236. C	237. A	238. B	239. C	240. D
241. A	242. A	243. C	244. C	245. A	246. D	247. C	248. A	249. C	250. B
251. D	252. C	253. A	254. A	255. B	256. C	257. B	258. A	259. A	260. D
261. A	262. A	263. A	264. B	265. B	266. A	267. C	268. D	269. D	270. B
271. C	272. B	273. C	274. A	275. D	276. C	277. A	278. C	279. A	280. A
281. B	282. C	283. B	284. C	285. B	286. C	287. B	288. C	289. B	290. C
291. A	292. C	293. A	294. C	295. B	296. A	297. C	298. A	299. C	300. A
301. B	302. A	303. B	304. C	305. A	306. C	307. B	308. C	309. A	310. C
311. A	312. B	313. A	314. B	315. C	316. A	317. C	318. A	319. C	320. D

第一部分 初级工理论知识试题

321. D	322. C	323. B	324. A	325. B	326. A	327. C	328. D	329. A	330. B
331. B	332. D	333. D	334. A	335. D	336. A	337. B	338. C	339. A	340. B
341. D	342. B	343. A	344. C	345. B	346. B	347. C	348. C	349. B	350. C
351. D	352. B	353. A	354. C	355. D	356. D	357. B	358. C	359. B	360. C
361. D	362. B	363. C	364. D	365. A	366. B	367. A	368. C	369. C	370. D
371. D	372. D	373. A	374. D	375. B	376. D	377. C	378. D	379. D	380. A
381. B	382. A	383. D	384. C	385. C	386. D	387. A	388. C	389. D	390. A
391. C	392. D	393. B	394. C	395. A	396. B	397. C	398. D	399. A	400. B
401. C	402. D	403. C							

二、判断题

1. √ 2. × 泵的允许汽蚀余量越小,泵越不易发生汽蚀。 3. × 泵的类型复杂,品种繁多,现代应用的泵一般按其工作原理可分为三大类。 4. √ 5. × 泵的几何安装高度和允许吸上真空高度是两回事。 6. √ 7. √ 8. √ 9. √ 10. √

11. √ 12. √ 13. √ 14. × 因往复泵具有自吸能力,因此泵在运转前不需要在泵内灌满液体。 15. √ 16. √ 17. √ 18. √ 19. √ 20. × 柱塞的密封圈采用V形自动密封圈,安装V形槽口应向泵头方向。

21. √ 22. √ 23. √ 24. √ 25. √ 26. × 齿轮泵工作时当两齿逐渐分开,工作室的容积逐渐增大形成部分真空。 27. × 一般齿轮泵的压力为 0.68～19.6MPa。 28. × 叶片泵的转子是开有径向槽的圆柱形体,在槽内安放叶片,叶片在槽内可以自由滑动。 29. × 试压泵是利用液体具有等值地传递压力的原理来给容器试压的。 30. × 双作用叶片泵的转子和定子的相对位置是不变的,所以泵的流量是固定的。

31. √ 32. √ 33. × 阀按压力可分为真空阀、低压阀、中压阀、高压阀和超高压阀等。 34. √ 35. × 低压旋塞阀有的用螺纹与管路连接,有的用法兰与管路连接。 36. √ 37. √ 38. × 高压旋塞阀安装在泵的排出口,承受排出口高压液体的压力。 39. √ 40. × 高压针形阀在泵循环时开着,工作结束放压时使用它放压。

41. √ 42. √ 43. × 高压排出管采用组焊结构,消除螺纹连接高压液体易漏的可能性。 44. √ 45. √ 46. × 25kgf·m 相当于 245N·m。 47. × 1kg 汽油完全燃烧约释放 10500kcal 的热量,相当于 43932kJ。 48. × 钢的密度为 $7.8×10^3kg/m^3$,则 10t 钢的体积约为 $1.282m^3$。 49. × 热力学温度的开尔文属于国际单位制的基本单位。 50. × 1 库仑的电量是一个电子所带电量的 $6.25×10^{18}$ 倍。

51. × 内径百分表的测量范围最小为6mm。 52. √ 53. × 潜油电动机为三相笼式异步感应电动机。 54. × Y422-115 封隔器最大内径是58mm。 55. × Y341 型水井封隔器采用下放管柱进行解封,安全可靠。 56. × 整体金属毡滤砂管防砂施工简单,操作方便,耐冲击,作业时可大大减少地层污染。 57. √ 58. √ 59. × 离心回流式气锚下完管柱,封隔器坐封后,用清水反循环洗井一周。 60. × 销钉式泄油器用于 ϕ70mm 及以下管式抽油泵井和电泵井。

61. × 自旋式脱接器退出时迫使上接头与中心杆旋转 90°,之后中心杆头部与上接头的槽孔重合,完成脱接。 62. × 普通防顶卡瓦主要分为丢手、挡砂和反卡瓦三部分。 63. × YK-115 液压分采开关用于不动管柱换层采油。可多级使用,满足 2~4 层换层生产。 64. × 下井操作,将芯子配上所需水嘴,投入到 ZJK 配水器内,直接下入井中。 65. × 目前常用的气举阀是一种靠注入气压力作用在波纹管有效面积上使其打开的气举阀。 66. √ 67. × 汽油的蒸气压过高,易在输油管中挥发生成气泡,使输油管路发生气阻现象。 68. × 轻柴油是按其凝点来划分牌号的。 69. × 柴油发动机应根据当地气温来选择所用轻柴油牌号。 70. × 重柴油凝点高,黏度较大,使用时需用蒸汽或柴油机排出的废气进行预热。

71. √ 72. × 乙二醇型防冻液有毒,不得用嘴吸取。 73. √ 74. √ 75. × AC-400B 压裂车压裂泵的变速箱有三个挡位。 76. √ 77. × 施工结束后应盘泵检查柱塞磨损情况。 78. × 施工作业完毕,确认管线已放压后,方可拆掉高低压管线。 79. √ 80. × 机油冷却器堵塞是造成压裂泵传动箱油温过高的原因之一。

81. × 由于压裂泵曲柄的受力是周期循环变化的,所以磨损是不均匀的,通常磨成椭圆形。 82. √ 83. × 内燃机构造复杂、精密度高、制造费用高,操作维修技能要求比较高。 84. × 柴油机在正常运行过程中,不需要进行繁重复杂的操作。 85. × 柴油机和汽油机都属于往复式内燃机。 86. × 内燃机型号国家统一规定,中部为冲程符号,不用符号表示为四冲程内燃机。 87. × 内燃机进气过程就是将新鲜空气吸入气缸,提供燃料燃烧时所需的氧气。 88. × 柴油机连杆随着活塞和曲动的旋转而进行摆动。 89. × 柴油机曲轴每转动半圈(180°)活塞便移动一个冲程。 90. × 在新鲜空气进入柴油机气缸的过程中,由于受空气滤清器、进气管、进气门等阻力影响,使进气终了时气缸的气体压力略低于大气压力。

91. × 二冲程柴油机不采用进气门型式的配气机构。 92. × 提高柴油机运转的均匀性方法之一就是采用多缸结构型式。 93. √ 94. √ 95. × 气门漏气时应先研磨气门,如果不行再更换新气门。 96. √ 97. × 柴油机长期低负荷(标定功率 40% 以下)运转,排气会冒蓝烟,会影响使用,降低寿命。 98. × 柴油机机油冷却器油管破裂,会使压力表压力下降。 99. × 柴油机涡轮增压器的弹力密封装置失效时,会使机油面下降较快。 100. × 在闭式循环的柴油机中,如果散热器水量不足,会使水温过高。

101. √ 102. × 柴油机喷油泵调速弹簧断裂时,会造成飞车。 103. × 所有摩擦并非都是有害无益的,某些情况下是有益的。 104. × 磨损会降低零件的工作可靠性,会影响机器的效率。 105. × 特车泵零部件在交变载荷的作用下不会加大磨损。 106. × 为了减轻特车泵零部件腐蚀磨损,应减小其表面粗糙度值。 107. √ 108. × 柴油机曲轴主轴承大多是滑动轴承,即瓦片结构。 109. × 装配液力端阀胶皮时,应注意胶皮与阀体平齐,要高于阀体。 110. √

111. × 阀弹簧的损坏形式主要是折断和锈蚀。 112. √ 113. √ 114. √ 115. × 向润滑部位注入钙基脂时,不可以加热注入。 116. × 特车泵润滑油泵的吸入口处应安装阻力较小的精细过滤装置,以防止各种杂质进入润滑油泵,保证润滑油泵正常工作。 117. × 在通常情况下特车泵动力端的所有运动件都采用压力润滑。 118. × 气动润滑油泵在工作时允许有响声,如果发出有节奏的响声就说明气动润滑油泵工作正常。 119. √ 120. × 油压千斤顶使用时,首先用手柄的开槽端将回油阀关闭,然后开始起重。

121. √ 122. √ 123. × 19mm、23mm 的手电钻扭矩很大,使用时最好用电磁钻孔器,即吸铁电钻架进行钻孔。 124. √ 125. √ 126. × 吸入一定浓度的二氧化硫会引起人身伤害甚至死亡。 127. √ 128. × 正压式空气呼吸器应放在人员能迅速取用的安全位置。 129. √ 130. √

131. × 便携式硫化氢监测仪每半年校验一次。 132. × 在采取控制和消除措施后,继续监测危险区大气中的硫化氢及二氧化硫浓度。

第二部分　初级工技能操作试题

考核内容层次结构表

级　别	技　能　操　作			合　计
	基本操作	安装与调试	维护与保养	
初级工	30 分 60~90min	30 分 60~100min	40 分 50~90min	100 分 170~280min
中级工	30 分 40~150min	30 分 40~120min	40 分 60~180min	100 分 140~450min
高级工	30 分 45~50min	30 分 40~60min	40 分 60~120min	100 分 145~230min

鉴定要素细目表

行为领域	鉴定范围 代码	鉴定范围 名称	鉴定比重	鉴定点 代码	鉴定点 名称	重要程度
技能操作 A 100%	A	基本操作	30%	001	更换 AC-400C 型柱塞泵柱塞	X
				002	更换 AC-400C 型变速箱机油	X
				003	更换 AC-400C 型柱塞拉杆密封圈	Y
				004	更换 ACF-700B 型压裂泵阀胶皮与阀座	Y
				005	更换调整 ACF-700B 型压裂泵柱塞密封圈	Z
	B	安装与调试	30%	001	连接酸化施工管线并完成管线试压	Z
				002	检修 AC-400C 型水泥泵泵阀	X
				003	施工时对遥控面板的检查和放置	X
				004	清洗 ACF-700B 型压裂泵机油滤清器及过滤筒	Y
				005	压裂(固井)泵的一般操作	Y
	C	维护与保养	40%	001	AC-400C 型水泥泵的一级保养	Y
				002	压裂(固井)泵及传动系例行保养作业	Z
				003	巡回检查 AC-400C 型水泥车台上设备及保养	X
				004	拆装及保养高压活动弯头	Y
				005	修保高压针形阀	X
				006	修保水柜阀门	Y
				007	检查保养 ACF-700B 型压裂泵安全阀及柴油机滤清器	X

注：X—核心要素；Y—一般要素；Z—辅助要素。

技能操作试题

一、AA001 更换 AC-400C 型柱塞泵柱塞

1. 考场准备

序 号	名 称	型号与规格	单 位	数 量	备 注
1	柱塞	$\phi 100mm$	个	3	
2	柱塞密封圈		个	6	
3	机油		L	1	
4	木头	长150mm,$\phi 80mm$	根	1	
5	开口扳手	S46,S60	把	2	
6	螺丝刀	250mm	把	1	
7	手锤	0.66kg	把	1	
8	撬棍		根	1	
9	加力杆	12in	根	1	
10	专用扳手		把	1	
11	水泥车	AC-400C	台	1	
12	考试车场	10m×10m	块	1	

2. 考核时限

准备时间 1min,正式操作时间 90min,到时停止操作,按完成项目计分。

3. 考核要求

(1)工具准备:工具、用具选择齐全。

(2)柱塞与密封圈的拆卸:盘泵符合要求,柱塞位置正确;顶柱塞时一定用木头,操作熟练。

(3)装配旋紧:柱塞与拉杆装配要合适,柱塞表面涂机油。

(4)检查紧固:各部分螺纹没有损坏,紧固符合要求,密封严。

(5)劳保穿戴与操作:正确使用工具、用具,用后进行维护保养;劳保穿戴齐全,操作中符合安全操作规程要求。

4. 评分标准

序号	考核内容	考核要求	评分标准	配分	扣分	得分
1	工具准备	工具、用具选择齐全	工具、用具不齐全,缺一件扣3分	10		
2	柱塞与密封圈的拆卸	操作熟练,盘泵正确	操作不熟练扣5分;盘泵不正确扣5分;拆卸不符合要求扣5分	15		
		柱塞位置正确	柱塞位置不正确扣10分	10		

续表

序号	考核内容	考核要求	评分标准	配分	扣分	得分
3	装配旋紧	柱塞与拉杆装配合适	柱塞未涂机油扣3分;装配不熟练,扣3分;柱塞与拉杆未紧固,扣3分;复装不符合要求,扣6分	15		
		螺母旋紧符合要求	螺母未紧固,扣10分	10		
4	检查紧固	阀盖密封要好	不检查,扣10分	10		
		各部分螺纹不能损坏,紧固达到要求	螺纹损坏扣6分;螺纹不紧固,扣4分	10		
5	劳保穿戴与操作	正确使用工具、用具	工具、用具使用不正确,一次扣4分;不维护保养,扣3分	10		
		劳保穿戴齐全,操作中符合安全操作规程要求	劳保穿戴每缺一件,扣4分;操作中违反安全操作规程不得分	10		
			合　　计	100		
备注	驾驶员配合作业,不参与考核		考评员签字　　　　　　　　　年　月　日			

二、AA002 更换AC-400C型变速箱机油

1. 考场准备

序号	名称	型号与规格	单位	数量	备注
1	齿轮油		L	55	
2	柴油		L	55	
3	开口扳手		把	1	
4	油桶		个	2	
5	水泥车	AC-400C	台	1	
6	考试车场	10m×10m	块	1	

2. 考核时限

准备时间1min,正式操作时间60min,到时停止操作,按完成项目计分。

3. 考核要求

(1)工具准备:工具、用具选择齐全。

(2)检查清洗:

① 放掉变速箱的机油,检查各齿轮情况及各挡位情况,有异物必须清理。

② 向变速箱内加一定量的柴油,发动柴油机,空挡运转10min,放尽柴油。

(3)加注旋紧:

① 变速箱内加够足够量润滑油、牌号、油质、油量符合要求。

② 盖上小盖,螺栓必须上紧。

(4)回收废油:回收废油,清洁场地,倒到指定地点。

(5)劳保穿戴与操作:正确使用工具、用具,用后进行维护保养;劳保穿戴齐全,操作中符合安全操作规程要求。

4. 评分标准：

序号	考核内容	考核要求	评分标准	配分	扣分	得分
1	工具准备	工具、用具选择齐全	工具、用具不齐全，少一件扣3分	10		
2	检查清洗	放油检查各齿轮磨损及变速箱各挡位情况	不能准确说明各齿轮、各挡情况，扣10分	10		
		有异物必须清除	有异物未清理扣10分	10		
		清洁变速箱，变速箱内加够足量的柴油，发动柴油机，空挡运转10min，放尽柴油	发动机未按要求运转扣5分；柴油未放尽，扣5分	10		
3	加注旋紧	加注润滑油必须选择正确的牌号	润滑油牌号不对，扣10分	10		
		加注润滑油，油质、油量必须符合要求	油质不符合要求扣5分；油量不符合，扣5分	10		
		盖上小盖，小盖螺栓必须上紧	螺栓未上紧，扣5分；渗油扣5分	10		
4	回收废油	回收废油，清洁场地，把废油倒到指定地点	废油未倒入指定地点，扣5分；清洁场地不干净，扣5分	10		
5	劳保穿戴与操作	正确使用工具、用具	工具、用具使用不正确，一次扣4分；不维护保养，扣3分	10		
		劳保穿戴齐全，操作中符合安全操作规程要求	劳保穿戴每缺一件，扣4分；操作中违反安全操作规程不得分	10		
			合　　计	100		
备注			考评员签字　　　　　　　　　年　月　日			

三、AA003 更换AC-400C型柱塞拉杆密封圈

1. 考场准备

序　号	名　称	型号与规格	单　位	数　量	备　注
1	密封圈		组	1	
2	柴油		L	1	
3	机油		L	0.5	
4	开口扳手	S12~14	把	1	
5	开口扳手	S14~17	把	1	
6	油盆		个	1	
7	纱布		块	若干	
8	水泥车	AC-400C	台	1	
9	修理工房	12m×8m	间	1	

2. 考核时限

准备时间1min 正式操作时间60min,到时停止操作,按完成项目计分。

3. 考核要求

(1)工具准备:工具选择齐全。

(2)拆卸及取出密封圈:拆卸密封圈,同时不要损坏各部件。

(3)清洗组装:把拆下的零件清洗并擦干,需要更换的必须更换。

(4)劳保穿戴与操作:正确使用工具、用具,用后进行维护保养;劳保穿戴齐全,操作中符合安全操作规程要求。

4. 评分标准

序号	考核内容	考核要求	评分标准	配分	扣分	得分
1	工具准备	工具、用具选择齐全	工具、用具不齐全,少一件扣3分	10		
2	拆卸及取出密封圈	用S12~14开口扳手卸下十字头观察孔上的螺栓,取下盖子	操作方法不正确,扣10分	10		
		用S14~17开口扳手,卸下密封圈压盖	操作方法不正确,扣10分	10		
		用两个S14~17开口扳手卸下紧固密封圈盒与挡片、螺栓、螺母	操作方法不正确,扣10分	10		
		取下密封圈盒,取出密封圈	操作方法不正确,扣10分	10		
		零件摆放整齐,无损坏	零件乱摆乱放扣5分;零件损坏扣10分	10		
3	清洗组装	清洗拆下的零部件并擦干	零部件未洗干净,有污物,每件扣3分	10		
		给新密封圈涂上一层机油,装入密封圈盒,套上拉杆,把密封圈盒与挡片连接起来,在装好密封圈盒盖,最后装好观察孔盖	密封圈未涂机油,扣3分;不按操作步骤或操作方法不正确,扣3分;螺栓未上紧,每一处扣3分	10		
4	劳保穿戴与操作	正确使用工具、用具	工具、用具使用不正确,一次扣4分;不维护保养,扣3分	10		
		劳保穿戴齐全,操作中符合安全操作规程要求	劳保穿戴每缺一件,扣4分;操作中违反安全操作规程不得分	10		
			合 计	100		
备注			考评员签字			
					年 月 日	

四、AA004 更换 ACF-700B 型压裂泵阀胶皮与阀座

1. 考场准备

序号	名　称	型号与规格	单位	数　量	备　注
1	阀座		个	1	
2	阀胶皮		个	1	
3	黄油		L	0.5	
4	活动扳手	300mm	把	1	
5	手钳	200mm	把	1	
6	大锤		把	1	
7	拔取器		套	1	
8	撬杠		根	1	
9	旧阀体		个	1	
10	压裂车	ACF-700B	台	1	
11	修理工房	12m×8m	间	1	

2. 考核时限

准备时间 1min,正式操作时间 60min,到时停止操作,按完成项目计分。

3. 考核要求

(1)工具准备:工具、用具选择齐全。
(2)拆卸检查:不要损坏泵头螺纹,盘泵到位,检查阀胶皮、阀体、弹簧是否损坏。
(3)组装阀胶皮:操作熟练,阀螺母上紧。
(4)拔取阀座:拔取时不要损坏泵体,刀片不要钩偏,阀座一次压出。
(5)安装锁紧:阀座安装到位,拔取器不要损坏螺纹。
(6)劳保穿戴与操作:正确使用工具、用具,用后进行维护保养;劳保穿戴齐全,操作中符合安全操作规程要求。

4. 评分标准

序号	考核内容	考核要求	评分标准	配分	扣分	得分
1	工具准备	工具、用具选择齐全	工具、用具不齐全,少一件扣3分	10		
2	拆卸检查	拆卸泵阀压盖和备帽,盘泵	不按程序操作,扣5分;盘泵不到位扣5分	10		
		检查阀体及弹簧等部件,卸下损坏的阀胶皮	不检查阀体等部件扣5分;拆卸胶皮方法不正确扣5分	10		
3	组装阀胶皮	将新胶皮装在阀体上	操作方法不正确扣10分	10		
		装上压板、紧固螺母与开口销,胶皮与阀体配合紧密	螺纹不涂黄油扣4分;螺母拧紧未达到要求或未装开口销各扣3分	10		

续表

序号	考核内容	考核要求	评分标准	配分	扣分	得分
4	拔取阀座	正确安放拨取器,调整拨取器杆长,旋出刀片,钩住阀座并拧紧螺母	操作方法不正确扣4分;刀片旋出过多或过少扣3分;螺母不拧紧扣3分	10		
		正确使用手压泵,压泵出阀座,移走拨取器及旧阀座	手压泵使用方法不正确扣4分;阀座未能一次压出扣3分;拨取器及手压泵用后不泄压扣3分	10		
5	安装锁紧	清洗阀座基孔及新阀座	阀座基孔及新阀座有污物扣10分	10		
		安装新阀座,安装阀体压盖及备帽	阀座未装牢扣5分;操作方法不正确扣5分	10		
6	劳保穿戴与操作	正确使用工具、用具	工具、用具使用不正确,一次扣2分;不维护保养,扣3分	5		
		劳保穿戴齐全,操作中符合安全操作规程要求	劳保穿戴每缺一件,扣2分;操作中违反安全操作规程不得分	5		
			合 计	100		
备注		1人配合	考评员签字 年 月 日			

五、AA005 更换调整 ACF-700B 型压裂泵柱塞密封圈

1. 考场准备

序 号	名 称	型号与规格	单 位	数 量	备 注
1	柱塞密封圈		套	1	
2	O形圈		个	2	
3	机油		L	0.5	
4	大锤		把	1	
5	扁撬棍		根	1	
6	柱塞拉力器		个	1	
7	活动扳手	300mm	把	1	
8	专用套筒扳手	36mm	把	1	
9	钩头扳手		把	1	
10	压裂车	ACF-700B	台	1	
11	修理工房	12m×8m	间	1	

2. 考核时限

准备时间1min,正式操作时间60min,到时停止操作,按完成项目计分。

3. 考核要求

(1)工具准备:工具、用具选择齐全。

(2)拆卸各部分零件:

①用大锤敲松压盖,取下备帽,排出阀体。

② 用拉力器拉出柱塞,并用扳手卸下弹性杆。
③ 用钩头扳手卸松密封盒压盖,分别取出密封盒里的支承环等部件。
(3) 检查清洗各部件:清洗擦净缸套内孔及配件、密封圈涂机油,依次装入密封圈等部件。
(4) 组装锁紧部件:组装柱塞,上紧密封圈,用大锤砸紧压盖。
(5) 劳保穿戴与操作:正确使用工具、用具,用后进行维护保养;劳保穿戴齐全,操作中符合安全操作规程要求。

4. 评分标准

序号	考核内容	考核要求	评分标准	配分	扣分	得分
1	工具准备	工具、用具选择齐全	工具、用具不齐全,少一件扣3分	10		
2	拆卸各部分零件	拆卸压盖和备帽,盘泵	拆卸操作方法错误,扣5分;盘泵不到位,扣5分	10		
		用拉力器拉出柱塞,并用扳手卸下弹性杆	使用拉力器拉柱塞,操作方法错误,扣10分	10		
		用钩头扳手卸下密封盒压盖,取出密封盒内的部件	用钩头扳手操作方法错误,扣5分;零件摆放不齐,扣5分	10		
3	检查清洗各部件	擦洗缸套内孔及各配件	缸套内孔及各配件有脏物,扣10分	10		
		检查更换衬套上的O形密封圈	未检查O形圈,扣5分;各配件装配顺序及方向不对,扣5分	10		
		给密封圈涂上机油,向缸套内依次装入支承环、六个密封圈、衬套盒及压帽(暂不上紧),支承环内外方向对好	密封圈未涂机油,扣5分;部件安装不符合要求,扣5分	10		
4	组装锁紧部件	将弹性杆装在十字头上	安装弹性杆方法错误,旋入十字头过多或过少,扣10分	10		
		柱塞表面涂上机油,用拉力器将柱塞推入密封圈内,装上柱塞盖,上紧密封圈压帽,然后缓松一圈,装好阀体、弹簧及压盖,并用大锤砸紧	使用拉力器安装柱塞操作错误,扣2分;柱塞表面未涂机油,扣2分;安装柱塞盖错误,扣1分;密封圈调整过松或过紧,扣2分;操作方法不正确,扣2分;压盖未上紧,扣1分	10		
5	劳保穿戴与操作	正确使用工具、用具	工具、用具使用不正确,一次扣2分;不维护保养,扣3分	5		
		劳保穿戴齐全,操作中符合安全操作规程要求	劳保穿戴每缺一件,扣2分;操作中违反安全操作规程不得分	5		
			合　　计	100		
备注		1人配合	考评员签字			
					年　月　日	

六、AB001 连接酸化施工管线并完成管线试压

1. 考场准备

序 号	名 称	型号与规格	单 位	数 量	备 注
1	高压管线密封圈		个	6	
2	低压管线密封圈		个	2	
3	大锤		把	1	
4	钢丝刷		把	1	
5	酸化车	ACF-700B	台	1	
6	模拟井场	20m×30m	块	1	

2. 考核时限

准备时间1min,正式操作时间60min,到时停止操作,按完成项目计分

3. 考核要求

(1)工具准备:工具、用具选择齐全。

(2)连接高低压管线:刷净各管线接头螺纹的脏物,检查密封圈是否完好,管线和弯头连接处是否有松旷现象,选择长度适当的管线。

(3)试压:设备运转正常,按要求试压。

(4)劳保穿戴与操作:正确使用工具、用具,用后进行维护保养;劳保穿戴齐全,操作中符合安全操作规程要求。

4. 评分标准

序号	考核内容	考核要求	评分标准	配分	扣分	得分
1	工具准备	工具、用具选择齐全	工具、用具不齐全,少一件扣3分	10		
2	连接高低压管线	连接低压管线:检查并刷净各接头螺纹脏物	未检查各活接头、螺纹未除脏物,一处扣3分	10		
		检查密封圈是否完好,上紧接头要牢固	未检查密封圈,扣5分;连头连接不牢固,扣5分	10		
		连接高压管线:检查各弯头和管线,刷净各接头螺纹脏物	未检查各弯头和管线、螺纹未除脏物,一处扣3分	10		
		检查各处密封圈是否完好,上好各处管线连接处的弯头,挑选一根长度适当的管线连接好,用大锤砸紧各连接处	未检查密封圈,扣3分;各接头连接错误或未砸紧,一处扣3分;高压管线未落地,扣3分	10		
3	试压	打开水罐阀门、循环泵,使泵上水良好,设备运转良好	阀门未打开,扣3分;冬季柴油机未预热,扣2分;泵没有循环或试压时上水不好,扣5分	10		
		按要求进行试压,挂一挡进行	没有命令即试压,扣3分;柴油机转速不稳,扣2分;没有用一挡试压,扣3分;试压未达到规定要求,扣2分	10		
		管线如果有渗漏,停泵泄压,进行检查,然后再试	高低管线渗漏,每处扣3分	10		

续表

序号	考核内容	考核要求	评分标准	配分	扣分	得分
4	劳保穿戴与操作	正确使用工具、用具	工具、用具使用不正确,一次扣4分;不维护保养,扣3分	10		
		劳保穿戴齐全,操作中符合安全操作规程要求	劳保穿戴每缺一件,扣4分;操作中违反安全操作规程不得分	10		
备注			合　　计	100		
			考评员签字　　　　　　　　　年　月　日			

七、AB002 检修 AC－400C 型水泥泵泵阀

1. 考场准备

序号	名　　称	型号与规格	单　位	数　量	备　注
1	黄油		袋	1	
2	阀胶皮		件	6	
3	棉纱			若干	
4	专用扳手		把	1	
5	活动扳手	300m×36m	把	1	
6	螺丝刀		把	1	
7	水泥车		台	1	
8	室外考场	10m×10m	块	1	

2. 考核时限

准备时间 1min,正式操作时间 100min,到时停止操作,按完成项目计分。

3. 考核要求

（1）工具准备：工具、用具选择齐全。

（2）清洁及拆卸：清洁大泵,按要求拆卸。

（3）检查阀体：检查阀体、阀座、阀胶皮是否完好,如有损坏应更换。

（4）组装旋紧：操作步骤正确,压盖上紧达到要求。

（5）劳保穿戴与操作：正确使用工具、用具,用后进行维护保养;劳保穿戴齐全,操作中符合安全操作规程要求。

4. 评分标准

序号	考核内容	考核要求	评分标准	配分	扣分	得分
1	工具准备	工具、用具选择齐全	工具、用具不齐全,少一件扣3分	10		
2	清洁及拆卸	清洁大泵,正确拆卸大泵压盖螺母	未清洁大泵扣5分;不能正确拆卸螺母扣5分	10		
		打开所有阀盖,先将上层阀中的阀体取出	操作不符合要求,错一步扣5分	10		
		再将下层阀体取出,待水控尽	水未控尽扣10分	10		

续表

序号	考核内容	考核要求	评分标准	配分	扣分	得分
3	检查阀体	检查阀体、阀座是否完好,弹簧是否损坏,不符合质量要求必须更换	一处检查不到扣5分;不符合质量要求的零件不更换扣5分	10		
		检查缸内有无异物,必须将缸内的异物取出	未检查,扣10分;缸内有异物未取出,扣8分	10		
4	组装旋紧	将阀体放入阀座,螺纹抹上黄油	螺纹未抹黄油扣3分;阀体放入不符合要求扣7分	10		
		装上大泵压盖,拧紧大泵螺纹	大泵螺纹未拧紧扣10分	10		
5	劳保穿戴与操作	正确使用工具、用具	工具、用具使用不正确,一次扣4分;不维护保养,扣3分	10		
		劳保穿戴齐全,操作中符合安全操作规程要求	劳保穿戴每缺一件,扣4分;操作中违反安全操作规程不得分	10		
备注			合 计	100		
			考评员签字			
					年 月 日	

八、AB003 施工时对遥控面板的检查和放置

1. 考场准备

序 号	名 称	型号与规格	单 位	数 量	备 注
1	堰木		根	2	
2	铁锹		把	1	
3	镐头		把	1	
4	大锤	3.6kg	把	1	
5	管钳	600mm	把	1	
6	撬杠		根	1	
7	螺丝刀	100mm	把	1	
8	压裂车(或固井车)		台	1	
9	考试车场	50m×50m	块	1	

2. 考核时限

准备时间1min,正式操作时间60min,到时停止操作,按完成项目计分

3. 考核要求

(1)工具准备:工具、用具选择齐全。

(2)放置遥控面板和总接线盒。

(3)检查遥控面板上开关位置。

(4)接好遥控电缆。

(5)遥控电源开关拧至远距离操作位置。

(6)检查遥控电缆连接是否正确。

(7)劳保穿戴与操作:正确使用工具、用具,用后进行维护保养;劳保穿戴齐全,操作中符合安全操作规程要求。

4. 评分标准

序号	考核内容	考核要求	评分标准	配分	扣分	得分
1	工具准备	工具、用具选择齐全	工具、用具不齐全,少一件扣3分	10		
2	放置遥控面板和总接线盒	按施工要求将遥控面板及总接线盒放置在视线清、干扰小、便于联络的安全地方	操作方法不当扣5分,放置在不安全地方扣5分	10		
3	检查遥控面板上开关位置	检查遥控面板上的所有开关是否处于"断开"位置	有一个开关没处于"断开"位置扣10分	10		
4	接好遥控电缆	卸下遥控电缆插座护罩,清扫插座灰尘	操作方法不当扣10分	10		
		接好从压裂车(或固井车)到遥控台之间的遥控电缆	没接好电缆扣10分	10		
5	遥控电源开关拧至远距离操作位置	必须使驾驶室遥控电源开关拧至远距离操作位置	遥控电源开关位置错误扣10分	10		
		同时,让卡车传动箱处于空挡位置	没让卡车传动箱处于空挡位置扣10分	10		
6	检查遥控电缆连接是否正确	拧动遥控面板上主开关,遥控面板上的两只照明灯发亮,证明遥控电缆连接正确	操作方法不当扣5分,连接不正确一次扣5分	10		
7	劳保穿戴与操作	正确使用工具、用具	工具、用具使用不正确,一次扣4分;不维护保养,扣3分	10		
		劳保穿戴齐全,操作中符合安全操作规程要求	劳保穿戴每缺一件,扣4分;操作中违反安全操作规程不得分	10		
			合 计	100		
备注			考评员签字 年 月 日			

九、AB004 清洗 ACF-700B 型压裂泵机油滤清器及过滤筒

1. 考场准备

序 号	名 称	型号与规格	单 位	数 量	备 注
1	汽油		L	2	
2	压裂车	ACF-700B	台	1	
3	开口扳手	S12~14	把	1	
4	开口扳手	S13~15	把	1	
5	开口扳手	S10~12	把	1	
6	撬杠		个	1	
7	毛刷		把	1	
8	干布		块	3	
9	收集盆		个	2	
10	修理工房	12m×8m	间	1	

2. 考核时限

准备时间1min,正式操作时间60min,到时停止操作,按完成项目计分。

3. 考核要求

(1)工具准备:工具、用具选择齐全。

(2)拆卸清洗滤清器:把机油滤清器各部件拆下进行清洗。

(3)组装元件:按步骤把机油滤清器部件进行复装并上紧。

(4)拆卸清洗过滤筒:拆下过滤筒部件用毛刷进行清洗;旋紧螺栓,清洁场地,收集废机油。

(5)劳保穿戴与操作:正确使用工具、用具,用后进行维护保养;劳保穿戴齐全,操作中符合安全操作规程要求。

4. 评分标准

序号	考核内容	考核要求	评分标准	配分	扣分	得分
1	工具准备	工具、用具选择齐全	工具、用具不齐全,少一件扣3分	10		
2	拆卸清洗滤清器	拆掉滤清器压盖,排净滤清器机油并擦干	拆压盖程序不对扣5分,机油未排干净扣5分	10		
		拆下磁铁过滤元件	磁铁过滤元件拆卸方法不对扣10分	10		
		清洗并擦净过滤体里的机油及杂质	各元件未清洗及未擦干净每件扣4分	10		
3	组装元件	把磁铁过滤元件、过滤筒、旁通阀、弹簧及压盖装入过滤体	各零件装入位置或顺序不正确扣10分	10		
		旋紧压盖,组装过程中不能损坏各部件	压盖未旋紧扣5分,损坏零件扣5分	10		
4	拆卸清洗过滤筒	拆下动力端观察孔盖及机油过滤筒,放入汽油盆中清洗并擦干,旋入油管接头	拆卸不正确扣2分,零件摆放不齐扣2分,过滤筒未清洗及损坏滤网扣2分,过滤筒未旋紧,扣2分,拆装时将脏物带入油池扣2分	10		
		旋紧螺栓,收集废机油	操作方法不正确或螺栓未上紧扣5分;油污未处理扣5分	10		
5	劳保穿戴与操作	正确使用工具、用具	工具、用具使用不正确,一次扣4分;不维护保养,扣3分	10		
		劳保穿戴齐全,操作中符合安全操作规程要求	劳保穿戴缺一件扣4分;操作中违反安全操作规程不得分	10		
			合 计	100		
备注			考评员签字　　　　　　年　月　日			

十、AB005 压裂(固井)泵的一般操作

1. 考场准备

序号	名称	型号与规格	单位	数量	备注
1	堰木		根	2	
2	黄油		袋	1	
3	机油		桶	1	
4	大锤		把	1	
5	管钳	600mm	把	1	
6	撬杠		根	1	
7	螺丝刀	100mm	把	1	
8	压裂(固井)泵车		台	1	
9	考试车场	10m×10m	块	1	

2. 考核时限

准备时间1min,正式操作时间60min,到时停止操作,按完成项目计分。

3. 考核要求

(1)工具准备:工具、用具选择齐全。

(2)车辆停放及管线连接:车辆到达施工现场后,拉紧手制动,放好堰木,接好进出口管线。

(3)工作前的准备与检查。

(4)压裂(固井)泵的操作。

(5)完工后的检查与要求。

(6)劳保穿戴与操作:正确使用工具、用具,用后进行维护保养;劳保穿戴齐全,操作中符合安全操作规程要求。

4. 评分标准

序号	考核内容	考核要求	评分标准	配分	扣分	得分
1	工具准备	工具、用具选择齐全	工具、用具不齐全,少一件扣2分	2		
2	车辆停放及管线连接	放好堰木,管线连接牢固	堰木摆放不符合要求,扣2分;管线连接不牢固,扣3分	5		
3	工作前的准备与检查	检查压裂(固井)泵变速箱(传动箱)、减速箱内润滑油是否符合规定(油量、油质)	操作方法不当扣3分,每少检查一项扣2分	5		
3	工作前的准备与检查	检查压裂(固井)泵缸盖压帽(或阀盖螺母)密封填料、密封盒压帽、柱塞、十字头等完好情况,必要时更换或扭紧	操作方法不当扣3分,每少检查一项扣2分	5		
3	工作前的准备与检查	检查出口阀门所处位置和接头及管线是否连接可靠	操作方法不当扣3分,每少检查一项扣2分	5		

续表

序号	考核内容	考核要求	评分标准	配分	扣分	得分
3	工作前的准备与检查	检查安全保险装置,并按要求调定工作压力	操作方法不当扣3分,每少检查一项扣2分	5		
		检查各仪表是否灵敏可靠	操作方法不当扣3分,每少检查一项扣2分	5		
4	压裂(固井)泵的操作	检查变速箱排挡是否在空挡位置	没检查是否在空挡位置扣5分	5		
		泵运转前,凡属液控或气控的变速传动箱,控制压力应达到额定值	有一项没达到额定值扣2分	5		
		开泵前,检查各部位润滑情况,供油量应达到要求	操作方法不当扣3分,每少检查一项扣2分	5		
		开泵,泵液循环管线试泵,待泵上水良好、管线畅通、设备运转正常后,按给定压力进行试压。试压合格后转入正常施工	没试泵扣3分,没按给定压力进行试压扣2分	5		
		按施工要求合理选挡,换挡时操作要迅速平稳,注意泵的上水情况及压力变化,不得超载荷运转	操作方法不当扣3分,超载荷运转扣2分	5		
		操作人员要严守工作岗位,注意检查往复泵动力端和液力端、变速箱(传动箱)等部位运转是否正常,以及各指示灯、信号、仪表的变化,应随时控制,不得超出额定值	操作方法不当扣3分,有一项超出额定值扣2分	5		
		工作中加强同混砂车、井口、施工现场指挥的联系,严禁随意停泵;冬季作业,临时停泵时应做间歇循环,防止冻结	操作方法不当扣3分,随意停泵扣2分	5		
5	完工后的检查与要求	停泵后将排挡置入空挡位置	操作方法不当扣3分,没将排挡置入空挡位置扣2分	5		
		打开放空阀门,用清水冲洗泵的液力端和管线,然后空泵运转半分钟左右停泵,放净泵及管线内积水	操作方法不当扣3分,没放净泵及管线内积水扣2分	5		
		打开泵(阀)盖,检查阀胶皮、阀体及阀座等的磨损情况,必要时更换	操作方法不当扣3分,没检查阀胶皮、阀体及阀座等的磨损情况扣2分	5		
		检查清除泵的入口管内的储砂或水泥浆	操作方法不当扣3分,检查每少一项扣2分	5		
		施工完毕,清点工具、配件是否齐全。已损耗的配件应予补充,放好备用	操作方法不当扣3分,清点工具、配件每少一件扣2分	5		

续表

序号	考核内容	考核要求	评分标准	配分	扣分	得分
6	劳保穿戴与操作	正确使用工具、用具	工具、用具使用不正确,一次扣2分;不维护保养,扣3分	3		
		劳保穿戴齐全,操作中符合安全操作规程要求	劳保穿戴每缺一件,扣2分;操作中违反安全操作规程不得分	5		
备注			合　　计	100		
			考评员签字			
				年　月　日		

十一、AC001 AC-400C型水泥泵的一级保养

1. 考场准备

序号	名称	型号与规格	单位	数量	备注
1	阀胶皮		件	6	
2	黄油		袋	1	
3	柴油		桶	1	
4	安全销	ϕ5.2mm	件	1	
5	开口扳手		套	1	
6	梅花扳手	27mm,30mm,65mm	套	1	
7	套筒		件	1	
8	活动扳手	300mm×36mm	把	1	
9	管钳	900mm	把	1	
10	黄油枪		支	1	
11	毛刷		把	1	
12	棉纱			若干	
13	水泥车		台	1	
14	室外考场	10m×10m	块	1	

2. 考核时限

准备时间1min,正式操作时间90min,到时停止操作,按完成项目计分。

3. 考核要求

(1)工具准备:工具、用具选择齐全。

(2)清洗保养:大泵机油滤清器、涡轮箱磁铁滤清器及旋转滤清器清洗干净;检查十字头、滑板等紧固情况。

(3)检查各种阀门及弯头保养:拆装弯头并加注黄油,检查各种阀门是否灵活好用,符合要求。

(4)检查柱塞、缸套磨损情况:柱塞、缸套完好无损。

(5)劳保穿戴与操作:正确使用工具、用具,用后进行维护保养;劳保穿戴齐全,操作中符合安全操作规程要求。

4. 评分标准

序号	考核内容	考核要求	评分标准	配分	扣分	得分
1	工具准备	工具、用具选择齐全	工具、用具不齐全,少一件扣3分	10		
2	清洗保养	清洗大泵机油滤清器,检查加注各部件润滑油,机油滤清器清洁,转动灵活,各部件润滑油加注符合要求	滤清器清洗不符合要求,扣3分;加注润滑油不符合要求扣3分;旋转滤清器转动不灵活扣4分	10		
		检查十字头、滑板及横销紧固情况和各部分螺纹紧固情况,要求各部分螺纹不松旷,间隙符合要求	漏检一处扣5分;查出问题未整改或整改不符合要求一处扣5分	10		
3	检查各种阀门及弯头保养	拆装弯头并加注黄油,弯头转动灵活	弯头保养达不到要求扣5分;转动不灵活扣5分	10		
		检查大小阀门、水柜、三通阀门,要求各闸门灵活好用	一处未检查扣5分;保养后的阀门不灵活,发现一处扣5分	10		
		检查阀、阀座,更换阀胶皮,要求阀、阀座配合良好	一处未检查或漏检扣5分;检查出问题未整改扣5分	10		
		检查安全阀是否符合要求,保险销必须根据缸套直径选取	安全阀装拆不符合要求扣5分;保险销选择不符合要求扣5分	10		
4	检查柱塞、缸套磨损情况	检查柱塞、缸套磨损情况	检查不符合要求,扣10分	10		
		要求各橡胶件完好,缸套无磨损	零件有问题而不更换扣10分	10		
5	劳保穿戴与操作	正确使用工具、用具	工具、用具使用不正确,一次扣2分;不维护保养,扣3分	5		
		劳保穿戴齐全,操作中符合安全操作规程要求	劳保穿戴每缺一件,扣2分;操作中违反安全操作规程不得分	5		
			合 计	100		
备注		司机配合作业	考评员签字 年 月 日			

十二、AC002 压裂(固井)泵及传动系例行保养作业

1. 考场准备

序 号	名 称	型号与规格	单 位	数 量	备 注
1	轻柴油		L	2	
2	机油		L	5	
3	黄油		L	1	
4	管钳	600mm	把	1	
5	大锤		把	1	
6	手钳		把	1	
7	螺丝刀		把	1	
8	冲子		把	1	

续表

序 号	名 称	型号与规格	单 位	数 量	备 注
9	活动扳手	200mm	把	1	
10	开口扳手	S14～17	把	1	
11	梅花扳手	S12～14	把	1	
12	油盆		个	2	
13	压裂车		台	1	

2. 考核时限

准备时间1min,正式操作时间60min,到时停止操作,按完成项目计分。

3. 考核要求

(1)工具准备:工具、用具选择齐全。

(2)检查柱塞、密封圈、阀体、阀座。

(3)检查各仪表。

(4)检查各部螺丝。

(5)检查曲轴箱、变速箱(传动箱)、减速箱油箱。

(6)清洁设备外表。

(7)劳保穿戴与操作:正确使用工具、用具,用后进行维护保养;劳保穿戴齐全,操作中符合安全操作规程要求。

4. 评分标准

序号	考核内容	考核要求	评分标准	配分	扣分	得分
1	工具准备	工具、用具选择齐全	工具、用具不齐全,少一件扣3分	10		
2	检查柱塞、密封圈、阀体、阀座	检查柱塞、密封圈、阀体、阀座磨损情况	操作步骤不对,每错一步扣2分;损坏零件,扣4分;检查不到位,扣2分	10		
		更换磨损严重的部件	磨损严重不更换,每一件扣5分	10		
3	检查各仪表	检查各仪表	操作步骤不对,每一处扣3分;检查不全,每一项扣3分	10		
		判断是否灵敏准确	不能判断是否灵敏准确,扣10分	10		
4	检查各部螺丝	检查扭紧各部螺丝	检查不全,每一项扣3分;发现螺丝有松动不紧固,一项扣3分	10		
5	检查曲轴箱、变速箱(传动箱)、减速箱油箱	检查曲轴箱、变速箱(传动箱)、减速箱油箱的油量	检查不全,每一项扣3分;检查不正确每项扣3分;不会判断油量是否正确,每一项扣3分	10		
6	清洁设备外表	清洁柱塞泵、变速箱、传动箱的外表	清洁不彻底,每一项扣4分	10		

续表

序号	考核内容	考核要求	评分标准	配分	扣分	得分
7	劳保穿戴与操作	正确使用工具、用具	工具、用具使用不正确,一次扣4分;不维护保养,扣3分	10		
		劳保穿戴齐全,操作中符合安全操作规程要求	劳保穿戴每缺一件,扣4分;操作中违反安全操作规程不得分	10		
			合　　计	100		
备注			考评员签字 　　　　　　　年　月　日			

十三、AC003 巡回检查 AC-400C 型水泥车台上设备及保养

1. 考场准备

序　号	名　　称	型号与规格	单　位	数　量	备　注
1	黄油		L	1	
2	螺丝刀		把	1	
3	大泵专用扳手		把	1	
4	活动扳手		把	1	
5	黄油枪		只	1	
6	纱布		块	1	
7	水泥车	AC-400C	台	1	
8	修理工房	12m×8m	间	1	

2. 考核时限

准备时间 1min,正式操作时间 50min,到时停止操作,按完成项目计分。

3. 考核要求

(1)工具准备:工具、用具选择齐全。

(2)检查油质、油量:检查各储油箱的油质、油量是否符合要求。

(3)检查各连接部位:检查传动轴、伸缩节、万向节等紧固情况,检查蜗轮机构、十字头拉杆等部件润滑情况。

(4)仪表及阀的检查:检查仪表是否灵活好用,保险销是否完好无损。

(5)阀门及弯头检查:阀门、弯头、标尺、上水管线齐备完好。

(6)劳保穿戴与操作:正确使用工具、用具,用后进行维护保养;劳保穿戴齐全,操作中符合安全操作规程要求。

4. 评分标准

序号	考核内容	考核要求	评分标准	配分	扣分	得分
1	工具准备	工具、用具选择齐全	工具、用具不齐全,少一件扣3分	10		
2	检查油质、油量	检查大泵变速箱、柱塞机油箱、大泵蜗轮箱的油量是否符合要求	一处未检查扣4分	10		
		检查润滑油是否变质,变质应更换	不会判断润滑油是否变质,扣5分;变质不更换,扣5分	10		
3	检查各连接部位	检查大泵传动轴、伸缩节、万向节、变速箱固定螺丝、传动轴与离合器连接部位是否松动	不按顺序检查,扣3分;操作不熟练,扣4分;漏检查一点,扣4分	10		
		检查蜗轮机构、十字头拉杆等部件润滑情况,各个部件如缺润滑应保养到位	对各部件判断不准确,每一点扣5分;部件缺润滑油不保养,每一处扣5分	10		
4	仪表及阀的检查	检查仪表及阀工作是否正常,压力表指针位置是否正常	一处未检查扣3分;仪表有损坏的不更换扣5分;压力表指针不到位,扣5分	10		
		针形阀、安全阀符合规定要求	针形阀、安全阀不符合要求,扣5分	5		
5	阀门及弯头检查	弯头无泄漏,密封圈完好	弯头及密封圈泄漏,扣10分	10		
		阀门灵活好用、密封严,水柜阀门拉动灵活,标尺良好	挡板阀及水柜阀门转动不灵活,扣10分	10		
		检查各缸盖及阀盖螺母紧固情况	缸盖及阀盖螺母不上紧扣5分	5		
6	劳保穿戴与操作	正确使用工具、用具	工具、用具使用不正确,一次扣2分;不维护保养,扣3分	5		
		劳保穿戴齐全,操作中符合安全操作规程要求	劳保穿戴每缺一件,扣2分;操作中违反安全操作规程不得分	5		
			合　　计	100		
备注			考评员签字 　　　　　　　　年　月　日			

十四、AC004 拆装及保养高压活动弯头

1. 考场准备

序号	名称	型号与规格	单位	数量	备注
1	密封圈		个	2	
2	黄油		kg	1	
3	钢球		个	10	
4	柴油		L	1	
5	高压活动弯头		个	1	

续表

序 号	名 称	型号与规格	单 位	数 量	备 注
6	台钳		个	1	
7	开口扳手	12～14mm	把	1	
8	螺丝刀	200mm	把	1	
9	油盆		个	1	
10	黄油枪		把	1	

2. 考核时限

准备时间1min,正式操作时间60min,到时停止操作,按完成项目计分。

3. 考核要求

(1)工具准备:工具、用具选择齐全。

(2)清洁外表:清洁高压活动弯头外表。

(3)操作取出:将弯头固定在台钳上,拆掉螺栓取出压盖;转动接头,取出钢球及接头体、密封圈等。

(4)检查清洗:用柴油洗净全部零件,检查钢球直径及滚道磨损情况,不符合要求的零件必须更换。

(5)润滑复装:在弯头体腔内加注黄油,按操作步骤进行复装,装配符合要求。

(6)劳保穿戴与操作:正确使用工具、用具,用后进行维护保养;劳保穿戴齐全,操作中符合安全操作规程要求。

4. 评分标准

序号	考核内容	考核要求	评分标准	配分	扣分	得分
1	工具准备	工具、用具选择齐全	工具、用具不齐全,缺一件扣3分	10		
2	清洁外表	清洁高压活动弯头外表	外表未清洁扣5分	5		
3	操作取出	取出压盖,压盖螺纹无损伤,外表无油泥	压盖螺纹损伤扣3分,有油泥扣2分	5		
		取出钢球及接头体、密封圈,不能损坏密封圈	损伤弯头密封圈、弯头体腔扣10分	10		
		取出过程中钢球无丢失	丢失钢球扣10分	10		
		操作熟练,符合规定	操作不熟练,扣5分,不符合规定一处扣3分	10		
4	检查清洗	用柴油清洗全部零件并检查零件磨损腐蚀情况	一件未洗净,扣3分;有一处未检查,扣5分	10		
		不符合要求的零件必须更换	不符合要求的零件未更换扣10分	10		
5	润滑复装	在滚道内腔加注黄油	未按要求加注不得分	5		
		复装弯头,顺序正确	复装顺序不对,扣5分	5		
		弯头转动灵活,无卡阻现象	复装每损伤一个零件,扣5分;复装后转动不灵活扣3分	10		

续表

序号	考核内容	考核要求	评分标准	配分	扣分	得分
6	劳保穿戴与操作	正确使用工具、用具	工具、用具使用不正确,一次扣2分;不维护保养,扣3分	5		
		劳保穿戴齐全,操作中符合安全操作规程要求	劳保穿戴每缺一件,扣2分;操作中违反安全操作规程不得分	5		
备注			合　计	100		
			考评员签字			
				年　月　日		

十五、AC005 修保高压针形阀

1. 考场准备

序号	名　称	型号与规格	单位	数量	备注
1	丝杠密封圈		个	4	
2	旋塞头密封圈		个	1	
3	阀座密封圈		个	2	
4	阀芯		个	1	
5	阀座		个	1	
6	水泥车	AC-400C	台	1	
7	开口扳手	S14~17	把	1	
8	开口扳手	S41	把	1	
9	开口扳手	S75	把	1	
10	活动扳手	300mm	把	1	
11	螺丝刀	150mm	把	1	
12	阀座专用工具		个	1	
13	尖嘴钳		个	1	
14	钢丝刷		个	1	
15	加力管	0.5m	个	1	
16	修理工房	12m×8m	间	1	

2. 考核时限

准备时间1min,正式操作时间60min,到时停止操作,按完成项目计分。

3. 考核要求

(1)工具准备:工具、用具选择齐全。

(2)拆卸清洗:用开口扳手及螺丝刀拆下各部分零件进行清洗。

(3)更换与旋紧:损坏的零件必须更换,装配时上紧。

(4)组装元件及锁紧:旋塞头与阀座配合严密,各部位上紧符合要求。

(5)取出与固定:旋出丝杠,装上密封圈及阀体,装好固定锁片。

(6)劳保穿戴与操作:正确使用工具、用具,用后进行维护保养;劳保穿戴齐全,操作中符合安全操作规程要求。

4. 评分标准：

序号	考核内容	考核要求	评分标准	配分	扣分	得分
1	工具准备	工具、用具选择齐全	工具、用具不齐全，少一件扣3分	10		
2	拆卸清洗	用各种不同规格的开口扳手，卸下旋塞头固定锁片及旋塞头、阀芯锁紧螺母	未按要求步骤操作，一次扣5分	10		
		用螺丝刀卸下螺母定位螺钉及导向螺母，取出丝杠各零部件	操作方法不正确，一次扣5分；损坏螺纹及零件，每一处扣5分	10		
		用专用扳手卸下阀座，清洗各部件	未清洗干净，有污物每一件扣3分	10		
3	更换与旋紧	给阀座更换新密封圈，涂上黄油装入阀体，用专用扳手上紧	新阀座未装密封圈，扣4分；操作方法不正确，扣3分；阀座未装紧，扣3分	10		
4	组装元件及锁紧	将密封圈、压环等元件分别装入旋塞头内	密封各零件顺序不正确或方向不正确扣5分；密封圈未涂机油，扣5分	10		
		将丝杠及螺母涂上黄油装入旋塞头，用螺钉固定	丝杠及螺母未涂黄油，扣5分；固定螺钉未锁紧扣5分	10		
		把新阀芯装到丝杠上旋紧，并旋紧锁紧螺母	阀芯未旋紧扣5分；操作不正确扣5分	10		
5	取出与固定	旋出丝杠，给旋塞头装上密封圈，装入阀体，用加力扳手上紧，装好固定锁片	旋塞头未装密封圈，扣2分；丝杠未旋出或旋塞未上到位，扣4分；旋塞未旋紧，扣2分；固定锁片未装好，扣2分	10		
6	劳保穿戴与操作	正确使用工具、用具	工具、用具使用不正确，一次扣2分；不维护保养，扣3分	5		
		劳保穿戴齐全，操作中符合安全操作规程要求	劳保穿戴每缺一件，扣2分；操作中违反安全操作规程不得分	5		
			合　　计	100		
备注			考评员签字　　　　　　　　　年 月 日			

十六、AC006 修保水柜阀门

1. 考场准备

序　号	名　　称	型号与规格	单　位	数　量	备　注
1	密封圈		个	1	
2	阀弹簧		个	1	
3	阀胶皮		个	1	
4	轻柴油		L	1	

续表

序号	名称	型号与规格	单位	数量	备注
5	黄油		L	1	
6	扳手	S17~19	把	1	
7	扳手	S22~24	把	1	
8	鲤鱼钳		把	1	
9	油盆		个	1	
10	棉纱		kg	0.1	
11	黄油枪		只	1	
12	压裂车		台	1	
13	修理工房	12m×8m	间	1	

2. 考核时限

准备时间1min,正式操作时间90min,到时停止操作,按完成项目计分

3. 考核要求

(1)工具准备:工具、用具选择齐全。

(2)拆卸清洗:拆下阀门各部件进行清洗。

(3)组装零件:按操作步骤复装各部件,必须上紧装好。

(4)保养各部件:把各部件需要保养的地方进行保养。

(5)劳保穿戴与操作:正确使用工具、用具,用后进行维护保养;劳保穿戴齐全,操作中符合安全操作规程要求。

4. 评分标准

序号	考核内容	考核要求	评分标准	配分	扣分	得分
1	工具准备	工具、用具选择齐全	工具、用具不齐全,少一件扣3分	10		
2	拆卸清洗	用鲤鱼钳卸下操作杆拐臂与阀拉杆连接处转动销上的开口销,取下转动销	未按操作步骤进行,每错一次扣3分	10		
		用S17扳手卸下固定螺栓,用S22扳手卸下固定阀总成螺母,取下弹簧等零件	拆卸操作方法不正确,每一次扣3分;损坏零部件,每一次扣3分	10		
		检查清洗拆下的零件	未清洗检查零件及配合表面,每一处扣3分,没有更换损坏的零件,每一处扣3分	10		
3	组装零件	把拉杆插进导向架,装上弹簧等零件,上紧螺母	违反操作步骤,每错一处扣3分	10		
		装好密封圈,把导向架固定在水柜里,装好转动销,上好开口销,装好后开关自如,无渗漏现象	装配不正确,每一次扣3分;螺母、螺栓未装紧,扣2分;未加密封垫,关闭不严扣5分	10		

续表

序号	考核内容	考核要求	评分标准	配分	扣分	得分
4	保养各部件	拉动黄油枪卡到卡槽内,旋掉前盖	拆卸黄油枪不正确扣10分	10		
		将黄油装入储油筒内压实,排净筒内空气	装入黄油不清洁,扣5分;未排净筒内空气,扣5分	10		
		擦净黄油枪嘴及枪上多余的黄油,依次给台上设备加黄油	黄油枪嘴及外表不干净扣3分;加注黄油不正确扣4分;漏加一个黄油嘴,扣3分	10		
5	劳保穿戴与操作	正确使用工具、用具	工具、用具使用不正确,一次扣2分;不维护保养,扣3分	5		
		劳保穿戴齐全,操作中符合安全操作规程要求	劳保穿戴每缺一件,扣2分;操作中违反安全操作规程不得分	5		
			合　　计	100		
备注			考评员签字 年　月　日			

十七、AC007 检查保养 ACF-700B 型压裂泵安全阀及柴油机滤清器

1. 考场准备

序号	名称	型号与规格	单位	数量	备注
1	安全阀活塞		个	1	
2	轻柴油		L	2	
3	机油		L	5	
4	黄油		L	1	
5	纱布		块	1	
6	管钳	600mm	把	若干	
7	大锤	1.5kg	把	1	
8	手钳	200mm	把	1	
9	螺丝刀	150mm	把	1	
10	冲子		把	1	
11	活动扳手	200mm	把	1	
12	开口扳手	S14~17	把	1	
13	梅花扳手		把	1	
14	油盆		个	2	
15	压裂车		台	1	
16	修理工房	12m×8m	间	1	

2. 考核时限

准备时间1min,正式操作时间60min,到时停止操作,按完成项目计分。

3. 考核要求

(1)工具准备:工具、用具选择齐全。

(2)拆卸、清洗、检查:拆卸保险销、安全销、密封圈,不得损坏;零件摆放整齐,清洗检查。

(3)装配零件:待配零件必须擦干净,安全阀及密封圈必须涂上黄油;装配顺序要正确,各部件锁紧到位;装配完后进行试压。

(4)拆卸滤清器零件:滤清器拆下以后,进气口用纱布堵住。

(5)清洗、更换、旋紧:倒掉滤清器内的废机油,内外壳体用纱布擦干净;把拆掉的零件及滤芯清洗晾干,控尽滤芯里的机油。保养好的滤芯必须加新机油,取掉进气口纱布,进行复装,卡子、螺栓一定要上紧。

(6)劳保穿戴与操作:正确使用工具、用具,用后进行维护保养;劳保穿戴齐全,操作中符合安全操作规程要求。

4. 评分标准

序号	考核内容	考核要求	评分标准	配分	扣分	得分
1	工具准备	工具、用具选择齐全	工具、用具不齐全,少一件扣3分	10		
2	拆卸、清洗、检查	拆卸保险销、安全销、密封圈,不得损坏	损坏零件,每件扣3分	10		
		零件摆放整齐,清洗检查	操作步骤不对,每错一步扣5分;零件摆放不齐,扣4分;零件未清洗检查,每一件扣2分	10		
3	装配零件	待配零件必须擦干净,安全阀及密封圈必须涂上黄油;装配顺序要正确,各部件锁紧到位	操作步骤不对,每一处扣3分;各螺纹未涂黄油,每一处扣3分	10		
		装配完后一定要进行试压	没有进行试压,扣10分;若有渗漏,扣5分	10		
4	拆卸滤清器零件	滤清器拆下以后,进气口用纱布堵住,操作顺序要正确	操作步骤及操作方法不正确,每错一步,扣5分;没有堵住进气口,扣5分	10		
5	清洗、更换、旋紧	倒掉滤清器内的废机油,内外壳体用纱布擦干净	内外壳体未擦洗干净,扣10分	10		
		把拆掉的零件及滤芯清洗晾干,控尽滤芯里的机油;新加入的机油一定洁净,量要达到要求	未清洗晾干,扣3分;滤芯机油未控尽,扣3分;机油不干净或量没有达到要求,扣4分	10		
		卡子、螺栓上紧	卡子、螺栓未上紧,一处扣5分	10		
6	劳保穿戴与操作	正确使用工具、用具	工具、用具使用不正确,一次2分;不维护保养,扣3分	5		
		劳保穿戴齐全,操作中符合安全操作规程要求	劳保穿戴每缺一件,扣2分;操作中违反安全操作规程不得分	5		
			合计	100		
备注			考评员签字			
					年 月 日	

第三部分　中级工理论知识试题

鉴定要素细目表

行为领域	代码	鉴定范围（重要程度比例）	鉴定比重	代码	鉴定点	重要程度	备注
基础知识A 30%	A	四冲程柴油机基本构造（7:5:1）	8%	001	活塞组结构、功用	Y	
				002	连杆组结构、功用	X	
				003	机体组结构、功用	Y	
				004	配气机构的结构、功用	X	
				005	配气相位图、气门间隙及调整	X	
				006	输油泵、喷油泵结构、功用	Y	
				007	内燃机润滑系统结构、功用	Z	
				008	内燃机冷却系统	X	
				009	启动系统的功用及启动方法	X	
				010	增压柴油机	Y	
				011	柴油机操作、保养知识	X	
				012	内燃机常见故障及排除	Y	
				013	常见柴油机的技术性能及参数	X	
	B	井下作业、修井及大修知（5:4:1）	4%	001	井下作业一般知识	Y	
				002	油井改造基本知识	X	
				003	油水井大修知识	Y	
				004	井下事故的处理	X	
				005	套管修理	Z	
				006	化学堵水	X	
				007	水力冲砂和清蜡	Y	
				008	酸化	X	
				009	压裂	Y	
				010	防砂	X	
	C	加工测量和机械制图常识（8:5:1）	8%	001	测量误差	X	
				002	计量术语	Y	
				003	游标卡尺	X	
				004	千分尺	Y	

续表

行为领域	代码	鉴定范围（重要程度比例）	鉴定比重	代码	鉴 定 点	重要程度	备注
基础知识 A 30%	C	加工测量和机械制图常识（8:5:1）	8%	005	塞尺	X	
				006	其他测量工具、仪器	X	
				007	测量工具的结构原理	X	
				008	机械制图基本知识和技能	X	
				009	基本视图	Y	
				010	剖视和剖面	Y	
				011	零件图的概念	X	
				012	零件图绘制方法	Z	
				013	零件图尺寸的标注	Y	
				014	简单装配关系的表示	X	
	D	柴油机的故障原因分析（9:7:3）	10%	001	柴油机不能启动的原因	X	
				002	柴油机功率不足的原因	X	
				003	柴油机有杂音的原因	X	
				004	柴油机冒黑烟的原因	Y	
				005	机油压力不正常的原因	Y	
				006	冷却系统不正常的原因	X	
				007	直流发电机故障的原因	X	
				008	喷油器故障的原因	Y	
				009	喷油泵故障的原因	Y	
				010	柴油机故障的原因及判断	X	
				011	柴油机运转中自行熄火的原因	X	
				012	烧瓦的原因	Z	
				013	拉缸的原因	Z	
				014	活塞故障的原因	Y	
				015	气门组故障的原因	X	
				016	飞车的原因	X	
				017	敲击声原因的分析	Y	
				018	加剧振动的原因	Y	
				019	曲轴故障的原因	Z	
专业知识 B 70%	A	电学基本常识（5:3:1）	6%	001	电学的基本概念	Y	
				002	电路基本定律	Z	
				003	电阻串联与并联	X	
				004	基本电路应用实例	X	
				005	电磁基本知识及应用	X	
				006	蓄电池的工作原理及使用注意事项	X	
				007	三相交流电基本知识	Y	
				008	电动机的基本结构及原理	Y	
				009	安全用电知识	X	

续表

行为领域	代码	鉴定范围（重要程度比例）	鉴定比重	代码	鉴 定 点	重要程度	备注
专业知识B 70%	B	机械传动机构（4:3:2）	8%	001	传动装置基本知识	X	
				002	齿轮的结构与参数	X	
				003	齿轮传动的特点及应用	X	
				004	蜗杆传动的特点及应用	Y	
				005	传动带的结构与分类	Y	
				006	带传动特点及应用	Z	
				007	摩擦轮传动的特点及应用	Z	
				008	链传动的特点及应用	X	
				009	运动形式转换机构	Y	
	C	液力传动常识（6:4:2）	9%	001	液压传动的基本知识	Y	
				002	液压传动的基本构造和工作原理	Z	
				003	液压传动中所用油液的主要性能及其作用	Y	
				004	液力传动的基本知识	X	
				005	液力偶合器的类型、性能和特点	X	
				006	液力变矩器的分类、结构	X	
				007	液压轴件	Y	
				008	液压泵和液压马达结构特点	X	
				009	液压缸结构、类型、密封	X	
				010	阿里逊DP8962传动箱的特点及维护	Z	
				011	液力传动阀的结构及性能特点	Y	
				012	液力传动的一般故障原因、排除方法	X	
	D	泵的主要零件的材料简介（6:5:3）	11%	001	金属材料的性能指标	X	
				002	橡胶的性能指标	X	
				003	碳素钢的分类及牌号	X	
				004	铸铁的分类及牌号	X	
				005	合金钢的分类及牌号	Y	
				006	泵主要部件的材料性能	Y	
				007	钢的热处理方法及工艺	Z	
				008	滚动轴承的结构及牌号	Y	
				009	滚动轴承润滑密封和失效形式	X	
				010	滚动轴承及组合设计	Y	
				011	滑动轴承结构	Y	
				012	常用轴瓦及轴承材料及性能	Z	
				013	蜗杆传动材料、结构和失效形式	X	
				014	选择材料的基本原则	Z	

续表

行为领域	代码	鉴定范围（重要程度比例）	鉴定比重	代码	鉴定点	重要程度	备注
专业知识 B 70%	E	特车泵结构与400型泵的技术性能（2:1:1）	3%	001	特车泵的动力端结构	Y	
				002	柱塞泵的结构	X	
				003	活塞泵的结构	X	
				004	AC-400C型水泥车的技术性能	Z	
	F	特车泵的一般故障判断（4:4:2）	9%	001	故障的外表特征	Y	
				002	排出压力低的故障判断	X	
				003	吸入压力低的故障及排除方法	Y	
				004	液体敲击、管线振动的故障及排除方法	Y	
				005	泵头刺漏的故障及排除方法	X	
				006	阀件寿命短的故障及排除方法	X	
				007	液力端有周期性敲击声的故障及排除方法	X	
				008	动力端异常响声故障的判断及排除方法	Z	
				009	离合器的一般故障的判断及排除方法	Y	
				010	综合故障分析及排除方法	Z	
	G	钳工作业、焊工常识及零件的修复（7:5:2）	11%	001	钳工的划线作业	X	
				002	钳工的锉削作业	X	
				003	金属材料的校正与弯曲	X	
				004	其他钳工作业	X	
				005	焊接设备	X	
				006	常用焊接工具及材料	X	
				007	焊接工艺	Z	
				008	常用钢材的焊接	Y	
				009	一般零件修复方法	X	
				010	电镀修复方法	Y	
				011	刷镀和喷涂	Y	
				012	研磨	Y	
				013	机械加工修复方法	Z	
				014	零件的互换和代替	Y	
	H	设备管理知识（2:1:0）	3%	001	设备管理条例和机构	X	
				002	设备的使用和维护	X	
				003	设备管理的基础工作	Y	

续表

行为领域	代码	鉴定范围（重要程度比例）	鉴定比重	代码	鉴定点	重要程度	备注
专业知识 B 70%	I	HSE 管理 (6:5:2)	10%	001	HSE 的概念	X	
				002	HSE 的术语	X	
				003	HSE 的基本要素	X	
				004	HSE 体系建立步骤	Y	
				005	管理体系介绍	Y	
				006	班组安全管理模式	Z	
				007	危害(隐患)分析辨识方法	Z	
				008	岗位安全须知卡(表)	Y	
				009	岗位作业指导书	Y	
				010	班组培训教育	X	
				011	制度建设	X	
				012	法律法规识别	X	
				013	应急预案与演习	Y	

注：X—核心要素；Y—一般要素；Z—辅助要素。

理论知识试题

一、选择题(每题有 4 个选项,只有 1 个是正确的,将正确的选项号填入括号内)

1. AA001 现代发动机普遍采用( )活塞。
   (A) 铸铁 (B) 铝合金 (C) 有色金属 (D) 钢

2. AA001 高速柴油机气环数一般为( )个。
   (A) 2~3 (B) 1~2 (C) 2~5 (D) 1

3. AA001 为使活塞裙部承受侧压力的两侧压力均匀,并使裙部与缸壁间保持最小而又安全的间隙,要求活塞在工作时必须具有( )。
   (A) 隔圆形 (B) 圆锥体形 (C) 圆柱体形 (D) 球形

4. AA002 多缸曲柄发动机其着火间隔角 α=( )/气缸数。
   (A) 360° (B) 540° (C) 720° (D) 1080°

5. AA002 为减轻重量以减小旋转时产生的离心力,连杆颈部常做成( )。
   (A) 实心的 (B) "工"字形 (C) 空心的 (D) 细长形

6. AA002 曲柄连杆机构包括( )等。
   (A) 活塞、活塞销、连杆、曲轴
   (B) 活塞、活塞销、连杆、曲轴、飞轮
   (C) 活塞、活塞销、连杆、飞轮
   (D) 活塞销、连杆、曲轴、飞轮

7. AA003 气缸的磨损是用气缸内表面的( )来表示的。
   (A) 锥度及椭圆度
   (B) 圆度
   (C) 沟槽深度
   (D) 同轴度

8. AA003 一般气缸修理尺寸通常按标准直径加大( )作为一级修理尺寸。
   (A) 0.1mm (B) 0.25mm (C) 1.5mm (D) 1.5~2mm

9. AA003 通常气缸套的上端面高出气缸体上表面约( )。
   (A) 0.02~0.05mm
   (B) 0.08~0.2mm
   (C) 0.2~1mm
   (D) 1~1.5mm

10. AA004 因为( )气门受热面积较大,容易产生过热变形,一般只用于进气门。
    (A) 平顶 (B) 凸顶 (C) 凹顶 (D) 圆顶

11. AA004 气门杆部与头部之间采用大半径圆弧连接,一方面减小( ),另一方面可减小应力集中。
    (A) 气体流通阻力
    (B) 重量
    (C) 结构尺寸
    (D) 以上答案都不对

12. AA004 为防止锈蚀,气门弹簧表面通常都进行( )处理。
    (A) 淬火或退火
    (B) 发蓝或镀锌
    (C) 抛光或喷丸
    (D) 喷丸或喷染

13. AA005 气门在止点以前开启时所对应的曲轴转角叫( )。
    (A) 提前角
    (B) 延迟角
    (C) 喷油角
    (D) 喷油提前角

14. AA005　为了使气缸中充气较充足,废气排除较干净,要求尽可能(　) 进、排时间。
　　　　　(A) 缩短　　　　　(B) 保持　　　　　(C) 延长　　　　　(D) 减少
15. AA005　配气机构按气门的位置分为(　) 两种。
　　　　　(A) 左置式和右置式　　　　　　　(B) 顶置式和底置式
　　　　　(C) 进气式和排气式　　　　　　　(D) 上置式和下置式
16. AA006　柴油滤清器可分为粗滤器和精滤器,(　) 在燃料供给系统中。
　　　　　(A) 它们串联　　　　　　　　　　(B) 粗滤器并联、精滤器串联
　　　　　(C) 它们并联　　　　　　　　　　(D) 粗滤器串联、精滤器并联
17. AA006　柴油机的"心脏"指(　)。
　　　　　(A) 输油泵　　　　(B) 高压油泵　　　(C) 缸体　　　　(D) 喷油器
18. AA006　输油泵按构造可分为(　) 等类型。
　　　　　(A) 叶片式、齿轮式、活塞式和薄膜式
　　　　　(B) 旋转式、齿轮式、活塞式和薄膜式
　　　　　(C) 齿轮式、弹簧式、活塞式和薄膜式
　　　　　(D) 齿轮式、活塞式和弹簧式
19. AA007　内燃机目前使用最广泛的润滑方式是(　)。
　　　　　(A) 飞溅润滑　　(B) 压力润滑　　(C) 复合式润滑　　(D) 强制润滑
20. AA007　目前使用较广泛的内燃机机油泵是(　) 机油泵。
　　　　　(A) 齿轮式　　　(B) 转子式　　　(C) 柱塞式　　　(D) 叶片式
21. AA007　柴油机主油道机油压力机型不同有不同规定,Z12V100B 型柴油机机油压力规定为(　)。
　　　　　(A) 0～0.1MPa　　　　　　　　　(B) 0.11～0.3MPa
　　　　　(C) 0.3～0.4MPa　　　　　　　　(D) 0.5～0.8MPa
22. AA008　发动机的温度一般应控制在(　) 范围内工作。
　　　　　(A) 10～40℃　　(B) 40～70℃　　(C) 75～90℃　　(D) 90～100℃
23. AA008　强制循环水冷却系统的主要部件是(　)。
　　　　　(A) 水泵　　　　(B) 风扇　　　　(C) 散热水箱　　　(D) 节温器
24. AA008　冷却系统的作用是利用介质将柴油机(　) 及时传送出去。
　　　　　(A) 摩擦表面的热量　　　　　　　(B) 机身表面的热量
　　　　　(C) 受热零件所吸收的热量　　　　(D) 燃烧所产生的热量
25. AA009　电动机启动通电时间一般小于(　),间隙大于10s。
　　　　　(A) 5s　　　　　(B) 10s　　　　　(C) 3s　　　　　(D) 1s
26. AA009　压缩空气启动柴油机时启动压力为(　)。
　　　　　(A) 1～2MPa　　(B) 2～3MPa　　(C) 3～5MPa　　(D) 5～7MPa
27. AA009　由(　) 的作用使启动机的动力传给柴油机飞轮齿圈,当柴油机启动后,又自动地使启动机结合齿轮与柴油机齿圈脱开。
　　　　　(A) 离合器　　　(B) 减速器　　　(C) 自动分离器　　(D) 差速器
28. AA010　涡轮增压器按压比大小可分为低、中、高增压三种,中增压压力升高比为(　)。
　　　　　(A) 小于1.4　　(B) 1.4～2.0　　(C) 大于2.0　　(D) 大于5
29. AA010　为保持增压器正常的冷却条件,出水温度一般不超过(　)。

(A) 40℃ (B) 50℃ (C) 90℃ (D) 100℃

30. AA010 理论上讲,柴油机增压后的功率可以比增压前提高( ),甚至更高。
    (A) 50%～300% (B) 50%～200% (C) 50%～100% (D) 50%～70%

31. AA011 柴油机冷却水温达( )时,方可升高转速,加上负荷。
    (A) 20～30℃ (B) 50～55℃ (C) 70～90℃ (D) 100℃

32. AA011 柴油机累计工作( )后必须进行二级保养。
    (A) 250h (B) 500h (C) 1000h (D) 1500h

33. AA011 内燃机三级技术保养的内容是( )。
    (A) 外观检查、清洁
    (B) 检查、紧固、润滑
    (C) 检查、调整
    (D) 解体清洁、检查、调整

34. AA012 柴油机排气冒( )的实质是因为润滑油进到气缸受热蒸发形成。
    (A) 蓝烟 (B) 黑烟 (C) 白烟 (D) 灰白烟

35. AA012 由于高温冲击负荷的使用和气体中固体颗粒及化学腐蚀,使气门出现( )。
    (A) 烧损 (B) 断裂 (C) 磨损 (D) 变形

36. AA012 柴油机排气管冒白烟的原因之一是( )。
    (A) 柴油中有机油
    (B) 油箱中没有柴油
    (C) 柴油机油温高
    (D) 柴油中有水

37. AA013 MB-820BH型柴油机最佳的喷油提前角为( )。
    (A) 2° (B) 25°±0.5° (C) 25°±2° (D) 25°±1.2°

38. AA013 Z12V190B型柴油机是( )设计、制造的一种大功率柴油机。
    (A) 中国 (B) 德国 (C) 俄罗斯 (D) 美国

39. AA013 12V150型柴油机型式为( )。
    (A) 四冲程、风冷、增压、高速柴油机
    (B) 四冲程、风冷、非增压、高速柴油机
    (C) 四冲程、水冷、增压、高速柴油机
    (D) 四冲程、水冷、非增压、高速柴油机

40. AB001 反循环压井是将井液从套管内泵入,由油管外返出,主要用于( )的油气井施工。
    (A) 压力低、产量大
    (B) 压力低、产量小
    (C) 压力高、产量大
    (D) 压力高、产量小

41. AB001 起下冲砂管柱探砂面,冲砂工具距油层20m时,减小下放速度至( )以下,悬重下降表明冲砂管口遇到砂面。
    (A) 0.2m/min (B) 0.3m/min (C) 0.4m/min (D) 0.5m/min

42. AB001 筛管防砂中,目前仍以( )作为最主要的充填材料。
    (A) 树脂和陶粒
    (B) 烧结陶粒
    (C) 砾石
    (D) 树脂预涂层砾石

43. AB002 水力压裂时,泵组的压力越大、排量越大,则形成的裂缝就( )。
    (A) 越小 (B) 越长、越窄 (C) 越长、越宽 (D) 不相关

44. AB002 油层的压力较高,渗透率低,酸化处理后可建立较大压差又便于排除乏酸,盐酸浓度为( )。
    (A) 8%～10% (B) 9%～12% (C) 10%～13% (D) 12%～15%

45. AB002 关井反应时间应根据各地区的地层特征来定,一般不得小于( )。

(A) 1h   (B) 2h   (C) 3h   (D) 4h

46. AB003 将震击器及打捞工具一起下井,根据井况,对被卡管柱进行连续震击,将卡点震松以达到解卡目的,这种方法称为( )。
 (A) 活动解卡   (B) 倒扣解卡   (C) 浸泡解卡   (D) 震击解卡

47. AB003 绳类落物的打捞工具一般有( )。
 (A) 活动打捞器、捞钩及套磨捞级合法
 (B) 一把抓、反循环打捞蓝、黄泥打捞筒等
 (C) 内钩、外钩、大铣管、井下割绳器等
 (D) 公锥、母锥、滑牙块捞矛、卡瓦打捞筒等

48. AB003 对套管破漏较浅、损坏较少、地层结构不坍塌的井段,适用( )。
 (A) 套接法   (B) 对接法   (C) 套固法   (D) 扶下法

49. AB004 要打捞落物就要选择合适的打捞工具,打捞管类的工具有( )。
 (A) 老虎嘴、一把抓、内钩、外钩
 (B) 磁性打捞器、一把抓、内钩、外钩
 (C) 滑块捞矛、可退捞矛、卡瓦捞筒
 (D) 反循环打捞蓝、内钩、外钩

50. AB004 在处理油井砂卡事故中( )被大量采用。
 (A) 套冲倒扣方法解卡
 (B) 套铣解卡
 (C) 整体磨铣解卡
 (D) 酸浸法

51. AB004 探人工井底的操作中,探水泥塞面应加压( )。
 (A) 10~20kN   (B) 30~40kN   (C) 40~50kN   (D) 50~60kN

52. AB004 探人工井底的操作中,探树脂塞面加压不超过( )。
 (A) 20kN   (B) 15kN   (C) 8kN   (D) 3kN

53. AB004 探人工井底的操作中,探井内落鱼鱼顶加压不超过( )。
 (A) 20kN   (B) 30kN   (C) 40kN   (D) 50kN

54. AB005 油层压力不大,套管破裂和漏失不严重时,可用( )进行修理。
 (A) 普通涨管器进行上、下顿击
 (B) 向套管外挤水泥浆的办法
 (C) 封隔器的办法
 (D) 侧钻的办法

55. AB005 套管严重破裂,不得不丢弃下部层段时,可采用( )。
 (A) 普通涨管器进行上、下顿击
 (B) 侧钻的办法
 (C) 封隔器的办法
 (D) 向套管外挤水泥浆的办法

56. AB005 挤水泥浆封好破裂的套管一般可承受( )的压力。
 (A) 1~4MP   (B) 4~8MP   (C) 8~11MP   (D) 11~14MP

57. AB006 非选择性堵水会凝固成一种人工隔板,它的功能是( )。
 (A) 阻止水进入井中
 (B) 阻止油进入井中
 (C) 阻止水和油进入井中
 (D) 不阻止水和油进入井中

58. AB006 现场常用的选择性堵水方法有( )。
 (A) 水基水泥浆、乳化石蜡、聚丙烯酰胺冻胶
 (B) 水基水泥浆、酚醛树脂、聚丙烯酰胺冻胶
 (C) 水基水泥浆、酚醛树脂、水玻璃氯化钙溶液
 (D) 油基水泥浆、乳化石蜡、聚丙烯酰胺冻胶

59. AB006 化学堵水过程中堵水剂的用量( )。

(A) 可以多也可以少 (B) 只能多不能少
(C) 不能多也不能少 (D) 只能少不能多

60. AB007 正冲砂的特点是冲刺力大,它的冲砂液是( )。
    (A) 沿冲砂管向下,沿环形空间上返,中间改变流向
    (B) 沿环形空间向下,沿冲砂管上,中途改变流向
    (C) 沿环形空间向下,沿冲砂管上返地面
    (D) 沿油管向下,沿环形空间上返地面

61. AB007 反冲砂的特点是携带砂能力强,它的冲砂液是( )。
    (A) 沿环形空间向下,沿冲砂管上返地面
    (B) 沿环形空间向下,沿冲砂管上,中途改变流向
    (C) 沿冲砂管向下,环形空间上返,中间改变流向
    (D) 沿油管向下,沿环形空间上返地面

62. AB007 反冲砂的冲砂液流( ),携砂能力强。
    (A) 冲刺力大 (B) 上返速度不大
    (C) 上返速度大 (D) 较容易砂堵

63. AB008 压裂酸化的作用是( )。
    (A) 解除井底附近地层的堵塞 (B) 不能解除井底附近地层的堵塞
    (C) 能解除远井地层的堵塞 (D) 不能解除地层的堵塞

64. AB008 酸化后排液应( )。
    (A) 立即排液 (B) 关井 8h 后进行
    (C) 关井 24h 后进行 (D) 关井 48h 后进行

65. AB008 酸洗就是用酸液在( )的条件下进行。
    (A) 低压力、无外力搅拌 (B) 低压力、有外力搅拌
    (C) 高压力、无外力搅拌 (D) 高压力、有外力搅拌

66. AB009 单层选压是( )。
    (A) 对多油层组中的几个层段同时进行压裂
    (B) 对多油层组中的一个层段进行压裂
    (C) 对一个油层组中的几个层段同时进行压裂
    (D) 对一个油层组中的某一小层或一层段进行压裂

67. AB009 压裂施工加砂过程中要求( )。
    (A) 砂比由小到大,中途可以停泵 (B) 砂比由小到大,中途不可以停泵
    (C) 砂比由大到小,中途可以停泵 (D) 砂比由大到小,中途不可以停泵

68. AB009 一次分压多层,就是在( )。
    (A) 多油层组中的几个层段同时进行压裂
    (B) 多口油层组中的一个层段进行压裂
    (C) 一个油层组中的几个层段同时进行压裂
    (D) 一口井内压裂几个层段

69. AB010 筛管直径的选用,对管内充填井,充填厚度不小于( )。
    (A) 10mm (B) 15mm (C) 20mm (D) 25mm

70. AB010 筛管直径的选用,对裸眼充填井,充填厚度不小于( )。

(A) 25mm　　(B) 30mm　　(C) 40mm　　(D) 50mm

71. AB010　机械防砂是常见的防砂方法,可分为（　　）。
(A) 一类　　(B) 二类　　(C) 三类　　(D) 四类

72. AC001　测量误差可分三类,其中系统误差（　　）。
(A) 严重歪曲测量结果,必须将其剔出
(B) 可通过实验分析或计算确定
(C) 没有任何影响,不用采取措施
(D) 可以增加测量次数使正负误差相抵消

73. AC001　测量误差可分三类,其中粗大误差（　　）。
(A) 可通过实验分析或计算确定
(B) 可以增加测量次数使正负误差相抵消
(C) 严重歪曲测量结果,必须将其剔出
(D) 没有任何影响,不用采取措施

74. AC001　测量误差可分（　　）三类。
(A) 系统误差、随机误差和粗大误差　　(B) 系统误差、随机误差和人为误差
(C) 系统误差、机器误差和粗大误差　　(D) 设备误差、随机误差和粗大误差

75. AC002　常用计量名词术语"刻度间距"指的是（　　）。
(A) 计量器具能测量的尺寸最低到最高值的范围
(B) 计量器具所指示的最低值到最高值的范围
(C) 计量器具能测量的尺寸最低值到最高值的范围
(D) 刻度标尺上两相邻刻线之间的距离

76. AC002　常用计量名词术语"分度值"指的是（　　）。
(A) 刻度标尺上两相邻刻线之间的距离
(B) 计量器具所指示的最低值到最高值的范围
(C) 计量器具能测量的尺寸最低值到最高值的范围
(D) 刻度标尺上最小一格所代表的数值

77. AC002　常用计量名词术语"示值范围"指的是（　　）。
(A) 计量器具所指示的最低值到最高值的范围
(B) 计量器具能测量的尺寸最低值到最高值的范围
(C) 计量器具能测量的尺寸最低值到最高值的范围
(D) 刻度标尺上两相邻刻线之间的距离

78. AC003　游标卡尺能直接测量（　　）的尺寸。
(A) 缸套端部内圆直径　　(B) 缸套中部内圆直径
(C) 内卡簧槽直径　　(D) 内螺纹外径

79. AC003　普通游标卡尺由（　　）等部分所组成。
(A) 主尺、尺、尺身、游标、尺框、螺钉
(B) 主尺、副尺、上量爪、下量爪、尺框、螺钉
(C) 尺头、尺尾、主尺、游标、尺框、螺钉
(D) 尺头、尺尾、尺身、游标、尺框、螺钉

80. AC003　游标卡尺按照测量精度可以分为（　　）等几种。

(A) 0.01mm,0.02mm,0.05mm　　　　(B) 0.01mm,0.05mm,0.2mm
(C) 0.02mm,0.05mm,0.1mm　　　　(D) 0.1mm,0.2mm,0.5mm

81. AC004　千分尺是一种测量加工精度要求（　）量具。
(A) 较高的普通　(B) 不高的精密　(C) 较高的精密　(D) 不高的普通

82. AC004　每种外径千分尺的测量范围均为（　）。
(A) 20mm　(B) 35mm　(C) 30mm　(D) 25mm

83. AC004　外径千分尺按照测量范围可以分为（　）等多种规格。
(A) 0～25mm,25～50mm,50～75mm 和 100～125mm
(B) 0～20mm,20～40mm,40～60mm 和 80～100mm
(C) 0～20mm,20～45mm,45～70mm 和 70～95mm
(D) 0～50mm,50～100mm,100～150mm

84. AC005　塞尺是由（　）所组成的测量工具。
(A) 多片不同厚度的标准钢片　　(B) 两片相同厚度的标准钢片
(C) 多片不同厚度的标准铝片　　(D) 两片相同厚度的标准铝片

85. AC005　塞尺是一种测量工具,它主要用于两个测量（　）大小的测量。
(A) 平面之间的距离　　(B) 面之间的间隙
(C) 孔之间的距离　　　(D) 面之间的角度

86. AC005　塞尺的结构比较简单,它是由（　）组成的。
(A) 塞尺片、标记片、铆钉或螺钉　　(B) 测量片、数据片、销子
(C) 塞尺片、保护板、铆钉或螺钉　　(D) 塞尺片、保护板、销子

87. AC006　电动轮廓仪的用途是测量工件表面的（　）。
(A) 硬度　(B) 粗糙度　(C) 形状　(D) 平面度

88. AC006　手持离心机械式转速表是用来测量柴油机等机械的（　）。
(A) 转速的误差　　(B) 转速变动范围
(C) 每分钟转速　　(D) 转动的角速度

89. AC006　电涡流测功器用于测量动力机的（　）。
(A) 动力　(B) 功率　(C) 输入功率　(D) 输出功率

90. AC007　电动轮廓仪的原理是触针的（　）的变化。
(A) 上下移动引起杠杆　　(B) 转动引起传感器电量
(C) 转动引起杠杆　　　　(D) 上下移动引起传感器电量

91. AC007　电涡流测功器的结构主要由（　）两部分组成。
(A) 转子和定子　　(B) 转子和固定架
(C) 定子和摇动架　(D) 转子和摇动架

92. AC007　圆度仪主要由（　）等组成。
(A) 测量头、回转轴、传感器　　(B) 测量仪、回转轴、传感器
(C) 测量头、回转轴、感应器　　(D) 测量头、转动轴、传感器

93. AC008　机械制图标准中,汉字应写成仿宋字,(　)。
(A) 图纸幅面共有 6 种,图线共有 6 种　(B) 图纸幅面共有 8 种,图线共有 6 种
(C) 图纸幅面共有 6 种,图线共有 8 种　(D) 图纸幅面共有 8 种,图线共有 8 种

94. AC008　零件图中,符号"1:3"表示（　）。

(A) 正圆锥底圆直径与其高度的比值为 1∶3

(B) 正圆锥高度与与其底圆直径的比值为 1∶3

(C) 正圆锥底母线长度与其底圆直径的比值为 1∶3

(D) 正圆锥底圆直径与母线长度的比值为 1∶3

95. AC008　主视图只能表现物体（　）的范围。
(A) 上下和前后　(B) 上下和左右　(C) 左右和前后　(D) 上下之间

96. AC009　机械制图的投影规律要求六个基本视图保持（　）。
(A) 长对正、宽平齐、高相等　　(B) 宽对正、长平齐、高相等
(C) 宽对正、高平齐、长相等　　(D) 长对正、宽相等、高平齐

97. AC009　用来表达视图中表达不清或不便标注尺寸的机件细部结构，应选用（　）。
(A) 局部放大图　　　　　　(B) 剖面图
(C) 移出剖面图　　　　　　(D) 局部剖面图

98. AC009　零件图应能表示出该零件的（　）。
(A) 几何形状和用途　　　　(B) 用途和所有尺寸
(C) 几何形状和所有尺寸　　(D) 用途和外形

99. AC010　BAF-700B 型三缸柱塞泵十字头体的零件图宜采用（　）的画法绘制。
(A) 局部视图　(B) 全剖视　(C) 半剖视　(D) 阶梯剖视

100. AC010　对于内外形状都需要表达的机件，宜采用（　）。
(A) 全剖视　(B) 半剖视　(C) 旋转剖视　(D) 局部剖视

101. AC010　用剖视图表示内外螺纹的连接时，其旋合部分按（　）的画法绘制。
(A) 内螺纹　　　　　　　　(B) 内外螺纹均可
(C) 外螺纹　　　　　　　　(D) 牙顶和牙底均画成粗实线

102. AC011　常见的零件图多为（　）。
(A) 平面投影图　(B) 立体投影图　(C) 轴侧投影图　(D) 立体图

103. AC011　斜齿轮的零件图中应用（　）来表示斜齿。
(A) 三条与齿线方向一致的细实线　(B) 二条与齿线方向一致的细实线
(C) 三条与齿线方向一致的点划线　(D) 二条与齿线方向一致的点划线

104. AC011　一张完整的零件图包括的内容有（　）。
(A) 一套表达正确完整合理的尺寸及填写标栏
(B) 一组表达零件形状的图形及一套表达正确完整合理的尺寸及填写标栏
(C) 一组表达零件形状的图形及一套表达正确完整合理的尺寸、必要的技术要求及填写标栏
(D) 一组表达零件形状的图形及一套表达正确完整合理的尺寸、必要的技术要求

105. AC011　零件图主视图确定后，在配置其他视图时要处理好（　）。
(A) 表达内形和外形的关系
(B) 表达内形和外形的关系和视图的集中与分散关系
(C) 表达内形和外形的关系与虚线的省略和保留的关系
(D) 表达内形和外形的关系与虚线的省略和保留的关系也要处理好表达内形和外形的关系

106. AC012　在画零件图前应在现场（　）。
　　　(A) 徒手画出零件草图
　　　(B) 了解零件的基本情况,并做好记录
　　　(C) 量好主要尺寸,并做好记录
　　　(D) 把了解到的零件资料列表登记

107. AC012　零件草图是现场画的,在草图上必须包括零件工作图的（　）。
　　　(A) 全部内容　　(B) 主要尺寸　　(C) 所有视图　　(D) 基本内容

108. AC012　画零件图时,对一些重要表面尺寸公差、结构形状应该（　）。
　　　(A) 根据经验,仔细慎重考虑才能决定
　　　(B) 查阅资料,参照标准
　　　(C) 根据实测结果,不能乱改
　　　(D) 根据实测结果,估计磨损量进行修正

109. AC013　零件图中标注尺寸时,注意尺寸（　）。
　　　(A) 宁可重复,不可丢失　　　　　　(B) 注全,重要尺寸应有重复
　　　(C) 既要注全,但又不应有多余尺寸　(D) 要注全,但次要尺寸可少注

110. AC013　为了看图方便,加工面和非加工面的尺寸最好列在视图（　）。
　　　(A) 同一侧　　(B) 内部　　(C) 两侧　　(D) 空余的地方

111. AC013　一个完整的尺寸应包含（　）。
　　　(A) 尺寸线和尺寸数字
　　　(B) 尺寸界线和尺寸数字
　　　(C) 尺寸界线和尺寸数字及箭头
　　　(D) 尺寸界线、尺寸线和尺寸数字及箭头

112. AC014　机械图中,当剖切平面通过螺纹连接件的轴线时,螺栓、螺母等按规定（　）。
　　　(A) 画出剖面　　　　　　　　　　(B) 画出剖面,可不画剖面线
　　　(C) 半剖,其余仍按外形画出　　　(D) 不剖,仍按外形画出

113. AC014　机械图中,在平键和半圆键的连接画法中,键和键槽（　）。
　　　(A) 两侧要留间隙,但顶部不应留间隙
　　　(B) 一侧留间隙,但顶部不留间隙
　　　(C) 一侧不留间隙,但顶部应留间隙
　　　(D) 两侧不留间隙,但顶部应留间隙

114. AC014　画螺栓连接时,被连接件上用于穿螺栓用的光孔,可按螺纹直径的（　）画出。
　　　(A) 1.2 倍　　(B) 1.1 倍　　(C) 1.4 倍　　(D) 1.3 倍

115. AD001　柴油机不能启动的原因可能是（　）。
　　　(A) 机油泵坏　　　　　　(B) 供油不均匀
　　　(C) 燃油滤清器阻塞　　　(D) 水泵排量小

116. AD001　喷油很少、喷不出油或喷油不雾化,可以发生（　）的故障。
　　　(A) 柴油机不能启动　　　(B) 柴油机声音不正常
　　　(C) 油温高　　　　　　　(D) 机油压力低

117. AD001　柴油机排气管冒白烟的原因之一是（　）。
　　　(A) 柴油中有机油　　　　(B) 油箱中没有柴油

(C) 柴油机油温高　　　　　　　　　(D) 柴油中有水

118. AD002　柴油机气门杆卡死,可以发生（　）的故障。
(A) 转速不稳　　　　　　　　　　(B) 滤清器堵塞
(C) 油管堵塞　　　　　　　　　　(D) 柴油机功率不足

119. AD002　柴油机汽缸垫损坏时,可以发生（　）的故障。
(A) 柴油机功率不足　　　　　　　(B) 滤清器堵塞
(C) 油管堵塞　　　　　　　　　　(D) 转速不稳

120. AD002　柴油机喷油泵供油时间过迟会造成发动机（　）。
(A) 功率突然增加　　　　　　　　(B) 运转正常
(C) 排气管冒白烟　　　　　　　　(D) 突然熄火

121. AD003　柴油机曲轴滚动轴承径向间隙过小时,运转中发出（　）。
(A) 轻微而尖锐的响声　　　　　　(B) 沉重而有力的撞击声
(C) 特别尖锐而刺耳的声音　　　　(D) 有节奏的清脆金属敲击声

122. AD003　柴油机曲轴滚动轴承径向间隙过大时,运转中发出（　）。
(A) 答答声　　(B) 砰砰声　　(C) 刺刺声　　(D) 霍霍声

123. AD003　柴油机运转中气门碰活塞,汽缸盖处发出（　）的敲击声。
(A) 沉重而均匀、有节奏　　　　　(B) 沉重而无节奏
(C) 沉重而有力　　　　　　　　　(D) 不规则的清脆

124. AD004　柴油机空气滤清器阻塞,排气管会（　）。
(A) 保持正常烟色　　　　　　　　(B) 冒黑烟
(C) 冒白烟　　　　　　　　　　　(D) 冒蓝烟

125. AD004　柴油机喷油器喷油压力过低,排气管会（　）。
(A) 冒黑烟　　(B) 保持正常烟色　　(C) 冒蓝烟　　(D) 冒白烟

126. AD004　柴油机排烟大,运转不稳定是因为喷油泵（　）。
(A) 喷油过多　　(B) 喷油过少　　(C) 不喷油　　(D) 喷油不均

127. AD005　柴油机油底壳内机油量不足,会使（　）。
(A) 机油压力增加,压力表平稳　　(B) 机油压力下降,压力表波动
(C) 机油压力减少,压力表平稳　　(D) 压力增加,压力表波动

128. AD005　柴油机机油泵齿轮与低盖端面磨损,间隙增大后会使（　）。
(A) 机油压力增高,压力表波动　　(B) 机油压力正常
(C) 机油压力下降,压力表指针下降　(D) 机油压力不变

129. AD005　柴油机机油泵轴折断,会造成（　）。
(A) 机油供应正常　　　　　　　　(B) 机油压力上升
(C) 机油压力下降,严重造成抱瓦事故　(D) 机油压力不变

130. AD006　柴油机水泵转速低,在高负荷下（　）。
(A) 出水温度低,机油温度高　　　(B) 出水温度高,机油温度低
(C) 出水、机油温度都低　　　　　(D) 出水、机油温度都升高

131. AD006　柴油机节温器失灵时,会使（　）。
(A) 水温度增高　　　　　　　　　(B) 出水、机油温度降低
(C) 出水温度低,机油温度高　　　(D) 机油温度升高

132. AD006　XJ450修井机发动机(3408)，每工作（　）检查水泵。
　　　　　　（A）500h　　　（B）1000h　　　（C）1500h　　　（D）2000h

133. AD007　柴油机启动机线路太长,会使（　）。
　　　　　　（A）启动机空转但无力启动　　　（B）启动机齿轮伸不出来
　　　　　　（C）启动机不转动　　　　　　　（D）启动机齿轮缩不回来

134. AD007　柴油机启动蓄电池容量太小,会使（　）。
　　　　　　（A）启动机齿轮伸不出来　　　　（B）启动机不转动
　　　　　　（C）启动机齿轮缩不回来　　　　（D）启动机反转

135. AD007　XJ450修井机发动机(3408)，每隔（　）检查蓄电池的液面。
　　　　　　（A）100h　　　（B）150h　　　（C）200h　　　（D）250h

136. AD008　柴油机喷油嘴偶件咬死时,会出现（　）的故障。
　　　　　　（A）喷油很少或喷不出油　　　　（B）喷油压力太高
　　　　　　（C）喷油压力低　　　　　　　　（D）喷油器漏油

137. AD008　柴油机喷油器的针阀粘住时,会出现（　）的故障。
　　　　　　（A）喷油压力低　　　　　　　　（B）喷油器漏油
　　　　　　（C）喷油很少或喷不出油　　　　（D）喷油压力太高

138. AD008　柴油机喷油器的调压弹簧断裂时,会出现（　）的故障。
　　　　　　（A）喷油压力低　　　　　　　　（B）喷油器漏油
　　　　　　（C）喷油很少或喷不出油　　　　（D）喷油压力太高

139. AD009　XJ450修井机发动机(3408)，每隔（　）检查喷油泵的调速器。
　　　　　　（A）1000h　　　（B）1250h　　　（C）1500h　　　（D）1750h

140. AD009　柴油机燃油系统进有空气时,会出现（　）的故障。
　　　　　　（A）喷油压力过低　　　　　　　（B）喷油压力过大
　　　　　　（C）喷油量不足　　　　　　　　（D）喷油泵不喷油

141. AD009　柴油机喷油泵调节齿圈松动时,会出现（　）的故障。
　　　　　　（A）供油不均匀　　　　　　　　（B）喷油量不足
　　　　　　（C）喷油压力过低　　　　　　　（D）喷油泵不喷油

142. AD010　引起柴油机活塞漏气和窜气的装配错误有（　）。
　　　　　　（A）活塞和缸套间隙不对、活塞环开口或方向错误
　　　　　　（B）活塞和缸套间隙不对、活塞环漏装或卡死
　　　　　　（C）活塞和缸套间隙不对、活塞环数量不对
　　　　　　（D）活塞方向不对、活塞环开口没有错开

143. AD010　引起柴油机工作无力,从保养方面检查可能（　）。
　　　　　　（A）不按时清洗空气滤清器　　　（B）不按时清洗柴油滤清器
　　　　　　（C）不按时清洗机油滤清器　　　（D）不按时清洗呼吸器

144. AD010　柴油机试车时烧瓦的装配错误可能是（　）。
　　　　　　（A）活塞和缸套间隙不对　　　　（B）连杆瓦错位或间隙不对
　　　　　　（C）活塞环漏装　　　　　　　　（D）活塞的方向装错

145. AD011　柴油机转速不稳,有熄火现象,主要是（　）的故障。
　　　　　　（A）燃料供给和润滑系统　　　　（B）燃料供给和调速器

(C) 润滑系统和冷却系统　　　　　(D) 启动系统和润滑系统

146. AD011　柴油机有熄火现象,调速器可能的故障是（　）。
(A) 拉杆销脱落　　　　　　　　　(B) 调速弹簧断裂
(C) 调速弹簧变形　　　　　　　　(D) 飞铁脱落

147. AD011　柴油机工作不均衡,有熄火现象,燃料系的故障是（　）。
(A) 输油泵漏油　　　　　　　　　(B) 喷雾器雾化不良
(C) 燃料系内有空气　　　　　　　(D) 柴油滤芯脏或破损

148. AD012　柴油机烧瓦的直接原因是（　）。
(A) 喷油量过大,造成高温　　　　(B) 冷却水量不足,机器温度过高
(C) 滤清器太脏或破损　　　　　　(D) 润滑失效造成局部高温

149. AD012　润滑系统的（　）是柴油机烧瓦的原因之一。
(A) 离心式滤清器不转　　　　　　(B) 滤清器太脏或破损
(C) 油压过高　　　　　　　　　　(D) 油压过低

150. AD012　新的或新修过的柴油机烧瓦的原因很可能是（　）。
(A) 瓦片间隙装配不合格　　　　　(B) 活塞和缸套的间隙不对
(C) 润滑油压力太高　　　　　　　(D) 冷却水温度太低

151. AD013　柴油机的拉缸现象,是指汽缸套内壁上,(　),直接影响汽缸的密封。
(A) 沿活塞移动方向,出现一些深浅不同的沟纹
(B) 沿缸套内圆,出现一些深浅不同的沟纹
(C) 沿活塞移动方向,出现一些深浅不同的麻点
(D) 沿缸套内圆,出现一些深浅不同的台肩

152. AD013　在装配中,(　)是柴油机造成拉缸的原因之一。
(A) 活塞和缸套之间的间隙过大　　(B) 活塞和缸套之间的间隙过小
(C) 活塞环开口过大　　　　　　　(D) 活塞油环方向装错

153. AD013　柴油机造成拉缸的最主要原因是（　）。
(A) 发动机温度过底　　　　　　　(B) 发动机温度过高
(C) 发动机水箱加的是水　　　　　(D) 发动机水箱加的是防冻液

154. AD014　柴油机运转中,如发现机体通气孔（　）,可能是活塞已经断裂。
(A) 排除大量白烟时　　　　　　　(B) 排除大量水蒸气时
(C) 排除大量浓烟时　　　　　　　(D) 排除大量热气时

155. AD014　柴油机活塞的断裂一般是从顶部或受机械负荷最大的活塞（　）出现裂纹。
(A) 气环槽　　(B) 油环槽　　(C) 裙部　　(D) 销座附近

156. AD014　柴油机的（　）,会使柴油机过热造成活塞断裂。
(A) 冷却水中混入油　　　　　　　(B) 冷却水有碱性
(C) 节温器失灵　　　　　　　　　(D) 缺水或水温过高

157. AD015　气门组的故障直接影响柴油机的（　）,甚至导致重大事故。
(A) 功率不足,启动困难　　　　　(B) 运转不稳,启动困难
(C) 温度升高,功率下降　　　　　(D) 油耗增加,发生异响

158. AD015　柴油机的气门烧损与变形后,应（　）。
(A) 用配磨方法修复　　　　　　　(B) 更换新气门再研磨修复

（C）更换气门座再研磨修复　　　　　　（D）更换新气门及气门座再研磨修复

159. AD015　柴油机气门断裂落入汽缸内,会造成（　）的重大事故。
（A）气门组及缸体整体损坏　　　　　　（B）活塞顶缸
（C）连杆弯曲甚至断裂　　　　　　　　（D）气门挺杆及气门座损坏

160. AD016　柴油机的飞车是指（　）。
（A）高速运转,超过规定最高使用转速
（B）控制在超过规定最高使用转速运转
（C）转速失去控制,大大超过规定最高使用转速
（D）最高转速运转

161. AD016　判断柴油机飞车的主要依据是（　）。
（A）排气响声正常,但有排烟异常
（B）转速很快,分不清转向
（C）整机发生强烈振动,排气响声很大
（D）排气响声越来越密,连成一片,甚至啸声

162. AD016　处理柴油机飞车的原则是（　）。
（A）请有经验的人来处理　　　　　　　（B）迅速关闭油箱开关
（C）迅速把油门降到底　　　　　　　　（D）迅速将油路、进气路切断堵住

163. AD017　柴油机在气缸全长都能听到轰隆而清晰的敲击声,原因是（　）。
（A）活塞与缸套间隙过大　　　　　　　（B）活塞环与环槽间隙过大
（C）活塞销与铜套间隙过大　　　　　　（D）连杆轴承间隙过大

164. AD017　柴油机转速变化时,气缸上部可听到尖锐冲击声响,原因是（　）。
（A）活塞与缸套间隙过大　　　　　　　（B）活塞环与环槽间隙过大
（C）活塞销与铜套间隙过大　　　　　　（D）连杆轴承间隙过大

165. AD017　柴油机改变负荷时,在曲轴箱附近可听到钝哑的敲击声,原因是（　）。
（A）活塞与缸套间隙过大　　　　　　　（B）活塞环与环槽间隙过大
（C）活塞销与铜套间隙过大　　　　　　（D）连杆轴承间隙过大

166. AD017　柴油机气缸内发出低沉不清晰敲击声,原因是（　）。
（A）活塞与缸套间隙过大　　　　　　　（B）活塞环与环槽间隙过大
（C）喷油时间过早　　　　　　　　　　（D）喷油时间过迟

167. AD018　柴油机振动加剧的原因很多,燃料系统中（　）是其中之一。
（A）喷油提前角大　　　　　　　　　　（B）喷油量大
（C）喷油量小　　　　　　　　　　　　（D）各缸喷油量不均匀

168. AD018　燃料系统中,（　）是造成柴油机振动加剧的原因之一。
（A）各缸喷油器的喷油压力不一致　　　（B）喷油提前角小
（C）各缸喷油器的喷油压力大　　　　　（D）各缸喷油器的喷油压力小

169. AD018　柴油机振动加剧的原因很多,（　）是其中之一。
（A）曲轴轴径圆度超差　　　　　　　　（B）曲轴弯曲变形
（C）曲轴轴径圆柱度超差　　　　　　　（D）连杆轴承间隙过大

170. AD018　曲轴组中,（　）是造成柴油机振动加剧的原因之一。
（A）曲轴轴径圆度超差　　　　　　　　（B）曲轴不平稳,动平衡不合格

(C) 曲轴轴径圆柱度超差 　　　　(D) 连杆轴承间隙过大

171. AD019　柴油机（　）时,最容易加剧曲轴轴径的磨损。
(A) 冷却水温太高　　　　(B) 喷油量不均匀
(C) 发生飞车　　　　(D) 功率不足

172. AD019　柴油机的（　）时,容易使曲轴弯曲。
(A) 润滑油质量差　　　　(B) 机身主轴承孔圆柱度偏差大
(C) 机身主轴承孔圆度偏差大　　(D) 机身主轴承孔同心度偏差大

173. AD019　柴油机的（　）时,也是使曲轴弯曲的原因之一。
(A) 机身主轴承孔圆度偏差大
(B) 机身主轴承孔圆柱度偏差大
(C) 连杆瓦与连杆轴径配合间隙过大或过小
(D) 主轴承孔与主轴径配合间隙过大或过小

174. BA001　把几个电阻首尾相接地连接起来的连接方式称为（　）。
(A) 串联　　(B) 关联　　(C) 复联　　(D) 混联

175. BA001　某导线长为100m,截面积为$8mm^2$,电阻率为$1.7 \times 10^{-8} \Omega \cdot m$,则该导线的电阻值为（　）。
(A) 4.7Ω　　(B) 0.2125Ω　　(C) 13.6Ω　　(D) 0.136Ω

176. BA001　在电路图中,—▭—符号代表（　）。
(A) 电阻　　(B) 电容　　(C) 接地　　(D) 线圈

177. BA002　有一只线圈,接在220V 直流电源上,测得通过的电流为0.22A,则该线圈的电阻值为（　）。
(A) 44Ω　　(B) 100Ω　　(C) 1000Ω　　(D) 440Ω

178. BA002　电路中一阻值为$2k \cdot \Omega$ 的用电器中通过的电流值为2mA,则该用电器两端的电压为（　）。
(A) 4000V　　(B) 1000V　　(C) 100V　　(D) 4V

179. BA002　电器的功率因数是用（　）来表示的。
(A) $\cos\phi$　　(B) $\cos\alpha$　　(C) $\sin\phi$　　(D) $\sin\beta$

180. BA003　已知电阻$R_1 = 100\Omega, R_2 = 200\Omega, R_3 = 300\Omega$,现把三电阻串联起来接入电压为220V 的电源,则R_3 两端的电压值为（　）。
(A) 220V　　(B) 146.7V　　(C) 110V　　(D) 73.3V

181. BA003　已知电阻$R_1 = 100\Omega, R_2 = 200\Omega, R_3 = 300\Omega$,现把$R_1$ 与R_2 串联后再与R_3 并联,则其总电阻为（　）。
(A) 150Ω　　(B) 300Ω　　(C) 600Ω　　(D) 400Ω

182. BA003　标有"220V,100W"的两盏灯泡串接在电压为220V 的电路中,则两盏灯消耗的总功率为（　）。
(A) 200W　　(B) 100W　　(C) 50W　　(D) 25W

183. BA004　有一额定值为220V,60W 的电灯,接在220V 的电源上,每晚用3h,一个月消耗的电能为（　）。
(A) $1.8kW \cdot h$　　(B) $3.2kW \cdot h$　　(C) $4.8kW \cdot h$　　(D) $5.4kW \cdot h$

184. BA004　教室里一盏电灯消耗功率为100W,每晚使用2h,消耗电能为W_1,办公室有一盏电灯消耗功率为40W,每晚使用5h,消耗电能为W_2,则有( )。

(A) $W_1 > W_2$　　(B) $W_1 < W_2$　　(C) $W_1 \geq W_2$　　(D) $W_1 = W_2$

185. BA004　线路电压为220V,电路中并联了10盏"220V,40W"的电灯,则每盏电灯的实耗功率为( )。

(A) 40W　　(B) 38W　　(C) 4W　　(D) 41W

186. BA005　通电导体在磁场中受到的电磁力的大小与导体中电流的大小成正比,与导体在磁场中的长度( )。

(A) 成正比　　(B) 成反比　　(C) 平方成正比　　(D) 无关

187. BA005　负载运行的变压器,原、副绕组电流比约为( )。

(A) 原、副绕组的匝数比
(B) 1
(C) 原、副绕组的电压比与匝数比的乘积
(D) 原、副绕组匝数比的倒数

188. BA005　大容量的变压器的效率可达( )。

(A) 83%~85%　(B) 90%~93%　(C) 86%~88%　(D) 98%~99%

189. BA006　要定期检查蓄电池电解液液面高度,液面必须高出极板( )。

(A) 5~10mm　(B) 10~15mm　(C) 15~20mm　(D) 20~25mm

190. BA006　蓄电池长期工作在充电不足或放电后长期未充电的状态,极板上会逐渐生成一层( ),在正常充电时不能转化,这种现象称为硫化。

(A) $PbSO_4$　　(B) PbO_2　　(C) Pb　　(D) PbS

191. BA006　由蓄电池驱动的启动电动机,每次使用不得超过( ),若连续再次使用,应停歇15s以上。

(A) 3s　　(B) 5s　　(C) 10s　　(D) 15s

192. BA007　三相电路中,对称负载是三角形连接时,相电流I_P与线电流I_L的关系为( )。

(A) $I_L = \sqrt{3} I_P$　(B) $I_P = \sqrt{3} I_L$　(C) $I_P = I_L$　(D) $I_L = \sqrt{2} I_P$

193. BA007　对称负载的三相电路中,电压和电流也都是对称的,中线中的电流为( )。

(A) 线电流　　(B) 相电流　　(C) 相电流的$\sqrt{3}$倍　　(D) 0

194. BA007　当发电机三相绕组连成星形时,相电压U_P与线电压U_L关系为( )。

(A) $U_L = U_P$　(B) $U_P = \sqrt{3} U_L$　(C) $U_L = \sqrt{3} U_P$　(D) $U_P = \frac{\sqrt{3}}{2} U_L$

195. BA008　并励直流发电机中的励磁绕组( )。

(A) 是由外电源供电的　　　　　(B) 与电枢串联
(C) 与电枢并联　　　　　　　　(D) 为永久磁铁

196. BA008　三相异步电动机异步的含义是指( )。

(A) 转子转速大于磁场转速　　　(B) 磁场转速大于转子转速
(C) 转子旋转而磁场不转　　　　(D) 转子和磁场转向不同

197. BA008　直流电动机与三相异步电动机比较具有( )的优点。

(A) 结构简单维修方便　　　　　(B) 调速性能好,起动转矩大
(C) 工作可靠价格便宜　　　　　(D) 上述均正确

198. BA009　一般接触( )以下的电压时,通过人体的电流不致超过0.005A,不会有生命

危险,故把该电压作为安全电压。
(A) 48V　　　　(B) 36V　　　　(C) 24V　　　　(D) 12V

199. BA009　在中性点不接地的系统中,工作接地的目的之一是为了降低触电电压,即当一相接地而人体触及另外两相之时,通电电压就降低到等于或接近于( )。
(A) 相电压　　(B) 线电压　　(C) 线电压的$\sqrt{3}$倍　(D) 零

200. BA009　发现触电时,电源开关又较远,这时应( )断电。
(A) 快速跑向开关　　　　　　　(B) 呼叫别人
(C) 用干燥的衣物作为工具　　　(D) 拿起任何物件作为工具

201. BB001　传动可分为( )三类。
(A) 机械传动、流体传动和电传动　　(B) 啮合传动、摩擦传动和电传动
(C) 机械传动、液压传动和气压传动　(D) 啮合传动、液体传动和电传动

202. BB001　传动装置的传动比等于( )。
(A) 主动轮与被动轮的直径比　　(B) 主动轮与被动轮的转速比
(C) 被动轮与主动轮的转速比　　(D) 主被动轮转速比与直径比的乘积

203. BB001　传动比可用主动齿轮和被动齿轮的( )来计算。
(A) 齿形高度　(B) 中心距　(C) 齿数　(D) 模数

204. BB002　标准齿轮的齿数与模数的乘积,等于( )。
(A) 齿顶圆直径　　　　(B) 齿根圆直径
(C) 分度圆直径　　　　(D) 分度圆直径 + 齿高

205. BB002　斜齿圆柱齿轮的螺旋角β、法面模数m_n与端面模数m_t之间的关系为( )。
(A) $m_t = m_n \cos\beta$　　　　(B) $m_t = m_n \mathrm{tg}\beta$
(C) $m_n = m_t \mathrm{tg}\beta$　　　　(D) $m_n = m_t \cos\beta$

206. BB002　相互啮合的两个标准直齿圆柱齿轮,分度圆直径分别为D_1和D_2,模数分别为m_1和m_2,则关系式( )成立。
(A) $D_1/D_2 = m_1/m_2$　　　　(B) $D_1/D_2 = m_2/m_1$
(C) $m_1 = m_2$　　　　　　　　(D) $D_1/m_1 = D_2/m_2$

207. BB003　齿轮圆周速度大于12m/s的齿轮传动机构,宜采用( )。
(A) 喷油润滑　(B) 浸油润滑　(C) 飞溅润滑　(D) 滴油润滑

208. BB003　适用于浸油润滑的齿轮传动,齿轮浸入油中的深度一般以( )为宜。
(A) 5～10cm　　　　(B) 10～15cm
(C) 3～4个齿高　　(D) 1～2个齿高

209. BB003　润滑良好的闭式齿轮传动常见的失效形式为( )。
(A) 轮齿折断　　　　(B) 点蚀
(C) 齿面胶合　　　　(D) 齿面磨粒磨损

210. BB004　具有自锁性,传动比大,但机械效率低的是( )。
(A) 蜗轮蜗杆传动　　(B) 螺旋齿轮传动
(C) 圆锥齿轮传动　　(D) 斜齿轮传动

211. BB004　蜗轮蜗杆传动中,蜗杆主动时其传动比为( )。
(A) 蜗轮与蜗杆的直径比　　(B) 蜗杆与蜗轮的直径比
(C) 蜗杆头数与蜗轮齿数比　(D) 蜗轮齿数与蜗杆头数比

212. BB004 由于蜗轮和蜗杆之间的相对滑动较大,所以闭式蜗轮蜗杆的主要失效形式为( )。
(A) 胶合　　　(B) 点蚀　　　(C) 断齿　　　(D) 疲劳磨损

213. BB005 三角型胶带是无端的,每一种型号都有若干公称长度,通常定胶带的( )为公称长度。
(A) 外周长度　　　　　　　(B) 内周长度
(C) 中性层长度　　　　　　(D) 强力层长度

214. BB005 三角型胶带已标准化,按截面尺寸分为7种型号,其中( )型的截面面积最大。
(A) F　　　(B) D　　　(C) A　　　(D) O

215. BB005 用于同步齿型带传动的同步齿型带通常是以( )为强力层。
(A) 帘布　　　　　　　　　(B) 粗绳
(C) 钢丝或玻璃纤维绳　　　(D) 棉织物

216. BB006 对于平型带传动,为了防止掉带,通常把大轮轮缘表面制成( )。
(A) 中凹的　　(B) 平面的　　(C) 带沟槽的　　(D) 中凸的

217. BB006 对于开式传动带在大轮上的包角大于在小轮上的包角,所以打滑( )。
(A) 总是在大轮上先开始　　(B) 总是在小轮上先开始
(C) 在两轮上同时开始　　　(D) 可能在大轮也可能在小轮

218. BB006 带传动的优点之一是( )。
(A) 传动比稳定　　　　　　(B) 传动效率高
(C) 结构简单,成本低廉　　(D) 使用寿命长

219. BB007 在摩擦轮传动中,由于过载的原因引起的主动轮在被动轮上全面滑动称为( )。
(A) 弹性滑动　(B) 打滑　　(C) 几何滑动　　(D) 跳动

220. BB007 无相对滑动的摩擦轮传动的传动比等于( )。
(A) 被动轮与主动轮的直径之比　(B) 主动轮与被动轮的直径之比
(C) 主动轮与被动轮的圆周速度之比　(D) 被动轮与主动轮的圆周速度之比

221. BB007 传动带是依靠传动带和带轮之间的( )来传动运动和动力的。
(A) 啮合　　　(B) 摩擦力　　(C) 吸引力　　(D) 惯性力

222. BB008 链传动适用于( )或工作条件恶劣的场合。
(A) 中心距较小,只要求平均传动比准确
(B) 中心距较大,只要求平均传动比准确
(C) 中心距较小,传动比恒定不变
(D) 中心距较大,传动比恒定不变

223. BB008 为了使链传动各元件均匀磨损,链轮齿数最好选( )。
(A) 偶数　　　　　　　　　(B) 奇数
(C) 质数或不能整除链节数的数　(D) 质数或能整除链节数的数

224. BB008 链传动元件润滑不良时,链条的主要失效形式是( )。
(A) 疲劳损坏　(B) 铰链磨损　(C) 冲击破坏　(D) 静力拉断

225. BB009 卡车车厢自动翻转卸料机构相当于( )。

(A) 摆动滑块机构 (B) 导杆机构
(C) 定块机构 (D) 曲柄滑块机构

226. BB009 缝纫机踏板机构属于（ ）。
(A) 双曲柄机构 (B) 曲柄摇杆机构
(C) 摇杆机构 (D) 导杆机构

227. BB009 在各种机械设备中，机械传动是（ ）传动方式。
(A) 一种最先进的 (B) 一种不多用的
(C) 一种最特殊的 (D) 一种最基本的

228. BC001 液压传动压力决定于（ ）。
(A) 作用力 (B) 负载 (C) 液压油 (D) 液压缸

229. BC001 液体流动过程中，由于流动方向与流速的改变而施加在固体壁面上的作用力，称为（ ）。
(A) 交变力 (B) 冲击 (C) 液动力 (D) 振动

230. BC001 液压传动的基本理论之一是基于（ ）。
(A) 液体中压力的方向性 (B) 液体中压力的无方向性
(C) 液体中压力的直线无方向性 (D) 液体中压力的直线方向性

231. BC002 液压泵是把电动机或原动机的（ ）。
(A) 液压能转变为机械能 (B) 机械能转变为液压能
(C) 电能转变为机械能 (D) 机械能转变为电能

232. BC002 压力 p 和流量 Q 是液压传动中最重要的参数，二者的乘积则是（ ）。
(A) 功率 (B) 效率 (C) 容积效率 (D) 扭矩

233. BC002 液压系统中输出、输入的位移和速度与活塞面积成（ ）。
(A) 相等 (B) 无关 (C) 正比 (D) 反比

234. BC003 我国生产的机械油和液压油采用（ ）的运动黏度为其标号。
(A) 0℃ (B) 40℃ (C) 80℃ (D) 100℃

235. BC003 液压系统中对液压油黏度选用起决定作用的是（ ）。
(A) 液压泵 (B) 执行元件 (C) 控制元件 (D) 辅助元件

236. BC003 液压油的选择与使用时的（ ）。
(A) 环境 (B) 场所 (C) 工件 (D) 条件

237. BC004 液力传动的基本元件是（ ）。
(A) 液力偶合器和液力变矩器 (B) 液压泵和执行元件
(C) 液压泵和液力偶合器 (D) 液压泵和液力变矩器

238. BC004 YLC-1050 压裂车台上传动机构是采用（ ）传动机构。
(A) 机械 (B) 液压 (C) 液力 (D) 气压

239. BC004 液力传动元件是液力传动装置的（ ）。
(A) 一般部分 (B) 普通部分 (C) 不主要部分 (D) 主要部分

240. BC005 液力偶合器有泵轮和涡轮，泵轮与（ ）轴相连，涡轮与输出轴相连。
(A) 输入 (B) 输出
(C) 中间 (D) 以上答案都不对

241. BC005 液力偶合器输入力矩与输出力矩方向（ ）。

(A) 相反,大小不等　　　　　　　　(B) 相反,大小相等
(C) 相同,大小不等　　　　　　　　(D) 相同,大小相等

242. BC005　液力偶合器内充满着（　）。
(A) 水　　(B) 油　　(C) 液体　　(D) 空气

243. BC006　变矩器和偶合器中的工作液除了作为传递能量的介质外,还起着（　）的作用。
(A) 减振和减磨　　　　　　　　　(B) 润滑和冷却
(C) 减振和润滑　　　　　　　　　(D) 冷却和抗蚀

244. BC006　变矩器的输入力矩与输出力矩间的差值,就是（　）作用于液体的力矩。
(A) 泵轮　　(B) 涡轮　　(C) 外壳　　(D) 导轮

245. BC006　变矩器和偶合器的不同点是变矩器多了一个固定的（　）。
(A) 泵轮　　(B) 涡轮　　(C) 外壳　　(D) 导轮

246. BC007　O形圈的良好密封效果很大程度上取决于（　）的正确性。
(A) 材料　　(B) 安装槽尺寸　　(C) 外形尺寸　　(D) 润滑油

247. BC007　油封装在轴上,要有一定过盈量,油封工作温度比工作介质温度一般（　）。
(A) 相同　　(B) 低20~40℃　　(C) 高20~40℃　　(D) 高0~20℃

248. BC007　通常情况下油封的工作压力不能超过（　）。
(A) 0.05MPa　　(B) 0.5MPa　　(C) 1MPa　　(D) 5MPa

249. BC008　液压马达所标注的压力是（　）。
(A) 额定压力　　(B) 工作压力　　(C) 极限压力　　(D) 有效压力

250. BC008　下面（　）图形符号表示单向定量液压泵。

(A)　　　　(B)　　　　(C)　　　　(D)

251. BC008　液压马达的（　）决定于进入液压马达的流量和排量。
(A) 大小　　(B) 重量　　(C) 流速　　(D) 转速

252. BC009　单活塞杆液压缸运动所占空间长度是行程的（　）倍。
(A) 1　　(B) 1.5　　(C) 2　　(D) 4

253. BC009　液压缸中存在空气时,会使液压缸产生（　）。
(A) 气蚀　　(B) 锁穴　　(C) 冲击　　(D) 爬行或振动

254. BC009　液压缸在液压系统中是执行元件,带动工作机构实现（　）。
(A) 左右摆动　　　　　　　　　(B) 间歇运动
(C) 匀速转动　　　　　　　　　(D) 直线往复运动

255. BC010　DP8962中"DP"表示的意义（　）。
(A) 传递扭矩为单通路　　　　　(B) 传递扭矩为双通路
(C) 变矩器的能力　　　　　　　(D) 变速器的能力

256. BC010　确定传动器工作时油是否充足是（　）的目的。
(A) 热油检查　　(B) 冷油检查　　(C) 检查油面　　(D) 换油

257. BC010　液力传动系统中的动力元件的作用是（　）。
(A) 直接带动负载做机械运动　　(B) 把机械能转化为液压能
(C) 把液压能转化为机械能　　　(D) 控制执行元件的力量和运动

258. BC011　先导式溢流阀当压力小于（　）时,先导阀及主阀皆关闭。
（A）额定压力　（B）最小压力　（C）最大压力　（D）调定压力

259. BC011　下列图形符号（　）表示溢流阀。
（A）　　（B）　　（C）　　（D）

260. BC011　单向阀大体上可分为三种结构类型即（　）。
（A）球形阀芯、锥形阀芯和菌形阀芯　（B）球形阀芯、板形阀芯和菌形阀芯
（C）球形阀芯、板形阀芯和片形阀芯　（D）滑阀芯、滑板芯和转盘芯

261. BC012　液力传动器主压力低的原因之一是传力装置内部（　）严重。
（A）泄漏　（B）堵塞　（C）打滑　（D）失灵

262. BC012　液力变矩器出口压力低的原因之一是:变矩器输入泵（　）低。
（A）泵压　（B）转速　（C）流速　（D）扭矩

263. BC012　液压传动的缺点之一是（　）。
（A）传动效率比较低　（B）工作寿命低
（C）不容易实现空间角传动　（D）调速的操作不方便

264. BD001　金属在载荷作用下抵抗塑性变形和破裂的能力称为（　）。
（A）强度　（B）刚度　（C）硬度　（D）疲劳

265. BD001　试样拉断后标距长度的增加量与原标距长度的百分比称为（　）
（A）伸长度　（B）伸长率　（C）断面收缩率　（D）抗拉强度

266. BD001　金属材料在无数次重复交变载荷作用下,而不破坏的最大应力称为（　）。
（A）疲劳　（B）极限应力　（C）疲劳断裂　（D）疲劳强度

267. BD002　橡胶在（　）温度范围内具有极为优越的弹性。
（A）-155~-50℃　（B）-50℃
（C）-50~150℃　（D）大于150℃

268. BD002　橡胶抵抗各种物质与其摩擦的性能,称为耐磨性,它是测定每消耗（　）时试料被磨损的体积。
（A）有用功　（B）功　（C）单位功　（D）无用功

269. BD002　橡胶具有电绝缘性和（　）。
（A）耐高温性　（B）导电性　（C）耐酸碱性　（D）隔热性

270. BD003　含碳量在2%以下的铁碳合金称为（　）。
（A）钢　（B）铸铁　（C）普通钢　（D）优质钢

271. BD003　45号钢中"45"表示平均含碳量为（　）。
（A）0.045%　（B）0.45%　（C）4.5%　（D）45%

272. BD003　优质碳素结构钢大量用于制造各类机械配件,并且（　）使用。
（A）需经锻造后　（B）多在铸造后
（C）多在热处理后　（D）不用热处理就可

273. BD004　灰铸铁的含碳量为2.6%~3.6%,碳大部分以（　）石墨形式存在。
（A）片状　（B）球状　（C）团絮状　（D）板条状

274. BD004 球墨铸铁的标记用"QT"和两组数字表示,如 QT45-5,前组数字"45"表示( )。
(A) 延伸率　　　(B) 断面收缩率　　(C) 抗拉强度　　(D) 抗弯强度

275. BD004 铸铁是含碳量( )的铁碳合金。
(A) 小于2%　(B) 大于2%　(C) 2%~6.67%　(D) 大于6.67%

276. BD005 下列牌号中的( )是合金结构钢。
(A) ZG45　　(B) 40Cr　　(C) 3Cr2W8　　(D) QT45-5

277. BD005 3Cr2W8 中第一位数字表示含碳量是( )。
(A) 百分之几　(B) 千分之几　(C) 万分之几　(D) 亿分之几

278. BD005 常用合金弹簧钢中含碳量约在( )。
(A) 0.15%~0.25%　　　　(B) 0.34%~0.70%
(C) 1.1%~2.2%　　　　　(D) 2.5%~3.7%

279. BD006 往复泵的柱塞为圆柱形的( )件,具有光滑耐磨的表面。
(A) 铸铁　　(B) 青铜　　(C) 钢制　　(D) 铝合金

280. BD006 SNC-H300 水泥泵的活塞结构是在( )活塞芯的两端塔形面上,用耐油橡胶经硫化制成密封衬圈,使之成为一整体柱形胶质活塞。
(A) 球墨铸铁　(B) 灰可铸铁　(C) 可锻铸铁　(D) 白口铁

281. BD006 LT416.9 压裂泵柱塞衬圈及阀胶皮为( )。
(A) 聚四氟乙烯　(B) 天然橡胶　(C) 橡胶8803　(D) 聚氨酯橡胶

282. BD007 退火是将钢加热至一定温度,保温一定时间后,( )的热处理工艺。
(A) 随炉缓冷　(B) 空冷　　(C) 油冷　　(D) 水冷

283. BD007 为了提高零件表面层的硬度和耐磨性而进行一种热处理工艺称为( )。
(A) 渗碳　　(B) 氮化　　(C) 氧化　　(D) 表面淬火

284. BD007 热处理是要改变工件( )从而达到改善机械性能的目的。
(A) 内部化学成分　　　　(B) 内部组织结构
(C) 外部形状　　　　　　(D) 所含元素的比例

285. BD008 在载荷较大或有冲击载荷时宜采用( )轴承。
(A) 推力　　(B) 滚动　　(C) 向心推力　　(D) 球

286. BD008 轴承代号为"C203"中的 C 代表( )。
(A) 标准精度　(B) 高级精度　(C) 超精级精度　(D) 精密级

287. BD008 曲轴上用的轴承有( )两种。
(A) 推力轴承和压力轴承　　(B) 滑动轴承和滚动轴承
(C) 圆柱滚动轴承和压力轴承　(D) 圆锥滚动轴承和压力轴承

288. BD009 润滑油的( )可按轴承的速度因数 d_n 和工作温度 t 来确定。
(A) 重量　　(B) 体积　　(C) 黏度　　(D) 速度

289. BD009 滚动轴承密封方法的选择与润滑的种类、工作环境、温度、密封表面的( )有关。
(A) 质量　　(B) 圆周速度　(C) 光洁度　　(D) 粗糙度

290. BD009 O 形橡胶密封圈适用于液压油、润滑油、气体的压力小于或等于( )的密封。
(A) 70MPa　(B) 50MPa　(C) 40MPa　(D) 20MPa

291. BD010 滚动轴承的内圈与轴的配合采用（　　）。
(A) 基孔制　　(B) 基轴制　　(C) 间隙配合　　(D) 过渡配合

292. BD010 当外载荷方向不变时，滚动轴承的转动套圈应比固定套圈的配合（　　）。
(A) 松些　　(B) 一样　　(C) 紧一些　　(D) 无所谓

293. BD010 柴油机的主轴承外圈和机体主轴承孔之间采用（　　）。
(A) 过盈配合　　(B) 间隙配合　　(C) 过渡配合　　(D) 紧配合

294. BD011 在滑动轴承中不允许出现（　　）摩擦状态。
(A) 干　　(B) 边界　　(C) 液体　　(D) 半液体

295. BD011 当载荷垂直向下或略有偏斜时，轴承中分面常为（　　）。
(A) 垂直方向　　(B) 水平方向　　(C) 45°倾斜　　(D) 任意方向

296. BD011 轴瓦宽度与轴颈直径之比 B/d 称为宽径比，对于液体润滑的滑动轴承 $B/d =$（　　）。
(A) 3　　(B) 2　　(C) 1　　(D) 0.5～1

297. BD012 在不重要的或低速轻载的轴承中，常采用（　　）作为轴瓦材料。
(A) 青铜
(B) 灰铸铁或耐磨铸铁
(C) 含油轴承
(D) 白合金

298. BD012 下列选项中（　　）较脆，不宜承受较大的冲击载荷，一般用于中速、中载的轴承。
(A) 铅轴承合金
(B) 锡锑轴承合金
(C) 青铜
(D) 耐磨铸铁

299. BD012 铅基轴承合金和锡基轴承合金相比，优点是（　　）。
(A) 不易使轴颈发生粘胶
(B) 导热性和高温时的机械性能好
(C) 耐用强度高，耐磨性和寿命较高，价格便宜
(D) 磨合顺应性、抗胶合、嵌藏性、抗腐蚀性

300. BD013 蜗轮齿圈的材料一般采用（　　）。
(A) 青铜　　(B) 碳钢　　(C) 合金钢　　(D) 铸铁

301. BD013 蜗杆的材料一般采用（　　）制造，并要求有较高的硬度和较小的粗糙度。
(A) 碳钢和铸铁
(B) 碳钢和合金钢
(C) 合金钢和有色金属
(D) 合金钢和铸铁

302. BD013 蜗轮用无锡铜或铸铁制造时，蜗轮的损坏形式主要是（　　）。
(A) 点蚀　　(B) 断裂　　(C) 变形　　(D) 胶合

303. BD014 当零件要求体积小，重量轻时应选择（　　）高的材料。
(A) 结构　　(B) 性能　　(C) 强度　　(D) 磨损

304. BD014 在选择材料时，通常要求材料具有足够的（　　）。
(A) 强度　　(B) 直径　　(C) 体积　　(D) 数量

305. BD014 对于某些在磨损条件下工作的零件应选用（　　）材料。
(A) 易加工　　(B) 易修复　　(C) 耐磨　　(D) 橡胶

306. BE001 特车泵的（　　）部分称为动力端。
(A) 发动机　　(B) 驱动　　(C) 变速器　　(D) 离合器

307. BE001 特车泵动力端主要包括（　　）、曲柄、十字头、轴承、轴瓦等。

(A) 活塞　　　(B) 柱塞　　　(C) 曲轴箱　　　(D) 液缸体

308. BE001　动力端拆卸工作开始前需要做的是（　）。
(A) 备好所需要的工具　　　(B) 检查零件的磨损情况
(C) 清洗好拆下的零件　　　(D) 检查润滑情况

309. BE002　卧式三缸单作用柱塞泵的液力端根据阀的布置形式可以分为直通式、直角式和（　）三种。
(A) 叠式　　　(B) 侧式　　　(C) 立式　　　(D) 阶梯式

310. BE002　柱塞泵的柱塞结构分为（　）两种。
(A) 实心和空心　　　(B) 单端面和双端面
(C) 整体式和组合式　　　(D) 卧式和立式

311. BE002　CPT986水泥车的后泵柱塞直径为（　）。
(A) 90mm　　　(B) 100mm　　　(C) 114.3mm　　　(D) 127mm

312. BE003　活塞泵的液力端大多是做成（　）的形式。
(A) 双缸双作用　　　(B) 卧式三缸作用
(C) 立式单作用　　　(D) 单缸单作用

313. BE003　特车泵的（　）称为液力端。
(A) 润滑部分　　　(B) 动力部分　　　(C) 水力部分　　　(D) 液压部分

314. BE003　卧式双缸双作用活塞泵的液力端,根据吸入阀和排出阀的布置有（　）两种。
(A) 直通式和直角式　　　(B) 阶梯式和叠式
(C) 阶梯式和侧式　　　(D) 叠式和侧式

315. BE004　AC-400C型水泥车的水泥泵采用的是（　）。
(A) 卧式双缸双作用活塞泵　　　(B) 立式双缸双作用活塞泵
(C) 立式单作用柱塞泵　　　(D) 卧式三缸单作用柱塞泵

316. BE004　AC-400C型水泥车水泥泵的排出管汇中装有（　），以保证设备及施工人员安全。
(A) 弹簧式安全阀　　　(B) 脉冲式安全阀
(C) 切销式安全阀　　　(D) 固定式安全阀

317. BE004　AC-400C型水泥车由柴油机驱动齿轮箱,以（　）连接万向轴驱动柱塞泵工作。
(A) 牙嵌联轴器　　　(B) 凸缘联轴器
(C) 十字滑块联轴器　　　(D) 弹性联轴器

318. BF001　"有漏油、滴漏液、冒烟、刺漏液"等现象是属于特车泵故障外表特征中的（　）。
(A) 工作反常　　　(B) 响声反常　　　(C) 外观反常　　　(D) 温度反常

319. BF001　特车泵的故障外表特征有工作反常、温度反常、响声反常、气味反常和（　）等五种。
(A) 形象反常　　　(B) 特征反常　　　(C) 状态反常　　　(D) 外观反常

320. BF001　判断故障时必须把发动机和变速箱看成一个整体,彻底研究各部件和液压系统（　）将有助于判断和分析故障原因。
(A) 说明书　　　(B) 工作原理
(C) 说明书和工作原理　　　(D) 维护手册

321. BF002 在动力端正常工作的情况下出现液力端排出压力低的现象时,应首先排除( )的故障。
(A) 泵弹簧断裂 (B) 泵阀卡住
(C) 泵阀及阀座磨损 (D) 地面管路、井口管道及井下管路

322. BF002 排除液力端排出压力低故障的措施是( )。
(A) 减少供液泵的速度 (B) 降低特车泵的速度即冲次
(C) 降低供液泵压 (D) 减少供给液面

323. BF002 液力端排出压力低与( )无关。
(A) 活塞 (B) 行程 (C) 次数 (D) 流量

324. BF003 造成液力端吸入压力低的故障原因之一是( )。
(A) 吸入水头过高 (B) 吸入水头过低
(C) 泵阀卡住 (D) 特车泵速度过低

325. BF003 排除液力端吸入压力低故障的措施是( )。
(A) 适当降低供液面 (B) 降低供液泵速度
(C) 从吸入管中移去节流装置 (D) 更换阀弹簧

326. BF003 液力端吸入口装有吸入空气包,起到( )作用。
(A) 增压 (B) 降压 (C) 控制 (D) 稳压

327. BF004 不能排除液体敲击、排出管线振动故障的措施是( )。
(A) 修理吸入管线
(B) 在稳压器中充入气体
(C) 拧紧或更换柱塞密封圈或密封圈压紧螺母
(D) 修理或重新平衡吸入稳压器

328. BF004 排除特车泵液体敲击、管线振动故障的措施是( )。
(A) 及时更换阀体及阀座总成 (B) 扶正阀体及除去支持物
(C) 修理或重新平衡吸入稳压器 (D) 更换柱塞或柱塞密封圈

329. BF004 造成液体敲击、排出管线振动故障的主要原因是( )。
(A) 液体流速过快 (B) 液体流动压力过高
(C) 液体流动阻力过大 (D) 液体中含有气体

330. BF005 造成泵头刺漏故障的原因是( )。
(A) 阀盖或缸头松动 (B) 泵阀及阀座的磨损
(C) 吸入液体压力过高 (D) 排出液体压力过高

331. BF005 上紧阀盖及压体,更换垫片,重新安装缸头压体或更换阀盖及缸头;修复液力端密封是排除( )故障的措施。
(A) 液体敲击,排出管线振动 (B) 泵头刺漏
(C) 阀件寿命短 (D) 液力端有周期敲击声

332. BF005 泵缸套与活塞的组装首先清除( )镶装缸套的基孔内的水泥等杂物。
(A) 泵内 (B) 泵阀 (C) 阀体 (D) 泵头

333. BF006 在高压含砂液的冲刷下,若泵阀密封不严会使特车泵产生( )的故障。
(A) 液力端有周期性敲击声 (B) 吸入压力低
(C) 液体敲击 (D) 阀件寿命短

334. BF006　防止特车泵阀件寿命短的措施之一是（　　）。
　　　　（A）增加供液泵速度　　　　　　　（B）排除节流装置故障
　　　　（C）更换柱塞或密封件　　　　　　（D）适当提高供液面

335. BF006　造成特车泵阀件寿命短的原因之一是（　　）。
　　　　（A）走空泵　　　　　　　　　　　（B）泵阀卡住
　　　　（C）供液泵容量过小　　　　　　　（D）液体流阻过大

336. BF007　特车泵弹性杆端面与十字头伸出杆端面和柱塞两端面留有间隙,会造成（　　）。
　　　　（A）泵头刺漏　　　　　　　　　　（B）阀件寿命短
　　　　（C）液体敲击,排出管线振动　　　（D）液力端有周期性敲击声

337. BF007　特车泵柱塞弹性杆没上紧会造成（　　）。
　　　　（A）动力端异常响声　　　　　　　（B）液力端有周期性敲击声
　　　　（C）排出管线振动　　　　　　　　（D）液体敲击

338. BF007　液力端有不正常响声的原因之一是（　　）
　　　　（A）阀箱内有液体　　　　　　　　（B）阀箱内有空气
　　　　（C）泵的压力大　　　　　　　　　（D）泵的转速高

339. BF008　造成动力端产生异常响声故障的原因之一是（　　）。
　　　　（A）活塞、连杆、柱塞松动　　　　（B）走空泵
　　　　（C）液体中含有气体　　　　　　　（D）供液泵容量过小

340. BF008　曲轴销、轴承磨损,曲轴本身磨损,主轴承或支撑轴承磨损,均会造成（　　）。
　　　　（A）液力端有周期性敲击声　　　　（B）液体敲击,排出管线振动
　　　　（C）阀件寿命短　　　　　　　　　（D）动力端异常响声

341. BF008　检查泵的安装方向及修正转向是排除（　　）故障的措施之一。
　　　　（A）排出压力低　　　　　　　　　（B）动力端异常响声
　　　　（C）液力端有周期响声　　　　　　（D）吸入压力低

342. BF009　造成特车泵离合器发抖的原因是（　　）。
　　　　（A）压盘弹簧力不均　　　　　　　（B）止推轴承块缺油式磨损
　　　　（C）离合器踏板自由行程过大　　　（D）分离杠杆或支架销磨损松旷

343. BF009　特车泵离合器发出声响的原因是（　　）。
　　　　（A）压盘翘曲不平　　　　　　　　（B）压板弹簧过软、折断或脱落
　　　　（C）离合器踏板自由行程过大　　　（D）离合器从动盘翘曲

344. BF009　特车泵离合器打滑的原因是（　　）。
　　　　（A）摩擦片缺油　　　　　　　　　（B）分离杠杆或支架销磨损松旷
　　　　（C）摩擦片间隙过小　　　　　　　（D）摩擦片间隙过大

345. BF010　排除特车泵故障的关键是（　　）。
　　　　（A）掌握机器　　　　　　　　　　（B）了解设备性能
　　　　（C）掌握设备结构　　　　　　　　（D）准确判断故障根源

346. BF010　排除特车泵故障的办法不外乎（　　）、清洗、添油和加水以及修复或更换已损坏的零件。
　　　　（A）紧固、调整、润滑　　　　　　（B）紧固、调整、防腐
　　　　（C）紧固、润滑、防腐　　　　　　（D）调整、润滑、防腐

347. BF010　凭手指振动情况和机体各部位是否温度异常,这种方法称为(　　)。
　　　　　　(A)"看"　　　(B)"听"　　　(C)"摸"　　　(D)"嗅"

348. BG001　钳工的划线作业都是在毛坯上进行的,它分为(　　)两种。
　　　　　　(A) 平面划线和立体划线　　　　(B) 手工划线和机械划线
　　　　　　(C) 粗略划线和精确划线　　　　(D) 划粗线和划细线

349. BG001　在几个互成不同角度的表面上划线,如(　　),都属于立体划线。
　　　　　　(A) 法兰盘断面上划钻孔加工线　　(B) 划出矩形各表面的加工线
　　　　　　(C) 板料表面上划钻孔加工线　　　(D) 条料表面上划钻孔加工线

350. BG001　划线不可能达到绝对准确,一般划线精度能达到(　　)。
　　　　　　(A) 0~0.25　　(B) 0.25~0.5　　(C) 0.5~0.75　　(D) 0.75~1

351. BG002　锉刀是一种切削刃具,按锉齿的大小可以分为(　　)。
　　　　　　(A) 平齿锉、直齿锉、斜齿锉、混齿锉
　　　　　　(B) 粗锉、中锉、细锉、油光锉
　　　　　　(C) 深齿锉、中齿锉、浅齿锉、特浅齿锉
　　　　　　(D) 大齿锉、中齿锉、小齿锉、微齿锉

352. BG002　断面形状是圆的锉刀叫圆锉,它主要用来锉(　　)。
　　　　　　(A) 内角、三角孔、平面　　　　(B) 方孔、长方孔、窄平面
　　　　　　(C) 圆孔、半径较小的凹弧面　　(D) 平面、外圆面、凸弧面

353. BG002　断面形状是三角形的锉刀叫三角锉,它主要用来锉(　　)。
　　　　　　(A) 内角、三角孔、平面　　　　(B) 方孔、长方孔、窄平面
　　　　　　(C) 圆孔、半径较小的凹弧面　　(D) 平面、外圆面、凸弧面

354. BG003　钳工作业中,消除金属材料出现的弯曲和扭曲的工作称为(　　)。
　　　　　　(A) 矫正　　　(B) 弯曲　　　(C) 修理　　　(D) 检查

355. BG003　用延展法矫正在扁的方向弯曲的条料,是通过(　　)而完成的。
　　　　　　(A) 使其长边延展　　　　　　　(B) 使其短边延展
　　　　　　(C) 使其长短边同时延展　　　　(D) 使其长边延展,短边缩短

356. BG003　常温下进行的弯曲称为(　　)。
　　　　　　(A) 热弯曲　　(B) 冷弯曲　　(C) 正常弯曲　　(D) 人为弯曲

357. BG004　钳工常用三种挥锤法錾切,应用最多是手挥,其特点是(　　)。
　　　　　　(A) 只用手指动作,锤击力小
　　　　　　(B) 手、手腕和手臂一起动作,锤击力最大
　　　　　　(C) 只用手腕的运动,锤击力小
　　　　　　(D) 手腕和手臂一起动作,锤击力较大

358. BG004　钳工钻孔作业中,上卸钻头(　　)。
　　　　　　(A) 可以用錾子打击上紧
　　　　　　(B) 可以用手锤敲击上紧
　　　　　　(C) 不一定要用随钻所带的专用扳手
　　　　　　(D) 一定要用随钻所带的专用扳手

359. BG004　錾子在工作面上的位置和方向要正确,一般要求錾切时的后角为(　　)。
　　　　　　(A) 2°~5°　　(B) 5°~8°　　(C) 8°~11°　　(D) 11°~14°

360. BG005　目前油田使用的直流弧焊设备中多数为（　　）。
　　　　　（A）弧焊整流器　　　　　　　（B）弧焊发电机
　　　　　（C）汽油弧焊机　　　　　　　（D）柴油弧焊机

361. BG005　和别的同类设备相比较,弧焊整流器的优点是（　　）。
　　　　　（A）效率高、空耗小、电流稳、节能量、节材料
　　　　　（B）效率高、空耗小、电流稳、方便野外作业
　　　　　（C）效率高、节能量、结构简单、维修方便
　　　　　（D）电流稳、节能量、制造容易、价格便宜

362. BG005　常用弧焊变压器的型号有（　　）。
　　　　　（A）BX1－300,ZXG－300　　　（B）BX1－300,BX3－300
　　　　　（C）ZXG－500,ZXG－300　　　（D）AX－320,AX1－500

363. BG006　在修理中,乙炔在氧气中燃烧时,火焰的温度可达（　　）。
　　　　　（A）3100～3200℃　　　　　　（B）2600～2700℃
　　　　　（C）2500～2600℃　　　　　　（D）3400～3500℃

364. BG006　在乙炔氧焊中,还原性火焰的特点是（　　）。
　　　　　（A）氧气过剩、焰心轮廓不清、火焰呈淡蓝色
　　　　　（B）乙炔过剩、焰心轮廓不清、火焰呈淡蓝色
　　　　　（C）乙炔过剩、焰心轮廓鲜明、火焰呈淡蓝色
　　　　　（D）乙炔过剩、焰心轮廓不清、火焰呈紫色

365. BG006　在乙炔氧焊中,氧化性火焰的特点是（　　）。
　　　　　（A）氧气过剩、火焰呈淡蓝色尺寸变小
　　　　　（B）氧气过剩、火焰呈紫色尺寸变小
　　　　　（C）乙炔过剩、火焰呈紫色尺寸变小
　　　　　（D）氧气过剩、火焰呈紫色尺寸变大

366. BG007　弧焊的焊接接头分为对接、T形接、角接、搭接,其中（　　）接头在结构中采用最多。
　　　　　（A）T形　　　（B）角接　　　（C）对接　　　（D）搭接

367. BG007　一定厚度的工件需要开坡口再焊接,一般坡口形式有（　　）。
　　　　　（A）三角形、矩形、圆形　　　（B）大形、中形、小形
　　　　　（C）V形、X形、U形　　　　　（D）O形、Y形、J形

368. BG007　为了提高生产率,应尽可能地选用大直径焊条,但过大则容易造成（　　）等缺陷。
　　　　　（A）夹渣或焊瘤　　　　　　　（B）未熔合或焊缝形成不良
　　　　　（C）未熔合或焊瘤　　　　　　（D）未焊透或焊缝形成不良

369. BG008　低碳钢是焊接性最好的材料,由于它含碳及其他元素少,因此（　　）。
　　　　　（A）塑性好,淬火倾向小,不易产生裂纹
　　　　　（B）塑性好,弹性低,不易产生裂纹
　　　　　（C）塑性好,弹性低,不易烧穿
　　　　　（D）淬火倾向小,弹性低,不易烧穿

370. BG008　中碳钢的焊接,由于含碳量较高,因此其强度也高,（　　）。

(A) 焊接性较好,不易出现裂纹,不要采取措施
(B) 焊接性较差,容易出现裂纹,要采取措施
(C) 焊接性较好,容易出现裂纹
(D) 焊接性较差,不容易出现裂纹

371. BG008 电焊条使用前一般要进行烘干,烘干温度一般在( )。
(A) 200~250℃ (B) 250~300℃
(C) 300~350℃ (D) 350~400℃

372. BG009 配件修复工作要积极推广( )12字修旧工艺法。
(A) 焊,补,喷,镀,铆,镶,配,涨,缩,换,买,造
(B) 焊,补,喷,镀,铆,镶,配,涨,缩,校,买,粘
(C) 焊,补,喷,镀,铆,镶,配,涨,缩,校,改,造
(D) 焊,补,喷,镀,铆,镶,配,涨,缩,校,改,粘

373. BG009 作业机零件的修复方法中常见的有( )。
(A) 电火花加工、购买新件、配合件互相选配
(B) 机械加工、购买新件、配合件互相选配
(C) 机械加工、堆焊、配合件互相选配
(D) 机械加工、堆焊、电镀等表面补贴

374. BG009 作业机零件修复的重要意义之一是( )。
(A) 降低整车修理成本 (B) 降低总成件修理成本
(C) 降低个别零件修理成本 (D) 增加修理费用

375. BG010 电镀工艺中,需要修复的零件总是( )。
(A) 接在阴极上 (B) 接在阳极上
(C) 放在阳极和阴极之间的电解液中 (D) 放在阳极和阴极以外的电解液中

376. BG010 电镀工艺中,要用电流通过电解液,而使用的电源为( )。
(A) 6~12V 的低压交流电 (B) 6~12V 的低压直流电
(C) 110V 的交流电 (D) 110V 的直流电

377. BG010 镀铬时的电解液为( )按一定比例的混合物。
(A) 铬酐和硝酸 (B) 铬酐和醋酸
(C) 铬酐和硫酸 (D) 硫酸和盐酸

378. BG011 在金属喷涂前,要修复的零件表面的准备工作应包括零件的( )。
(A) 去油、清洁和加热
(B) 清洁,不需喷涂的表面绝缘
(C) 去油和清洁,使需喷涂的表面粗糙
(D) 去油和清洁,使需喷涂的表面光滑

379. BG011 用金属喷涂法修复零件,是一个传统的办法,缺点是( )。
(A) 零件的温度低,准备工作复杂,涂层硬度低
(B) 连接强度低,加厚层太薄,涂层硬度低
(C) 连接强度低,准备工作复杂,加厚层太薄
(D) 连接强度低,准备工作复杂,涂层易剥落

380. BG011 金属的刷镀有类似普通电镀的原理,它的优点是( )。

(A) 设备简单、机动性大、电解液用量少
(B) 设备简单、机动性大、有很大加厚层
(C) 设备简单、有很大加厚层、电解液用量少
(D) 有很大加厚层、机动性大、电解液用量少

381. BG012 精密零件的修复,都采用研磨工艺,因为它能保证达到( )。
(A) 最高级的光洁度、最高的尺寸精度和几何形状
(B) 最高级的光洁度、一般的尺寸精度
(C) 一般的光洁度、最高的几何形状精度
(D) 一般的光洁度、一般的尺寸精度

382. BG012 研磨工艺是两零件表面间( ),形成金属表面的微量切削。
(A) 涂以机油使两表面相对运动   (B) 涂以磨料使两表面相对运动
(C) 涂以黄油使两表面相对运动   (D) 涂以柴油使两表面相对运动

383. BG012 一般通常用的研磨液有( )等。
(A) 柴油、汽油和水   (B) 机油、煤油和水
(C) 柴油、煤油和水   (D) 机油、汽油和水

384. BG013 修理尺寸法就是将轴或孔( ),以消除椭圆形或圆锥形。
(A) 机械加工至小于名义尺寸再加套修复
(B) 堆焊后再机械加工至所需的尺寸
(C) 机械加工至小于(或大于)名义尺寸的尺寸
(D) 机械加工再电镀

385. BG013 附加零件法(镶套法)的优点是( )。
(A) 不需考虑结构可高质量地修复磨损严重的零件
(B) 修复磨损严重的中间轴径时比较简单
(C) 磨损再严重的零件也能修复
(D) 不需加热可高质量地修复磨损严重的零件

386. BG013 通过磨合与调试,消除磨合副零件表面的( )。
(A) 直线度   (B) 平行度   (C) 同心度   (D) 粗糙度

387. BG014 135 系列柴油机的连杆有四种结构,差别尺寸在( )。
(A) 连杆小头宽度和大头宽度   (B) 连杆小头宽度和大头孔径
(C) 连杆小头孔径和大头孔径   (D) 连杆小头孔径和大头宽度

388. BG014 135 系列柴油机的曲拐 4 缸以上机型有四种结构,差别尺寸在( )。
(A) 曲柄半径和连杆轴径开当   (B) 曲柄半径和连杆轴径
(C) 曲柄轴径和连杆轴径开当   (D) 曲柄半径和有无平衡铁

389. BG014 135 系列柴油机的气门有两种结构尺寸,它们的区别在( )。
(A) 锥面角度、阀盘厚度和所用材料   (B) 锥面角度、阀盘厚度和阀盘直径
(C) 阀杆长度、阀盘厚度和所用材料   (D) 阀盘直径、阀盘厚度和所用材料

390. BH001 石油工业对设备实行分级管理,具体分为( )级管理。
(A) 大队、小队、班组   (B) 处、大队、小队
(C) 局、处、大队   (D) 部(总公司)、局、厂(处)

391. BH001 在用设备管理要坚持( )相结合的原则。

(A) 修理、改造和更新　　　　　(B) 使用、改造和更新
(C) 使用、保养和更新　　　　　(D) 使用、保养和修理

392. BH001　各企业的（　　）两级都要设立设备管理的归口部门。
(A) 处、大队　　(B) 局、处　　(C) 局、大队　　(D) 处、小队

393. BH002　设备操作人员必须达到"四懂三会"的要求,其中四懂是（　　）。
(A) 懂设计、懂原理、懂结构、懂用途　　(B) 懂性能、懂原理、懂结构、懂用途
(C) 懂设计、懂制造、懂结构、懂用途　　(D) 懂性能、懂设计、懂制造、懂用途

394. BH002　设备的使用必须实行（　　）的责任制。
(A) 定人、定岗、定保养　　　　(B) 定人、定机、定保养
(C) 定人、定机、定岗位　　　　(D) 定人、定机、定用途

395. BH002　设备安装必须按规定标准进行,做到（　　）和四不漏。
(A) 平、稳、牢、齐、准　　　　(B) 平、稳、正、齐、准
(C) 平、稳、正、全、准　　　　(D) 平、稳、正、全、牢

396. BH003　各石油企业和二级单位,按分级管理的原则,（　　）。
(A) 分级建立主要设备单台设备档案　　(B) 分级建立设备综合档案
(C) 二级单位建立单台设备档案　　　　(D) 分级建立单台设备档案

397. BH003　设备管理的各种（　　）也是基础工作的内容。
(A) 规章制度、技术规程、修理保养定额
(B) 会议记录、技术规程、修理保养定额
(C) 会议记录、完成作业量统计、修理保养定额
(D) 完成作业量统计、保养定额、技术规程

398. BH003　设备管理要实行（　　）相结合。
(A) 专业管理与群众管理　　　　(B) 综合管理与单一管理
(C) 领导管理与职工管理　　　　(D) 技术管理与实际管理

399. BI001　健康(Health)、安全(Safety)、环保(Environment)管理体系(简称 HSE 管理体系)是目前国际上石油行业（　　）一种管理体系。
(A) 普遍　　(B) 通行的　　(C) 常用的　　(D) 使用的

400. BI001　（　　）,中国石油天然气集团公司完成了质量健康安全与环境管理体系一体化研究工作,提出了质量健康安全与环境一体化管理模式。
(A) 2002 年 5 月　(B) 2001 年 5 月　(C) 2000 年 5 月　(D) 1999 年 5 月

401. BI001　自（　　）年开始,在中国石油天然气集团公司所属企业全面推广和实施 HSE 管理体系。
(A) 1999　　(B) 1997　　(C) 1998　　(D) 2000

402. BI002　风险评价:是评估风险大小以及确定风险是否可容许的（　　）。
(A) 前过程　　(B) 后过程　　(C) 控制过程　　(D) 全过程

403. BI002　要素:是在进行安全、环境与健康管理中的（　　）。
(A) 重要因素　　(B) 主要因素　　(C) 一般因素　　(D) 关键因素

404. BI002　管理者代表:是由企业最高领导者任命,在公司内代表最高领导者履行 HSE 管理职能的（　　）。
(A) 组织　　(B) 人员　　(C) 干部　　(D) 职工

405. BI003　HSE 管理体系是一个不断变化发展的（　　）。
　　　　　（A）变化体系　　（B）固定体系　　（C）动态体系　　（D）运动体系
406. BI003　"实施"过程中的要素的这一阶段,体系中一般包括（　　）要素。
　　　　　（A）10 个　　　（B）11 个　　　（C）12 个　　　（D）13 个
407. BI003　企业一般应每年进行一次内部审核,每（　　）进行一次外审,必要时可适当增加审核次数。
　　　　　（A）两年　　　（B）三年　　　（C）四年　　　（D）一年
408. BI004　在建立 HSE 管理体系过程中一般经过（　　）过程。
　　　　　（A）四个　　　（B）五个　　　（C）六个　　　（D）七个
409. BI004　（　　）一般包括领导层决策与准备、建立组织机构、宣传和培训几方面的工作。
　　　　　（A）体系试运行　（B）评审完善　（C）文件编制　（D）前期准备
410. BI004　根据体系策划和设计的方案,按 HSE 管理体系的要求,组织（　　）编制相应的体系文件。
　　　　　（A）有关机构和人员　　　　（B）专门机构和人员
　　　　　（C）重要机构和人员　　　　（D）一般机构和人员
411. BI005　一般一个企业实施 ISO 9000 标准有（　　）步骤。
　　　　　（A）三个　　　（B）四个　　　（C）五个　　　（D）六个
412. BI005　ISO 14000 体系由（　　）要素组成。
　　　　　（A）五个　　　（B）四个　　　（C）三个　　　（D）两个
413. BI005　HSE 和 OHSMS 管理体系是两个不同的称谓,体系内容具有极高的（　　）。
　　　　　（A）异样性　　（B）相容性　　（C）同类性　　（D）普遍性
414. BI006　"1+1"模式,指的是"HSE 管理体系+（　　）"的模式。
　　　　　（A）过去的做法　　　　　　（B）现在的做法
　　　　　（C）有效传统做法　　　　　（D）以后有效做法
415. BI006　"标准化班组"模式是以（　　）为核心。
　　　　　（A）现场管理　（B）安全管理　（C）建设管理　（D）制度管理
416. BI006　"121"模式中的"一书"指的是（　　）。
　　　　　（A）岗位作业计划书　　　　（B）岗位作业应急书
　　　　　（C）岗位作业指导书　　　　（D）岗位作业教育书
417. BI007　HSE 管理体系的核心内容就是做到（　　）的危害（隐患）的识别分析。
　　　　　（A）事后　　　（B）事中　　　（C）全过程　　（D）事前
418. BI007　危害（隐患）是指可能导致伤害或疾病、财产损失、工作环境破坏或这些情况组合的（　　）。
　　　　　（A）性质或状态　（B）根源或状态　（C）现状或状态　（D）性质或根源
419. BI007　危害辨识是企业建立 HSE 管理体系的（　　）。
　　　　　（A）重要工作　（B）关键工作　（C）基础工作　（D）前期工作
420. BI008　岗位安全须知卡的目的是为了使班组内岗位值班人员和相关操作人员对岗位的（　　）工作中存在的风险（危害）有一个清楚的了解,掌握预防措施。
　　　　　（A）固定性　　（B）复杂性　　（C）简单性　　（D）重复性
421. BI008　通过安全须知卡这种形式能比较（　　）反映岗位上的重要信息。

(A) 简单明了　　(B) 规范统一　　(C) 重点突出　　(D) 以点带面

422. BI008　岗位安全须知卡内容主要包括岗位风险(危害)辨识、岗位注意事项、(　)等几方面内容。
(A) 岗位日常工作　　　　　　(B) 应急情况处理
(C) 突发事件处理　　　　　　(D) 岗位作业程序

423. BI009　比较复杂的岗位作业指导书的内容一般包括(　)项目。
(A) 15个　　(B) 14个　　(C) 13个　　(D) 12个

424. BI009　岗位作业指导书,每一岗位都有一本,下发到岗位员工本人,并放置在(　),便于随时学习和查阅。
(A) 小队值班室　　　　　　(B) 现场和岗位
(C) 班组会议室　　　　　　(D) 大队调度室

425. BI009　岗位作业指导书内容较多,一般由(　)为主组织编写。
(A) 普通员工　　(B) 一线工人　　(C) 专业人员　　(D) 班组长

426. BI010　班组内的培训学习,有各种类型,按上岗的时间为标准可分为(　)。
(A) 一般的岗位培训和特殊工种岗位培训
(B) 新员工的培训教育和一般员工的培训教育
(C) 安全技能培训和日常工作业务技能培训
(D) 上岗前的培训和上岗后的培训

427. BI010　新入厂的职工必须进行(　)的三级安全教育,考试合格后才能上岗。
(A) 厂级、车间级、班组级　　(B) 局级、处级、公司级
(C) 处级、公司级、大队级　　(D) 大队级、班组级、小组级

428. BI010　一般企业内培训应遵照事前制订培训计划,编制和收集培训教案,组织培训,考试,(　),资料归档这样几个环节。
(A) 查看考分　　(B) 休息待命　　(C) 总结记录　　(D) 准备上岗

429. BI011　一套行之有效、操作性强的(　)对一个企业来讲是非常重要的。
(A) 操作规程　　(B) 考核制度　　(C) 激励机制　　(D) 规章制度

430. BI011　制定的制度应当遵循一定的格式,内容贴近实际,力求(　)。
(A) 简单实用　　(B) 面广点多　　(C) 面面俱到　　(D) 贯彻执行

431. BI011　对操作过程中发现的问题及时修订,做到(　),逐步达到最合理的运行操作状态。
(A) 总是修改　　(B) 定期修改　　(C) 持续改进　　(D) 下次改进

432. BI012　法律法规识别方法是一项专业性较强的工作,一般由(　)完成。
(A) 上级领导　　(B) 工作人员　　(C) 上级部门　　(D) 专业人员

433. BI012　《中华人民共和国安全生产法》于2002年11月1日实施。共(　)。
(A) 8章100条　　(B) 7章99条　　(C) 6章98条　　(D) 5章97条

434. BI012　在进行标准识别时重点要识别(　)。
(A) 行业标准　　(B) 企业标准　　(C) 国家标准　　(D) 地方标准

435. BI013　企业制定的应急预案就是(　)对一些意外事故和紧急情况进行有效的控制和处理方案。
(A) 事后　　(B) 事中　　(C) 整个过程　　(D) 事前

436. BI013　应急演习的类别和形式很多,其中(　　)的效果最好。
　　　　　　(A) 桌面演练　　　　　　　　　　(B) 实战演练
　　　　　　(C) 模拟演练　　　　　　　　　　(D) 现场模拟演练
437. BI013　应急演习的最后一个环节是(　　)。
　　　　　　(A) 演习结束　　(B) 人员退场　　(C) 总结讲比　　(D) 做好记录

二、判断题(对的画√,错的画×)

(　) 1. AA001　缸套与活塞外圆严重磨损,是造成环槽平面磨损的主要原因。
(　) 2. AA002　连杆弯曲与扭曲的主要原因是由于缺少润滑油。
(　) 3. AA003　气缸壁的下端较上端容易磨损,前后方向的磨损又较左右方向严重。
(　) 4. AA004　为防止过多的润滑油经气门杆与气门导管间隙流入气缸,在气门导管上端装有挡油装置。
(　) 5. AA005　进气门在上止点前开启,排气门在上止点关闭。
(　) 6. AA006　出油阀的作用是保证喷油泵供油急速开始,又能立即停止,以避免因动作迟缓造成喷油器滴漏。
(　) 7. AA007　内燃机的润滑系统的机油压力调节阀通常装在机油泵入口油道上,有的装在机油泵上。
(　) 8. AA008　在冷却水中添加乳化液可以减少冷却水的表面张力,减缓缸套的穴蚀。
(　) 9. AA009　启动机装有单制式调速器,它的主要作用是限制启动机的转速。
(　) 10. AA010　增压后柴油机工作循环温度大大提高,使零件工作温度升高,热负荷增加。
(　) 11. AA011　柴油机紧急停车是通过直接控制紧急停车装置来关闭油门、风门使柴油机迅速停止工作的。
(　) 12. AA012　轴瓦表面刮痕的原因是轴颈表面粗糙或油路不干净或机油太脏。
(　) 13. AA013　B2-400 型柴油机左、右排活塞行程相同。
(　) 14. AB001　检泵的主要工作是起下抽油杆及油管,准确计算油井深度,合理组配抽油杆和油管并准确丈量,下入合格的抽油泵。
(　) 15. AB002　压裂是通过向井内泵注高速液体,作用于需改造的油、水层。
(　) 16. AB003　套管损坏一般分为四种:套管变形、套管破裂、套管错断和腐蚀穿孔,主要由套管质量引起。
(　) 17. AB004　活动解卡时,每次活动 5~10min 应稍停,以防管柱疲劳而断脱。
(　) 18. AB004　探人工井底的操作中,探砂面加压应在 30~40kN 范围之内。
(　) 19. AB005　对套管穿孔或裂缝的井可采用补贴措施修复,修复后的套管内径不会缩小。
(　) 20. AB006　堵水剂在进入油层时,与油发生作用,生成物溶在油中,随后一起排出。
(　) 21. AB007　负压冲砂时,使井筒液柱压力低于地层压力,能排液解堵但要污染油层。
(　) 22. AB008　酸化不是一种增产措施。
(　) 23. AB009　在油层压裂加砂过程中若压力突然上升应停止加砂待泵压正常后再加砂,若压力过高,停泵进行洗井。
(　) 24. AB010　生产筛管的设计长度应和射孔上下界对齐,保证正对油层。
(　) 25. AC001　测量误差是测量结果与被测量真值之差,是评定测量方法和仪器的指标。
(　) 26. AC002　测量仪指针移动量与被测尺寸变动量的比值称为放大比。此值愈小,读数愈精确。

( ) 27. AC003　游标卡尺读数中毫米小数值要看副尺上第几根线对准主尺刻线,再乘精度。
( ) 28. AC004　外径千分尺读数时,从固定套筒的刻线上只能读出工件的毫米数。
( ) 29. AC005　塞尺使用时,应选择适当的塞尺片,只能单片进行测量。
( ) 30. AC006　手持式转速表的优点是结构简单,使用方便;缺点是测量精度低。
( ) 31. AC007　机械式振动测量仪测量频率为 10～2000Hz,振幅为 ±0.01～±0.5mm。
( ) 32. AC008　只有把各种视图联系起来看,才能反映出物体的空间形状。
( ) 33. AC009　零件加工时,如果有旧件,应按实际要求来制作,不能只按图样来加工。
( ) 34. AC010　齿轮剖视图中,当剖切平面通过齿轮轴线及轮齿时,轮齿按剖切处理,齿根用粗实线画出。
( ) 35. AC011　零件图的主视图的选择是画好零件图的首要问题。
( ) 36. AC012　根据零件草图,就可以绘制零件工作图。
( ) 37. AC013　零件图上不应出现封闭尺寸链。
( ) 38. AC014　在钩头楔键的连接画法中,顶部应留间隙,而两侧不留间隙。
( ) 39. AD001　排除燃油系中的空气,首要从放气螺丝放气,直至无气泡时为止。
( ) 40. AD002　排气管阻塞,可以造成柴油机的功率不足。
( ) 41. AD003　气门弹簧折断时,会在气缸盖处发出有节奏的轻微敲击声。
( ) 42. AD004　柴油机油浴式空气滤清器机油量过多,排气会冒白烟。
( ) 43. AD005　柴油机机油冷却器油管破裂,会使压力表压力增加。
( ) 44. AD006　柴油机出水温度过高,可能是温度表失灵。
( ) 45. AD007　充电发电机的调节器电压调整偏低,会使发电机发热。
( ) 46. AD008　柴油机喷油器喷孔堵塞时,会使喷油压力太高。
( ) 47. AD009　柴油机喷油泵柱塞偶件磨损,会使喷油泵供油量不均匀。
( ) 48. AD010　设备运转中,一种故障可以表现为好几种异常现象;一种异常现象可以由几种故障造成。
( ) 49. AD011　柴油机喷油器雾化不良会引起这个缸熄火。
( ) 50. AD012　柴油机的润滑油严重漏失,又没有发现,是造成烧瓦的常见原因之一。
( ) 51. AD013　使用防冻冷却液后,柴油机在过低温度下直接启动,不会造成拉缸。
( ) 52. AD014　柴油机活塞和缸套的配合间隙过小,活塞受热膨胀后,可产生卡瓦与活塞拉断。
( ) 53. AD015　柴油机气门杆卡住的主要原因是气门杆和导管的配合间隙不当。
( ) 54. AD016　处理柴油机飞车可拧开高压油管连接螺母,大多数情况可以迅速停车。
( ) 55. AD017　柴油机气门间隙过小时在机头盖旁可听到轻微的金属敲击声,当低速时较易听出。
( ) 56. AD018　轴承,特别是曲轴轴承间隙过大时,会加剧柴油机的振动。
( ) 57. AD019　柴油机经常超负荷工作,会加剧磨损,但不会使曲轴弯曲。
( ) 58. BA001　电场力在单位时间里所作的功叫电功率,单位为瓦特(W)。
( ) 59. BA002　由欧姆定律可知,所用电器的电阻值与电压成正比,与电流成反比。
( ) 60. BA003　电阻 R_1 与 R_2 并联后再与 R_3 串联,则并联部分的总电流值与通过 R_3 的电流值相等。
( ) 61. BA004　在纯电阻电路里,电功等于电热。

（　）62. BA005　当线圈中磁通减少时,感应电流产生的磁场使线圈里原来的磁通减少。
（　）63. BA006　蓄电池充放电过程中,电能和化学能的相互转换是依靠极板上的活性物质和电解液间的化学反应来实现的。
（　）64. BA007　三相电路中,中线的作用在于使星形连接的不对称负载的相电流对称。
（　）65. BA008　直流发电机换向器的作用在于将电刷之间的交变电动势转换成电枢绕组中的极性不变的电动势。
（　）66. BA009　保护接地就是将电气设备的金属外壳接地,宜用于中性点不接地的低压系统中。
（　）67. BB001　机械传动分为啮合传动和摩擦传动；流体传动分为液压传动和气压传动。
（　）68. BB002　介于分度圆与齿顶圆之间的部分称为齿顶,其径向高度称为齿高。
（　）69. BB003　斜齿圆柱齿轮及人字齿轮与直齿圆柱齿轮相比,其突出的优点是传动平稳,承载能力高。
（　）70. BB004　蜗杆螺纹的头数即蜗杆的齿数 z_1,通常 $z_1 = 1 \sim 4$,一般多采用单头蜗杆传动,即 $z_1 = 1$。
（　）71. BB005　为了保证齿形带与轮齿正确啮合,齿形角可以不同,但两者的节距必须相等。
（　）72. BB006　带传动中带的速度一般为 5~25m/s,传动比可达到 7。
（　）73. BB007　摩擦轮传动结构尽量采取直径小的摩擦轮,可以减少压紧力和提高传动效率。
（　）74. BB008　小链轮的啮合次数比大链轮多,所受冲击力小,故所用材料可劣于大链轮。
（　）75. BB009　铰链四杆机构中,若两链架杆均为曲柄,则称该机构为双曲柄机构。
（　）76. BC001　液压系统中最主要的噪声源是液压阀,其次是液压泵。
（　）77. BC002　动力元件的作用是将液压能重新转换成机械能,克服负载,带动机器完成所需的动作。
（　）78. BC003　黏度实质上是液体的内摩擦系数,它影响流体流动时的阻力、运动副的摩擦力以及通过配合间隙的泄漏量。
（　）79. BC004　液力传动装置的输出轴与输入轴的转速相等。
（　）80. BC005　液力偶合器的重要特点之一是偶合器具有变矩功能。
（　）81. BC006　尺寸相同的液力变矩器工作液体密度越大,传递功率和力矩的能力越大。
（　）82. BC007　O形密封圈既可用于动密封又可用于静密封。
（　）83. BC008　液压泵和马达在原理上可逆,结构上类似,用途结构相同。
（　）84. BC009　液压缸是将液压能转变为机械能的液压元件。
（　）85. BC010　热油检查是通过观察位于传动器左侧的油面计进行的。
（　）86. BC011　单向阀的功能是只允许油液向一个方向流动,而不能反向流动。
（　）87. BC012　液力传动箱润滑油压力低的原因之一是润滑压力调节阀弹簧磨损或折断。
（　）88. BD001　金属的伸长率用 δ 表示,δ 越大,其塑性越好。所以一般认为：$\delta > 5\%$ 的材料是塑性材料。
（　）89. BD002　一般橡胶老化性能是以一定温度时间老化后与老化前扯断力及伸长率乘积的比值来表示。
（　）90. BD003　在碳素钢中,随着含碳量的增加,钢的硬度和强度随之提高,而塑性、韧性随之降低。

( ) 91. BD004　铁是塑性材料,它具有良好的流动性,因而可铸出形状较为复杂的铸件。
( ) 92. BD005　弹簧钢属于合金工具钢。
( ) 93. BD006　柱塞密封是依靠"V"型密封圈弹性所产生的轴向自紧封闭能力实现密封。
( ) 94. BD007　退火处理后,钢的强度和硬度增高,而塑性和韧性下降。
( ) 95. BD008　轴承的内径代号为"03"的滚动轴承其轴承内径尺寸为15mm。
( ) 96. BD009　塑性变形是滚动轴承的主要失效形式。
( ) 97. BD010　双支点单向固定的轴承,轴的两个支点都限制轴的单向移动。
( ) 98. BD011　轴瓦内表面,以进油口为中心沿纵向、斜向或横向开有油沟,以利于润滑油均匀分布在整个轴颈上。
( ) 99. BD012　对于多数柴油机来说,在使用过程中各道瓦的磨损是不均匀的。
( ) 100. BD013　蜗杆传动是由蜗杆和蜗轮组成的,它用于传递平行轴之间的回转运动和动力。
( ) 101. BD014　零件材料选择是否合理,不仅影响机器的总成本,而且直接影响机器的工作性能和使用寿命。
( ) 102. BE001　十字头在特车泵动力端只起导向作用。
( ) 103. BE002　CPT986 水泥车上水泥泵的前泵采用的是 TL06 液力端,最大排量为 $1.34 m^3/min$;后泵采用的是 TH06 液力端,最大排量为 $1.64 m^3/min$。
( ) 104. BE003　活塞泵的活塞结构形式可分为单端面活塞和多端面活塞。
( ) 105. BE004　AC-400C 型水泥车泵采用的是卧式双缸双作用活塞泵。
( ) 106. BF001　转速异常属于特车泵故障外表特征中的外观反常。
( ) 107. BF002　液力端排出压力低的故障有时是压力表显示不准。
( ) 108. BF003　吸入水头过高也能造成液力端吸入压力低的故障。
( ) 109. BF004　修理或更换节流装置、增加支架、防止管线悬空是排除液体敲击和管线振动故障的一种措施。
( ) 110. BF005　管线中有气体能造成泵头刺漏。
( ) 111. BF006　泵送介质腐蚀性太大、施工完后没有及时冲洗泵腔,均可以造成泵件腐蚀。
( ) 112. BF007　在柱塞的往复运动中,因为没有周期性的碰撞,所以不可能产生敲击声。
( ) 113. BF008　十字头与导板磨损严重、间隙松旷或损坏是造成动力端产生不正常响声的原因之一。
( ) 114. BF009　摩擦片表面不平会造成离合器发出声响。
( ) 115. BF010　特车泵维护保养规程的主要内容为,维护保养工艺、维修方法、质量标准和竣工验收等。
( ) 116. BG001　采用划线可以使误差不大的毛坯得以提早发现,不至于加工后成废品。
( ) 117. BG002　被锉屑堵塞的锉刀,要用钢丝刷把锉屑刷去,若嵌入大锉屑,要用铜片剔出。
( ) 118. BG003　板料局部变形凸起的原因,是凸起处在外力的作用下被压缩了。
( ) 119. BG004　钳工常用三种挥锤法錾切,应用最多的是手挥。
( ) 120. BG005　目前油田使用的交流弧焊设备中多数为弧焊整流器。
( ) 121. BG006　焊枪是气焊工作的主要工具,目前普遍应用的是射吸式焊枪。

( ) 122. BG007 横焊、立焊应比平焊所用焊条粗些,仰焊应更粗些。
( ) 123. BG008 气焊中碳钢时,可以不采取焊前预热、焊后缓冷以及焊后热处理等措施。
( ) 124. BG009 特车泵零件的损坏原因很多,但绝大部分都属于零件的磨损。
( ) 125. BG010 在电镀时,可将需加厚的零件当作阴极,而阳极通常都为金属。
( ) 126. BG011 金属喷涂可以修复零件内外径的磨损面,具有良好的效果。
( ) 127. BG012 由于制造研磨工具比较困难,作业机修理中多用两个零件互研成副的办法。
( ) 128. BG013 用于镶套法的套筒材料通常是比零件的材料好些。
( ) 129. BG014 400型大泵柴油机的汽缸套由高磷合金铸铁制成。
( ) 130. BH001 油田企业的二级单位设备管理部门应在经理(厂长)的领导下。
( ) 131. BH002 掌握设备技术状况,开展设备零件磨损情况分析活动,是操作人员的责任。
( ) 132. BH003 集团公司要求主要专业设备完好率要稳定在95%以上。
( ) 133. BI001 HSE管理主要在石油石化行业等高危行业得到了应用,其他一些企业不需要应用。
( ) 134. BI002 安全:免除了不可接受的损害风险(危险)的状态。
( ) 135. BI003 "计划"过程中的要素,根据国家和企业的有关标准,一般划分包括六个要素。
( ) 136. BI004 评审完善的目的是确保建立的HSE管理体系具有可操作性、适用性和有效性。
( ) 137. BI005 在我国,目前主要有三种管理体系的认证。
( ) 138. BI006 建立和实施HSE管理体系,并不是全部推倒以前在安全管理方面好的做法。
( ) 139. BI007 工作危害分析法是一种比较细致地分析作业过程中存在危害的方法。
( ) 140. BI008 在编制岗位安全须知卡前不须结合岗位的实际情况,直接可以编写。
( ) 141. BI009 针对每个岗位编制的作业指导书根据工作性质其内容是相同的。
( ) 142. BI010 新上岗的员工培训完成后要经过考核,考核合格后才可上岗。
( ) 143. BI011 制度的建立是为管理服务的,但也增加了对班组的束缚和负担。
( ) 144. BI012 企业在生产经营过程中应当遵守《中华人民共和国安全生产法》。
( ) 145. BI013 企业的情况各有不同,但演习预案内容是相同的。

理论知识试题答案

一、选择题

1. B	2. A	3. C	4. C	5. B	6. B	7. A	8. B	9. B	10. C
11. A	12. B	13. A	14. C	15. D	16. B	17. B	18. A	19. C	20. A
21. D	22. C	23. A	24. C	25. A	26. C	27. C	28. B	29. C	30. B
31. B	32. B	33. D	34. A	35. C	36. B	37. B	38. A	39. D	40. C
41. B	42. C	43. C	44. D	45. B	46. D	47. C	48. B	49. C	50. A
51. B	52. C	53. B	54. B	55. B	56. B	57. C	58. D	59. C	60. D
61. A	62. C	63. C	64. A	65. B	66. D	67. B	68. D	69. D	70. D
71. B	72. B	73. C	74. A	75. D	76. D	77. A	78. A	79. B	80. C
81. C	82. D	83. A	84. A	85. B	86. C	87. C	88. B	89. C	90. D
91. D	92. A	93. C	94. A	95. B	96. D	97. A	98. C	99. C	100. D
101. C	102. A	103. A	104. C	105. D	106. A	107. A	108. B	109. C	110. C
111. D	112. D	113. D	114. B	115. C	116. A	117. D	118. D	119. A	120. C
121. C	122. D	123. A	124. C	125. A	126. C	127. B	128. C	129. C	130. C
131. A	132. D	133. A	134. B	135. D	136. A	137. A	138. B	139. B	140. D
141. A	142. A	143. A	144. B	145. B	146. C	147. C	148. D	149. D	150. A
151. A	152. B	153. B	154. C	155. D	156. C	157. A	158. C	159. C	160. C
161. D	162. D	163. A	164. C	165. D	166. D	167. D	168. A	169. B	170. B
171. C	172. D	173. D	174. A	175. B	176. A	177. C	178. C	179. A	180. C
181. A	182. C	183. D	184. D	185. A	186. A	187. B	188. D	189. B	190. A
191. B	192. A	193. D	194. C	195. C	196. B	197. B	198. B	199. A	200. C
201. A	202. B	203. C	204. C	205. D	206. C	207. A	208. D	209. B	210. A
211. D	212. A	213. B	214. A	215. C	216. D	217. B	218. C	219. B	220. A
221. B	222. B	223. C	224. B	225. A	226. B	227. D	228. C	229. C	230. B
231. B	232. A	233. D	234. B	235. A	236. D	237. A	238. C	239. D	240. A
241. D	242. C	243. B	244. D	245. D	246. B	247. C	248. A	249. A	250. A
251. D	252. C	253. D	254. C	255. B	256. A	257. C	258. C	259. B	260. A
261. A	262. A	263. A	264. A	265. B	266. D	267. C	268. C	269. C	270. A
271. B	272. C	273. A	274. C	275. C	276. B	277. D	278. B	279. C	280. A
281. C	282. A	283. D	284. D	285. B	286. C	287. B	288. C	289. B	290. A
291. A	292. C	293. C	294. A	295. B	296. D	297. B	298. A	299. C	300. A
301. D	302. D	303. C	304. A	305. D	306. B	307. C	308. A	309. D	310. A
311. D	312. A	313. C	314. D	315. D	316. C	317. A	318. C	319. D	320. C

321. D	322. B	323. D	324. B	325. C	326. D	327. B	328. C	329. D	330. A
331. B	332. D	333. D	334. B	335. A	336. D	337. B	338. B	339. A	340. D
341. B	342. A	343. B	344. D	345. D	346. A	347. C	348. A	349. B	350. B
351. B	352. C	353. A	354. C	355. D	356. D	357. D	358. C	359. B	360. A
361. A	362. B	363. A	364. B	365. B	366. C	367. D	368. B	369. A	370. B
371. D	372. B	373. D	374. B	375. D	376. B	377. C	378. D	379. D	380. D
381. A	382. B	383. D	384. C	385. C	386. D	387. D	388. B	389. A	390. D
391. A	392. B	393. D	394. C	395. C	396. D	397. A	398. A	399. B	400. D
401. C	402. D	403. D	404. B	405. C	406. A	407. C	408. C	409. C	410. B
411. D	412. A	413. C	414. C	415. C	416. C	417. C	418. B	419. C	420. D
421. A	422. B	423. C	424. C	425. C	426. C	427. C	428. C	429. C	430. C
431. C	432. D	433. B	434. C	435. C	436. B	437. C			

二、判断题

1. √ 2. × 连杆弯曲与扭曲的主要原因是由于长期处于低速重载情况下运转,机械负荷较大而造成的。 3. × 气缸壁的上端较下端容易磨损,左右方向的磨损又较前后方向严重。 4. √ 5. × 进气门在上止点前开启,而排气门在上止点后才关闭。 6. √ 7. × 内燃机的润滑系统的机油压力调节阀通常装在机油泵出口油道上,有的装在机油泵上。 8. √ 9. × 启动机装有单制式调速器,它的主要作用是限制启动机的最高转速。 10. √

11. √ 12. √ 13. × B2-400型柴油机左、右排活塞行程不同。 14. × 检泵的主要工作是起下抽油杆及油管,准确计算下泵深度,合理组配抽油杆和油管并准确丈量,下入合格的抽油泵。 15. √ 16. × 套管损坏一般分为四种:套管变形、套管破裂、套管错断和腐蚀穿孔,主要由地质因素、工程技术及其他因素综合作用引起。 17. √ 18. × 探人工井底的操作中,探砂面加压应在10~20kN范围之内。 19. × 对套管穿孔或裂缝的井可采用补贴措施修复,修复后的套管内径要缩小10mm左右。 20. × 堵水剂在进入油层时,不与油发生作用,在生产或排液过程中随油、气一起排出。

21. × 负压冲砂时,使井筒液柱压力低于地层压力,能排液解堵且不污染油层。 22. × 酸化是一种增产措施。 23. √ 24. × 生产筛管的设计长度应超过射孔上下界各1m,保证正对油层。 25. √ 26. × 测量仪指针移动量与被测尺寸变动量的比值称为放大比。此值愈大,读数愈精确。 27. √ 28. × 外径千分尺读数时,从固定套筒的刻线上只能读出工件的毫米整数和半毫米数。 29. × 塞尺使用时,应选择适当的塞尺片,可用单片或多片组合进行测量。 30. √

31. × 机械式振动测量仪测量频率为10~200Hz,振幅为±0.01~±2.5mm。 32. √ 33. × 零件加工时,只按图样来加工。 34. × 齿轮剖视图中,当剖切平面通过齿轮轴线及轮齿时,轮齿按不剖处理,齿根用粗实线画出。 35. √ 36. × 根据零件草图,绘制底稿,经过审查校核后,方可绘制零件工作图。 37. √ 38. × 在钩头楔键的连接画法中,顶部不留间隙,而两侧应留间隙。 39. √ 40. √

41. √ 42. × 柴油机油浴式空气滤清器机油量过多,排气会冒蓝烟。 43. × 柴油机机油冷却器油管破裂,会使压力表压力下降。 44. √ 45. × 充电发电机的调节器电压调整偏低,会使充电不足。   46.√   47.×   柴油机喷油泵柱塞偶件磨损,会使喷油泵供油量不足。   48.√   49.×   柴油机喷油器雾化被卡死会引起这个缸灭火。   50.√

51.×   使用防冻冷却液后,柴油机在过低温度下直接启动,会造成拉缸。   52.√
53.×   柴油机气门杆卡住的主要原因是气门杆和导管的配合间隙不当或导管内有积炭。
54.√   55.×   柴油机气门间隙过大时在机头盖旁可听到轻微的金属敲击声,当低速时较易听出。   56.√   57.×   柴油机经常超负荷工作,会加剧磨损,同时也会使曲轴弯曲。
58.√   59.×   电器的电阻值为定值,与电压和电流无关。   60.√

61.√   62.×   当线圈中磁通减少时,感应电流产生的磁场阻碍线圈里原来的磁通减少。
63.√   64.×   三相电路中,中线的作用在于使星形连接的不对称负载的相电压对称。
65.×   直流发电机换向器的作用在于将电枢绕组中的交变电动势转换成电刷之间的极性不变的电动势。   66.√   67.√   68.√   69.√   70.√

71.×   为了保证齿形带与轮齿正确啮合,两者的齿形角和节距应相等。   72.√   73.×
摩擦轮传动结构尽量采取直径大的摩擦轮,可以减少压紧力和提高传动效率。   74.×   小链轮的啮合次数比大链轮多,所受冲击力大,故所采用材料可优于大链轮。   75.√   76.×   液压系统中最主要的噪声源是液压泵,其次是液压阀。   77.×   执行元件的作用是将液压能重新转换成机械能,克服负载,带动机器完成所需的动作。   78.√   79.×   液力传动装置的输出轴与输入轴的转速不等。   80.×   液力偶合器的重要特点之一是偶合器不变矩。

81.√   82.√   83.×   液压泵和马达在原理上可逆,结构上类似,但由于用途不同,它们在结构上有一定差别。   84.√   85.×   冷油检查是通过观察位于传动器左侧的油面计进行的。   86.√   87.√   88.√   89.√   90.√

91.×   铸铁是脆性材料,它有良好的液态流动性,因而可铸出形状较为复杂的铸件。
92.×   弹簧钢属于合金结构钢。   93.×   柱塞密封是依靠"V"型密封圈弹性所产生的径向自紧封闭能力实现密封。   94.×   退火处理后,钢的强度和硬度下降,而塑性和韧性增高。
95.×   轴承的内径代号为"03"的滚动轴承其轴承内径尺寸为17mm。   96.×   疲劳点蚀是滚动轴承的主要失效形式。   97.√   98.√   99.√   100.×   蜗杆传动是由蜗杆和蜗轮组成的,它用于传递交错轴之间的回转运动和动力。

101.√   102.×   十字头在特车泵动力端起导向和连接作用。   103.√   104.×   活塞泵的活塞结构形式可分为单端面活塞和双端面活塞。   105.×   AC-400C型水泥车泵采用的是卧式三缸单作用柱塞泵。   106.×   转速异常属于特车泵故障外表特征中的内部反常。
107.√   108.×   吸入水头过高也能造成液力端吸入压力高的故障。   109.√   110.×   管线中有杂物能造成泵头刺漏。

111.√   112.×   在柱塞的往复运动中,虽然没有周期性的碰撞,但也能产生敲击声。
113.√   114.×   摩擦片表面不平不会造成离合器发出声响。   115.√   116.×   采用划线可以使误差不大的毛坯得到补救,使加工后的零件仍能合格。   117.√   118.×   板料局部变形凸起的原因,是凸起处在外力的作用下被伸展了。   119.√   120.×   目前油田使用的直流弧焊设备中多数为弧焊整流器。

121.√   122.×   横焊、立焊应比平焊所用焊条细些,仰焊应更细些。   123.×   气焊中碳钢时,要采取焊前预热、焊后缓冷以及焊后热处理等措施。 124.√ 125.√ 126.× 金属喷涂可以修复零件较大内径的磨损面,但效果不好。 127.√ 128.× 用于镶套法的套筒材料通常是与零件的材料相同。 129.√ 130.× 油田企业的二级单位设备管理部门应在主任工程师或副经理(厂长)的领导下。

131.√ 132.× 集团公司要求主要专业设备完好率要稳定在92%以上。 133.× 其他一些企业也在尝试应用HSE管理。 134.√ 135.× "计划"过程中的要素,根据国家和企业的有关标准,一般划分包括四个要素。 136.√ 137.√ 138.√ 139.√ 140.× 在编制岗位安全须知卡前应当结合岗位的实际情况,在危害(隐患)辨识的基础上开展。

141.× 针对每个岗位编制的作业指导书根据工作性质其内容可能有所不同。 142.√ 143.× 制度的建立是为管理服务的,而不是增加对班组的束缚和负担。 144.√ 145.× 企业的情况各有不同,所以演习预案内容也各有不同。

第四部分　中级工技能操作试题

考核内容层次结构表

级　别	技 能 操 作			合　计
	基本操作	安装与调试	维护与保养	
初级工	30分 60~90min	30分 60~100min	40分 50~90min	100分 170~280min
中级工	30分 40~150min	30分 40~120min	40分 60~180min	100分 140~450min
高级工	30分 45~50min	30分 40~60min	40分 60~120min	100分 145~230min

鉴定要素细目表

行为领域	鉴定范围		鉴定比重	鉴定点		重要程度
	代码	名称		代码	名称	
技能操作 A 100%	A	基本操作	30%	001	把四只12V电瓶连接成24V	X
				002	使用外径千分尺和内径百分表测量	Y
				003	测绘支承板零件草图	Y
				004	水泥车注灰	X
				005	水力喷射地面施工	X
	B	安装与调试	30%	001	更换水泥泵十字头销子	X
				002	AC-400C型泵修复后的试泵	X
				003	AC-400C型压裂车台上变速箱中间轴的装配	Y
				004	调整12V-150柴油机供油提前角	X
				005	更换12V-150柴油机启动机	Y
				006	拆装YLC-1000D型压裂泵阀总成	Z
				007	拆装往复泵	Z
	C	维护与保养	40%	001	清洗柴油机机油滤清器和12ANDV空气滤清器	X
				002	清洗ACF-700B型泵曲轴箱	X
				003	检查调整AC-400C型泵连杆瓦间隙	X
				004	检查AC-400C型泵十字头滑板与导板的间隙	X
				005	刮合大泵连杆瓦	Y
				006	检修FMC-2in高压活动弯头	Y
				007	压裂(固井)泵及传动系一级保养作业	X
				008	检修闸阀	X

注：X—核心要素；Y—一般要素；Z—辅助要素。

技能操作试题

一、AA001 把四只 12V 电瓶连接成 24V

1. 考场准备

序号	名称	型号与规格	单位	数量	备注
1	螺栓、螺母	M8×40	套	8	
2	开口扳手	14mm,12mm	把	各1	
3	砂布	1号	张	1	
4	电瓶连接线		根	5	
5	启动机连接线		根	1	
6	搭铁线		根	1	
7	电瓶	12V	台	4	
8	启动机		台	1	
9	室内作业工房	50m²	间	1	

2. 考核时限

准备时间 1min,正式操作时间 40min,到时停止操作,按完成项目计分。

3. 考核要求

(1)工具准备:工具、用具选择齐全。
(2)清洁与打磨:清洁电瓶,打磨电瓶桩及连接头。
(3)并联与串联:操作正确。
(4)连接启动机:正确连接启动机电线、搭铁线,并拧紧各部分螺纹。
(5)电瓶连接:电瓶连接及工具使用符合技术要求。
(6)劳保穿戴与操作:正确使用工具、用具,用后进行维护保养;劳保穿戴齐全,操作中符合安全操作规程要求。

4. 评分标准

序号	考核内容	考核要求	评分标准	配分	扣分	得分
1	工具准备	工具、用具选择齐全	工具、用具不齐全,少一件扣3分	10		
2	清洁与打磨	清洁电瓶	电瓶未清洁,扣10分	10		
		打磨电瓶桩及连接头	接头未打磨,扣10分	10		
3	并联	并联电瓶,将四台电瓶分为两组,两两并联	并联错误,不得分	10		
4	串联	串联两组并联好的电瓶组	串联不正确,不得分	10		
5	连接启动机	连接启动机电线、搭铁线	启动机电线连接错,扣5分;搭铁线连接错,扣5分	10		
		拧紧各部分螺纹	螺纹未扭紧,扣10分	10		

续表

序号	考核内容	考核要求	评分标准	配分	扣分	得分
6	电瓶连接	电瓶连接及工具使用符合技术要求	电瓶连接不符合要求,不得分;导线发热,桩头打火,扣5分;操作失误,造成短路,扣5分	10		
7	劳保穿戴与操作	正确使用工具、用具	工具、用具使用不正确,一次扣4分;不维护保养,扣3分	10		
		劳保穿戴齐全,操作中符合安全操作规程要求	劳保穿戴每缺一件,扣4分;操作中违反安全操作规程不得分	10		
			合　　计	100		
备注			考评员签字　　　　　　　　　　年　月　日			

二、AA002　使用外径千分尺和内径百分表测量

1. 考场准备

序号	名称	型号与规格	单位	数量	备注
1	卡尺	0～150mm	件	1	
2	外径千分尺	75～100mm	把	1	
3	内径百分表	35～160mm	个	1	
4	棉纱		kg	0.1	毛巾代用
5	柱塞	ϕ100mm	个	1	
6	缸套	ϕ100mm	个	1	
7	室内操作室	50m^2	间	1	整洁、无干扰

2. 考核时限

准备时间1min,正式操作时间60min,到时停止操作,按完成项目计分。

3. 考核要求

(1)工具准备:量具、用具选择齐全。

(2)实际操作:严格按操作程序进行操作。

(3)测量要求:

① 千分尺测量误差不得超过0.02mm。

② 千分尺测量时活动三量脚,用力适当,不得在粗糙表面强拉硬卡。

③ 百分表测量误差不得超过0.07mm。

(4)禁止事项:量具要轻拿轻放,严禁敲击碰撞;禁止在尺寸校对不准时硬挤入缸内,不得在粗糙表面上滑动。

(5)劳保穿戴与操作:正确使用工具、用具;劳保穿戴齐全,做到安全文明操作。

4. 评分标准

序号	考核内容	考核要求	评分标准	配分	扣分	得分
1	工具准备	量具、用具选择齐全	量具、用具不齐全,少一件扣5分	10		
2	用外径千分尺测量柱塞直径	按操作程序进行操作	不按操作程序进行操作,错一步扣3分	10		
3	测量要求	测量误差不得超过0.02mm	测量误差超过要求,扣20分	20		
4		测量时活动三量脚用力适当	压力过大,扣5分	5		
		不得在粗糙表面强拉硬卡	强拉硬卡,扣5分	5		
5	用内径百分表测量缸套直径	按操作程序进行操作	不按操作程序进行操作,错一步扣3分	10		
6	测量要求	测量误差不得超过0.07mm	测量误差超过要求,扣20分	20		
7	禁止事项	量具要轻拿轻放,严禁敲击碰撞	敲击碰撞,扣5分	5		
		禁止在尺寸校对不准时硬挤入缸内,不得在粗糙表面上滑动	达不到要求,扣5分	5		
8	劳保穿戴与操作	正确使用工具、用具	工具、用具使用不正确,一次扣2分	5		
		劳保穿戴齐全,做到安全文明操作	劳保穿戴每缺一件,扣2分;做不到安全文明操作,扣5分	5		
备注			合　计	100		
			考评员签字			
					年　月　日	

三、AA003　测绘支承板零件草图

1. 考场准备

序号	名称	型号与规格	单位	数量	备注
1	绘图仪		套	1	
2	三角板		副	1	
3	游标卡尺	0~150mm	副	1	
4	图板		块	1	
5	绘图纸	5号	张	2	
6	橡皮		块	1	
7	铅笔	HB	支	1	
8	棉纱		kg	0.1	
9	支承板		块	1	
10	桌椅		套	1	
11	室内工房	100m^2	间	1	室内整洁,无干扰

2. 考核时限

准备时间1min,正式操作时间50min,到时停止操作,按完成项目计分。

3. 考核要求

(1)工具准备:量具、工具、用具选择齐全。

(2)测量零件:严格按操作程序进行操作;使用量具符合标准,准确测量尺寸。

(3)绘图:草图内容要完整,视图表达正确,图线清晰,尺寸齐全。

(4)劳保穿戴与操作:正确使用工具、用具;劳保穿戴齐全,做到安全文明操作。

4. 评分标准

序号	考核内容	考核要求	评分标准	配分	扣分	得分
1	工具准备	量具、工具、用具选择齐全	量具、工具、用具不齐全,少一件扣3分	10		
2	测量零件	严格按操作程序进行操作	不按操作程序进行操作,错一步扣5分	20		
		用量具测量尺寸准确	测量尺寸不准确,扣10分	10		
		使用量具符合标准	使用量具不标准,扣10分	10		
3	绘图	草图内容完整	内容不完整,扣10分	10		
		视图表达正确,图线清晰	视图表达不正确,扣15分;图线不清晰,扣5分	20		
		尺寸齐全,比例适宜	尺寸不齐全,扣10分	10		
4	劳保穿戴与操作	正确使用工具、用具	工具、用具使用不正确,一次扣2分	5		
		劳保穿戴齐全,做到安全文明操作	劳保穿戴每缺一件,扣2分;做不到安全文明操作,扣5分	5		
			合　　计	100		
备注			考评员签字 　　　　　　年　月　日			

四、AA004　水泥车注灰

1. 考场准备

序号	名称	型号与规格	单位	数量	备注
1	刺枪		支	1	
2	大锤		把	1	
3	大泵专用扳手		把	1	
4	四通专用扳手		把	1	
5	水泥		袋	1	
6	清水		m³	10	
7	高压管线	2in	m	10	
8	AC-400C 泵水泥车		台	1	
9	罐	10m³,3m³	个	各1	
10	室外作业井场	10m×10m	块	1	

2. 考核时限

准备时间1min,正式操作时间150min,到时停止操作,按完成项目计分。

3. 考核要求

(1)工具准备:工具、用具选择齐全。

(2)接线检查:检查管线接头情况,连接紧固。

(3)阀门与泵的检查:检查各阀门及大泵上水情况,各阀门运转要灵活,大泵上水良好。

(4)试压:应保证管线不刺漏。

(5)和灰:按设计要求相对密度配好灰液。

(6)注灰及拆洗管线:

① 注灰,按设计向井中注入隔离液,在确认井内畅通情况下按设计要求注入规定量水泥。

② 不允许在有压力情况下,拆卸管线。

③ 注灰全过程应符合技术要求规定。

(7)劳保穿戴与操作:正确使用工具、用具,用后进行维护保养;劳保穿戴齐全,操作中符合安全操作规程要求。

4. 评分标准

序号	考核内容	考核要求	评分标准	配分	扣分	得分
1	工具准备	工具、用具选择齐全	工具、用具不齐全,少一件扣3分	10		
2	接线检查	连接高压管线,检查管线接头情况,连接紧固	未检查各管线接头,扣5分;连接处不紧,扣5分	10		
3	阀门与泵的检查	检查各阀门及大泵上水情况,要求各阀门运转灵活,大泵上水良好	未检查各阀门及大泵,不得分;少检查一项扣3分	10		
4	试压	应保证管线不刺漏	试压不符合要求,不得分;管线有刺漏不整改,扣5分	10		
5	和灰	按设计要求相对密度配好灰液	相对密度不符合要求,扣10分	10		
6	按技术要求注灰并拆洗管线	注灰,按设计向井中注入隔离液,在确认井内畅通情况下按设计要求注入规定量水泥	未注隔离液,扣5分;未确认井内畅通就注灰,扣5分	10		
		拆卸管线,洗泵,清洁管线;不允许在有压力的情况下,拆卸管线	未按要求洗泵,扣5分;未清洁管线,扣5分;违章拆卸管线,不得分	10		
		注灰全过程应符合技术要求规定	不符合技术要求,不得分;施工液不清洁,储备少,扣2分;未试压扣2分;水泥浆相对密度不符合要求,扣2分;中途停泵,扣2分;施工完不洗泵,不清洁管线,扣2分	10		
7	劳保穿戴与操作	正确使用工具、用具	工具、用具使用不正确,一次扣4分;不维护保养,扣3分	10		
		劳保穿戴齐全,操作中符合安全操作规程要求	劳保穿戴每缺一件,扣4分;操作中违反安全操作规程不得分	10		
			合 计	100		
备注			考评员签字 年 月 日			

五、AA005 水力喷射地面施工

1. 考场准备

序号	名 称	型号与规格	单位	数量	备注
1	压裂车				按施工要求
2	混砂车				按施工要求
3	堰木		根	10	

续表

序 号	名 称	型号与规格	单 位	数 量	备 注
4	砂粒				按施工要求
5	清水				按施工要求
6	室外作业井场	50m×50m	块	1	

2. 考核时限

准备时间1min,正式操作时间150min,到时停止操作,按完成项目计分。

3. 考核要求

(1)工具准备:工具、用具选择齐全。

(2)压裂车、混砂车到达井场后,按指定地方停放平稳,拉紧手刹,打好堰木,准备施工。

(3)连接好地面管线,开泵将管线冲洗干净后与井口连接。

(4)先关闭井口的阀门,待试压合格后,打开井口阀门,进行循环洗井,达到管柱畅通。

(5)投球试喷。

(6)替喷和停泵。

(7)劳保穿戴与操作:正确使用工具、用具,用后进行维护保养;劳保穿戴齐全,操作中符合安全操作规程要求。

4. 评分标准

序号	考核内容	考核要求	评分标准	配分	扣分	得分
1	工具准备	工具、用具选择齐全	工具、用具不齐全,少一件扣2分	8		
2	喷射前的准备工作	做好喷射前的准备工作,对设备及管线检查其清洁程度,认真清除脏物	未检查,扣9分;清洁少一项扣4分	9		
3	连接管线	连接好地面管线,开泵将管线冲洗干净后与井口连接	操作方法不当扣5分,没与井口连接扣4分	9		
4	循环洗井	先关闭井口的阀门,待试压合格后,打开井口阀门,进行循环洗井,达到管柱畅通	操作方法不当扣5分,没达到管柱畅通扣4分	9		
5	投球试喷	当泵压与排量正常后,即加砂正式喷射	操作方法不当扣5分	5		
		喷射的工作压力、混砂比、喷射时间等,必须达到施工设计要求。通常施工参数要求: 喷射压力:20~25MPa(200~250kgf/cm²)若因喷嘴孔径磨损,泵压降到15MPa(150kgf/cm²),又再不能加大排量而提高泵压时,喷射效果已不大,应停喷采取措施。 喷射排量:应根据喷嘴数量和喷嘴直径大小而定,如用3个直径φ4mm粉喷嘴喷射时,排量为400~500L/min。 砂径与混砂比:砂粒直径为0.3~0.4mm,砂粒必须干净、大小均匀;混砂比为4%~6%。 喷射时间:加砂有效喷射为20~25min	没达到施工设计要求每少一项扣3分	15		

续表

序号	考核内容	考核要求	评分标准	配分	扣分	得分
6	替喷	当正式喷射达到规定时,停止加砂,随之用清水把砂液替出	操作方法不当扣5分,没用清水把砂液替出扣4分	9		
7	停泵	排空停泵,拆卸管线,放回原位	操作方法不当扣9分	9		
8	要求事项	保证施工管道和施工液的绝对清洁,必要时对液体进行过滤,对砂子筛选。这是因为喷射器的喷嘴直径很小,若供液容器、泵、管线或砂子中,稍有石子和其他杂物,都会引起喷嘴堵塞,使施工失败。	施工液不清洁扣5分;喷嘴堵塞扣5分,施工失败不得分	10		
		施工中必须集中精神操作,时刻监视压力的变化,以防止偶尔因喷嘴遇堵,造成泵压瞬间突然升高而引起憋泵,使设备损坏或人身伤亡	造成设备损坏或人身伤亡不得分	9		
9	劳保穿戴与操作	正确使用工具、用具	工具、用具使用不正确,一次扣2分;不维护保养扣2分	4		
		劳保穿戴齐全,操作中符合安全操作规程要求	劳保穿戴每缺一件,扣2分;操作中违反安全操作规程不得分	4		
			合 计	100		
备注			考评员签字 年 月 日			

六、AB001 更换水泥泵十字头销子

1. 考场准备

序号	名称	型号与规格	单位	数量	备注
1	紫铜棒	$\phi 30 \times 1000mm$	根	1	
2	油盆		个	1	
3	开口扳手	17mm,19mm 36mm,42mm	把	各1	
4	大锤	3.6kg	把	1	
5	十字头销子		个	2	
6	黄油			适量	
7	棉纱			适量	
8	汽油	90号	kg	2	
9	AC-400C 水泥车		台	1	
10	室外作业车场	10m×10m	间	1	

2. 考核时限

准备时间1min,正式操作时间60min,到时停止操作,按完成项目计分。

3. 考核要求

(1)工具准备:工具、用具选择齐全。
(2)卸盖洗栓:拆下泵体边盖时,不损伤垫子,螺栓应清洗。
(3)盘泵:盘泵时使两个十字头不发生干涉利于拆卸。
(4)卸销:拆卸十字头横销,要求不损伤保险片,不遗失滚针。
(5)清洗:清洗滚针轴承,要求清洗干净不遗失滚针。
(6)安装:将轴承、新十字头销装入十字头内,要求滚针轴承内抹黄油,锁紧保险片。
(7)装盖:盘泵,将拉杆连接紧固,装上边盖。
(8)劳保穿戴与操作:正确使用工具、用具,用后进行维护保养;劳保穿戴齐全,操作中符合安全操作规程要求。

4. 评分标准

序号	考核内容	考核要求	评分标准	配分	扣分	得分
1	工具准备	工具、用具选择齐全	工具、用具不齐全,少一件扣3分	10		
2	卸盖洗栓	拆下泵体边盖,要求不损伤垫子,螺栓应清洗	损伤垫子,扣5分;螺栓未清洗,扣5分	10		
3	盘泵	盘泵,分离拉杆、十字头	盘泵不合理,扣10分	10		
		盘泵时两个十字头不发生干涉,利于拆卸	不符合要求,扣10分	10		
4	卸销	拆卸十字头横销,要求不损伤保险片,不遗失滚针	未用紫铜棒拆卸横销,扣5分;损伤保险片,扣2分;遗失滚针,扣3分	10		
5	清洗	清洗滚针轴承,要求清洗干净,不遗失滚针	未清洗滚针,扣10分;清洗遗失滚针,扣3分	10		
6	安装	将轴承、新十字头销装入十字头内,要求滚针轴承内抹黄油,锁紧保险片	滚针轴承未加黄油,扣4分;未锁紧保险片,扣3分;螺母未上紧,扣3分	10		
7	装盖	盘泵,将拉杆连接紧固,装上边盖	拉杆十字头未连接紧固,扣5分;边盖螺丝未紧,扣5分	10		
8	劳保穿戴与操作	正确使用工具、用具	工具、用具使用不正确,一次扣4分;不维护保养,扣3分	10		
		劳保穿戴齐全,操作中符合安全操作规程要求	劳保穿戴每缺一件,扣4分;操作中违反安全操作规程不得分	10		
			合 计	100		
备注			考评员签字 年 月 日			

七、AB002 AC-400C 型泵修复后的试泵

1. 考场准备

序号	名 称	型号与规格	单位	数 量	备 注
1	大锤	3.6kg	把	1	
2	螺丝刀	300mm	把	1	

续表

序 号	名 称	型号与规格	单位	数量	备 注
3	钢丝刷		把	1	
4	棉纱		kg	0.2	
5	记录本	32开	本	1	
6	钢笔		支	1	
7	水泥车	AC-400C	台	1	水柜要满水
8	试泵场地	100m²	块	1	整洁,无干扰

2. 考核时限

准备时间1min,正式操作时间60min,到时停止操作,按完成项目计分。

3. 考核要求

(1)工具准备:工具、用具选择齐全。

(2)操作:按操作规程进行操作。

(3)记录:运转中认真做好挡位箱、泵压、发动机转速的记录,要求记录准备齐全。

(4)判断:对试泵期间出现的异响和渗漏判断准确。

(5)劳保穿戴与操作:正确使用工具、用具,用后进行维护保养;劳保穿戴齐全,操作中符合安全操作规程要求。

4. 评分标准

序号	考核内容	考核要求	评分标准	配分	扣分	得分
1	工具准备	工具、用具选择齐全	工具、用具不齐全,少一件扣3分	10		
2	操作	按操作规程操作	不按操作规程操作,错一步扣5分	20		
3	记录	运转中认真做好挡位箱、泵压、发动机转速的记录,要求记录准确齐全	记录不全,少一次扣4分;记录不准确,一次扣4分	20		
4	判断	试泵期间注意观察	不注意观察扣10分	10		
		及时发现异响和渗漏	不能及时发现异响和渗漏扣10分	10		
		判断准确并排除	判断不准确,扣5分;排除不了,扣5分	10		
5	劳保穿戴与操作	正确使用工具、用具	工具、用具使用不正确,一次扣4分;不维护保养,扣3分	10		
		劳保穿戴齐全,操作中符合安全操作规程要求	劳保穿戴每缺一件,扣4分;操作中违反安全操作规程不得分	10		
备注			合 计	100		
			考评员签字			
					年 月 日	

八、AB003 AC-400C型压裂车台上变速箱中间轴的装配

1. 考场准备

序 号	名 称	型号与规格	单 位	数 量	备 注
1	手锤		把	1	
2	鱼尾钳		把	1	钢丝钳代

续表

序号	名称	型号与规格	单位	数量	备注
3	铜棒	$\phi 40\sim 50$mm	根	1	长250~300mm
4	油盆	中号	个	1	
5	活动扳手	150mm	把	1	
6	压力机		台	1	机械、液压均可
7	游标卡尺	200mm	把	1	
8	棉纱		kg	0.2	
9	铁丝		m	1	$\phi 1\sim 1.5$mm
10	砂布		张	1	
11	机油		kg	5	
12	AC-400C台上变速箱	中间轴	台	1	
13	室内工房	100m²	间	1	室内工具要齐全

2. 考核时限

准备时间1min,正式操作时间120min,到时停止操作,按完成项目计分。

3. 考核要求

(1)工具准备:量具、工具、用具准备齐全。

(2)零件装配:

① 严格按操作程序进行装配。

② 装配要仔细认真,零部件不能装错位置。

③ 装配后轴上零件不得窜动。

④ 装配时不得损坏零件。

(3)劳保穿戴与操作:正确使用工具、用具,用后进行维护保养;劳保穿戴齐全,做到安全文明操作。

4. 评分标准

序号	考核内容	考核要求	评分标准	配分	扣分	得分
1	工具准备	量具、工具、用具选择齐全	量具、工具、用具不齐全,少一件扣4分	10		
2	零件装配	按操作程序进行装配	不按操作程序装配,错一步扣5分	15		
		装配要仔细认真,零部件不能装错位置	零件装错位置,一次扣5分	15		
		要按顺序进行装配	没按顺序进行装配扣10分	10		
		装配后轴上零件不得窜动	零件轴上窜动,发现一次扣5分	10		
		装配时不得损坏零件	零件损坏扣10分	10		
		装配后变速箱运转自如	运转不自如扣10分	10		
3	劳保穿戴与操作	正确使用工具、用具	工具、用具使用不正确,一次扣4分;不维护保养,扣3分	10		
		劳保穿戴齐全,做到安全文明操作	劳保穿戴每缺一件,扣4分;做不到安全文明操作,扣10分	10		
			合计	100		
备注			考评员签字　　　　　年 月 日			

九、AB004 调整12V-150柴油机供油提前角

1. 考场准备

序　号	名　　称	型号与规格	单　位	数　量	备　注
1	两用扳手	10mm	把	1	
2	两用扳手	13mm	把	1	
3	撬杠	500mm	根	1	
4	棉纱		kg	0.1	
5	柴油机	12V-150	台	1	
6	室内操作工房	10m×10m	间	1	

2. 考核时限

准备时间1min,正式操作时间40min,到时停止操作,按完成项目计分。

3. 考核要求

（1）工具准备：工具、用具齐全。

（2）操作与调整：

① 严格按操作程序进行操作。

② 供油提前角调整要达到要求。

③ 调整后的柴油机应好启动,排烟正常。

（3）劳保穿戴与操作：正确使用工具、用具,用后进行维护保养；劳保穿戴齐全,做到安全文明操作。

4. 评分标准

序号	考核内容	考核要求	评分标准	配分	扣分	得分
1	工具准备	专用工具、用具选择齐全	专用工具、用具不齐全,少一件扣3分	10		
2	操作与调整	按操作程序进行操作	不按操作程序操作,错一步扣5分	15		
		按供油提前角的规定数值进行调整	不按规定数值进行调整扣15分	15		
		调整时要按步骤进行	不按步骤调整扣10分	10		
		供油提前角调整达到要求	调整达不到标准,扣10分	10		
		调整后柴油机应好启动	柴油机启动不着,扣10分	10		
		排烟正常	排烟不正常,扣10分	10		
3	劳保穿戴与操作	正确使用工具、用具	工具、用具使用不正确,一次扣4分；不维护保养,扣3分	10		
		劳保穿戴齐全,做到安全文明操作	劳保穿戴每缺一件,扣4分；做不到安全文明操作,扣10分	10		
			合　计	100		
备注			考评员签字　　　　　　　年　月　日			

十、AB005 更换 12V–150 柴油机启动机

1. 考场准备

序号	名　称	型号与规格	单位	数量	备注
1	开口扳手	14mm	把	1	
2	开口扳手	19mm	把	1	
3	螺丝刀	250mm	把	1	
4	撬杠	1000mm	根	1	
5	启动机		台	1	
6	砂布		张	1	
7	水泥车或压裂车	AC–400C 型 ACF–700B 型	台	1	
8	室外考试车场	10m×10m	间	1	

2. 考核时限

准备时间 1min，正式操作时间 40min，到时停止操作，按完成项目计分。

3. 考核要求

(1) 工具准备：工具、用具选择齐全。

(2) 断电与拆线：拆线时要将搭铁开关处于断开位置，电源线接头用绝缘材料包好。

(3) 拆装启动机：

① 拆卸启动机时操作方法要正确；

② 装上新启动机的操作方法正确，装配符合技术要求。

(4) 穿卡子：按要求穿上卡子，带上螺栓，卡子螺栓要紧固。

(5) 连线：连接启动机电源线，连接导线应用砂布打磨干净并连接牢固；电源线接头需用砂布打磨，不允许虚接或错接。

(6) 通电：接通电源后，使启动机运转一下，看启动机工作是否正常。

(7) 劳保穿戴与操作：正确使用工具、用具，用后进行维护保养；劳保穿戴齐全，操作中符合安全操作规程要求。

4. 评分标准

序号	考核内容	考核要求	评分标准	配分	扣分	得分
1	工具准备	工具、用具选择齐全	工具、用具不齐全，少一件扣3分	10		
2	断电、拆线	切断电源，拆下电源线，将搭铁开关处于断开位置	搭铁未断开，扣10分	10		
		电源线接头用绝缘材料包好	电源线接头未用绝缘材料包好，扣10分	10		
3	拆装启动机	拆卸启动机，操作方法正确	操作方法有误，错一步扣3分	10		
		装上新启动机，要求操作方法正确，装配符合技术要求	操作方法错，扣5分；装配不合技术要求，扣5分	10		
4	穿卡子	穿上卡子，带上螺栓，卡子螺栓要紧固	穿卡子不符合要求，扣5分；螺栓不紧，扣5分	10		

续表

序号	考核内容	考核要求	评分标准	配分	扣分	得分
5	连线	连接启动机电源线,连接导线应用砂布打磨干净并连接牢固	连接导线未用砂布打磨,扣5分;连接不牢,扣5分	10		
6	通电	接通电源,使启动机运转一下,看启动机工作是否正常	导线虚接,扣5分;电源线接错,扣10分	10		
7	劳保穿戴与操作	正确使用工具、用具	工具、用具使用不正确,一次扣4分;不维护保养,扣3分	10		
		劳保穿戴齐全,操作中符合安全操作规程要求	劳保穿戴每缺一件,扣4分;操作中违反安全操作规程不得分	10		
			合　　计	100		
备注			考评员签字　　　　　　　　　　年　月　日			

十一、AB006　拆装 YLC-1000D 型压裂泵阀总成

1. 考场准备

序号	名称	型号与规格	单位	数量	备注
1	紫铜棒	$\phi 30 \times 1000$mm	根	1	
2	油盆		个	1	
3	开口扳手	17mm,19mm 36mm,42mm	把	各1	
4	大锤	3.6kg	把	1	
5	"F"形专用工具		件	1	
6	黄油			适量	
7	棉纱			适量	
8	汽油		kg	2	
9	液力拔取器		件	1	
10	YLC-1000D 型压裂泵阀总成		台	1	
11	室外作业车场	10m×10m	块	1	

2. 考核时限

准备时间 1min,正式操作时间 60min,到时停止操作,按完成项目计分。

3. 考核要求

(1)工具准备:工具、用具选择齐全。

(2)拆卸:用"F"形专用工具卸松缸盖压帽,然后把缸盖压帽连同密封座一同卸下,用液力拔取器将阀座拔出。

(3)检查:检查阀弹簧应无断裂、歪斜,阀体、阀座应无裂纹等。

(4)装配:清洗与安装:

① 清洗擦净阀座和泵头上的阀座基孔,然后将阀座轻轻放入泵头阀座基孔中,并将阀座砸紧。

② 擦净阀座锥形密封面,把装好阀胶皮的阀体放入阀座上;把弹簧托入阀体上。

③用"F"形专用工具上好水平缸盖压帽并用大锤砸紧。

(5)劳保穿戴与操作:正确使用工具、用具,用后进行维护保养;劳保穿戴齐全,操作中符合安全操作规程要求。

4. 评分标准

序号	考核内容	考核要求	评分标准	配分	扣分	得分
1	工具准备	工具、用具选择齐全	工具、用具不齐全,少一件扣2分	5		
2	拆卸	取出所需用工具放入工具盘中,做好拆卸前的准备工作	没做好拆卸前的准备工作扣8分	8		
		用大锤按逆时针方向敲松缸盖压帽凸缘	操作不正确扣7分	7		
		用"F"形专用工具卸松缸盖压帽,然后把缸盖压帽连同密封座一同卸下	没用专用工具扣5分,没把密封座一同卸下扣3分	8		
		盘动压裂泵柱塞后移,取出阀弹簧及阀体	操作不正确扣7分	7		
		用液力拔取器将阀座拔出	没用专用工具扣5分,阀座没拔出扣3分	8		
3	检查	检查阀弹簧应无断裂、歪斜。阀弹簧自由高度不应低于39mm,必要时更换	不检查扣6分,检查不正确一项扣3分	9		
		检查阀体、阀座应无裂纹;锥形密封表面应无沟槽和严重的蚀点;阀座应无下沉和无卷口现象,否则应更换	不检查扣5分,检查不正确扣3分	8		
4	装配	清洗擦净阀座和泵头上的阀座基孔,然后将阀座轻轻放入泵头阀座基孔中,并将阀座砸紧	操作不正确扣5分,顺序不正确扣3分	8		
		擦净阀座锥形密封面,把装好阀胶皮的阀体放入阀座上;把弹簧拧入阀体上	操作不正确扣5分,顺序不正确扣3分	8		
		擦净密封座孔(ϕ130mm)及压帽螺纹(T170×8)和密封座	操作不正确扣5分	5		
		将水平密封座的"马蹄面"垂直放入水平密封孔中,然后用杆件从排出阀座内孔伸入,将吸入阀弹簧向下压,使弹簧处于压缩状态,此时将水平密封座转动90°,使弹簧逐渐定于弹簧座内。用"F"形专用工具上好水平缸盖压帽并用大锤砸紧	操作不正确扣5分,没用专用工具扣3分	8		
		擦净排出阀座密封面,把阀体和阀弹簧装好	操作不正确扣5分	5		
5	劳保穿戴与操作	正确使用工具、用具	工具、用具使用不正确,一次扣2分;不维护保养,扣2分	2		
		劳保穿戴齐全,操作中符合安全操作规程要求	劳保穿戴每缺一件,扣2分;操作中违反安全操作规程不得分	4		
			合 计	100		
备注			考评员签字 年 月 日			

十二、AB007 拆装往复泵

1. 考场准备

序号	名称	型号与规格	单位	数量	备注
1	紫铜棒	φ30×1000mm	根	1	
2	油盆		个	1	
3	开口扳手		套	1	
4	大锤		把	1	
6	黄油		L	2	
7	棉纱			适量	
8	汽油		kg	2	
9	套筒扳手		套	1	
9	泵车		台	1	
10	室外作业车场	10m×10m	间	1	

2. 考核时限

准备时间1min,正式操作时间60min,到时停止操作,按完成项目计分。

3. 考核要求

(1)工具准备:工具、用具选择齐全,用后进行维护保养。

(2)放净液体:将动力端油池内的润滑油和液力端液缸内的工作液放净。

(3)拆卸附件。

(4)拆卸减速装置。

(5)拆卸液力端。

(6)拆卸动力端。

(7)装配。

(8)劳保穿戴与操作:正确使用工具、用具,用后进行维护保养;劳保穿戴齐全,操作中符合安全操作规程要求。

4. 评分标准

序号	考核内容	考核要求	评分标准	配分	扣分	得分
1	工具准备	工具、用具选择齐全	工具、用具不齐全,少一件扣2分	5		
2	放净液体	在拆卸之前将动力端油池内的润滑油和液力端液缸内的工作液放净	润滑油和工作液没放净扣7分	7		
3	拆卸附件	把压力传感器、润滑油管线、滤清器、限压阀和仪表连接导线拆掉	操作不正确扣5分,连接导线少拆掉一项扣2分	7		
		拆下泵的吸入和排出管线	操作不正确扣7分	5		
4	拆卸减速装置	减速装置有泵内减速和泵外减速,应根据结构特点进行拆卸	操作不正确扣3分,没根据结构特点进行拆卸扣3分	6		
		行星减速器的拆卸:拆下减速器盖,把太阳轮取出,再把框架连同行星轮从泵的曲轴输入端拉出,然后拆下箱体	操作不正确扣3分,顺序不正确扣4分	7		
		链条减速箱的拆卸:把链条箱上盖拆下取出链条,从轴上取下链轮	操作不正确扣3分,顺序不正确扣4分	7		

续表

序号	考核内容	考核要求	评分标准	配分	扣分	得分
5	拆卸液力端	把缸盖和排出阀拆下,取出阀总成	操作不正确扣5分	5		
		把柱塞从十字头上拆下后取出衬套和密封圈	操作不正确扣5分	5		
		拆掉泵头固定螺栓,把泵头卸下来	操作不正确扣5分	5		
6	拆卸动力端	打开动力端泵盖和曲轴(主轴)主轴承压盖	操作不正确扣5分	5		
		在拆卸曲轴主轴承时应注意,主轴承座有剖分式、整体式。若属剖分式,应把轴承盖拆下,将连杆十字头拆下后,主轴承随同曲轴一同取出;若属整体式,应将连杆十字头拆下后,从泵体轴座内将曲轴及主轴承一同抽出,拆下主轴承	分不清主轴承座有剖分式、整体式扣3分;操作不正确扣4分,顺序不正确扣3分	10		
7	装配	按拆卸时的顺序反向进行,即先里后外,先零部件后总成件,先动力端后液力端。如,首先把曲轴连杆机构、十字头装好,再装液力端	操作不正确扣5分,顺序不正确扣3分	20		
8	劳保穿戴与操作	正确使用工具、用具	工具、用具使用不正确,一次扣2分;不维护保养,扣2分	2		
		劳保穿戴齐全,操作中符合安全操作规程要求	劳保穿戴每缺一件,扣2分;操作中违反安全操作规程不得分	4		
			合　　计	100		
备注			考评员签字 　　　　　年　月　日			

十三、AC001 清洗柴油机机油滤清器和12ANDV空气滤清器

1. 考场准备

序　号	名　称	型号与规格	单　位	数　量	备　注
1	随车工具	24mm,36mm,14mm	套	1	
2	螺丝刀	200mm	把	1	
3	油盆		个	1	
4	毛巾		条	1	
5	汽油		kg	2	
6	机油		L	2	
7	水泥车或压裂车	AC-400C型 ACF-700B型	台	1	
8	室外考试车场	10m×10m	块	1	

2. 考核时限

准备时间1min,正式操作时间70min,到时停止操作,按完成项目计分。

3. 考核要求

(1) 工具准备:工具、用具选择齐全。

(2) 清洗柴油机机油滤清器:

① 拆卸滤清器盖,取出滤芯,不损伤螺纹、转子轴。

② 打开转子壳并清洗干净,转子壳内壁油泥清洗干净。

③ 清洗干净两喷嘴及网。

④ 严格按照步骤复装滤清器,各部分螺纹全部紧固,密封圈不得损坏,密封圈不得有渗漏。

(3) 清洗12ANDV柴油机空气滤清器:

① 拆卸滤清器,取出滤芯:不得损坏配件,并用棉纱堵住进气管。

② 清洗滤芯、滤清器壳:滤芯要用压缩空气吹干净,滤清器清洁后倒入新机油。

③ 复装滤清器,检查密封圈是否完好,各螺栓紧固情况。

(4) 劳保穿戴与操作:正确使用工具、用具,用后进行维护保养;劳保穿戴齐全,操作中符合安全操作规程要求。

4. 评分标准

序号	考核内容	考核要求	评分标准	配分	扣分	得分
1	工具准备	工具、用具选择齐全	工具、用具不齐全,少一件扣3分	10		
2	拆卸机油滤清器	拆卸滤清器盖,取出滤芯;要求不损伤螺纹、转子轴	损伤一件,扣3分;不会拆卸,扣10分	10		
3	清洗零部件	打开转子壳并清洗干净,要求转子壳内壁油泥清洗干净	转子壳打不开,扣10分;转子壳内壁油泥未清洗干净,扣8分	10		
		清洗两喷嘴及网,要求清洗干净	两喷嘴及网清洗不干净,扣10分	10		
4	复装机油滤清器	复装滤清器,要求各部分螺纹紧固,装配符合要求	复装步骤错,扣2分;一个螺纹未紧固,扣2分;密封圈损坏,扣3分;密封圈渗漏,扣3分	10		
5	拆卸空气滤清器	拆卸滤清器,取出滤芯	拆卸滤清器损坏配件,扣5分;未用棉纱堵住进气管,扣5分	10		
6	清洗滤芯和滤清器壳	清洗滤芯、滤清器壳,要求滤芯用压缩空气吹干净,滤清器清洁后倒入新机油	未清洗,扣3分;未用压缩空气吹干净,扣5分;未加新机油,扣2分	10		
7	复装空气滤清器	复装滤清器,要求检查密封圈是否完好,各螺栓紧固情况	未检查密封圈,扣5分,一条螺栓未紧固,扣2分;工具、用具不齐全,少一件扣1分	10		
8	劳保穿戴与操作	正确使用工具、用具	工具、用具使用不正确,一次扣4分;不维护保养,扣3分	10		
		劳保穿戴齐全,操作中符合安全操作规程要求	劳保穿戴每缺一件,扣4分;操作中违反安全操作规程不得分	10		
			合　　计	100		
备注			考评员签字　　　　　　　　　　年　月　日			

十四、AC002 清洗 ACF-700B 型泵曲轴箱

1. 考场准备

序号	名称	型号与规格	单位	数量	备注
1	套筒扳手	12~22mm	套	1	
2	尖撬杠	500mm	根	1	
3	油桶	180kg	个	2	
4	油盆	大号	个	1	
5	棉纱		kg	0.2	
6	柴油		kg	70	
7	压裂车	ACF-700B	台	1	
8	室外操作场地	100m²	块	1	

2. 考核时限

准备时间 1min,正式操作时间 90min,到时停止操作,按完成项目计分。

3. 考核要求

(1)工具准备:工具、用具选择齐全。

(2)操作:严格按操作步骤操作。

(3)清洗与检查:油底脏物清洗干净,加机油要用油尺检查,泵运转机油压力不应低于 0.2MPa。

(4)清洁场地:操作结束后要回收废油,保证场地清洁。

(5)劳保穿戴与操作:正确使用工具、用具,用后进行维护保养;劳保穿戴齐全,操作中符合安全操作规程要求。

4. 评分标准

序号	考核内容	考核要求	评分标准	配分	扣分	得分
1	工具准备与保养	工具、用具选择齐全	工具、用具不齐全,少一件扣4分	10		
2	操作	拧下油底螺丝,将曲轴箱机油放入干净的容器中。拧上油底螺丝,将柴油加入曲轴箱中	不按操作步骤做,错一步扣5分	25		
		起车、挂一挡,使曲轴箱急速空转 3~5min				
		放尽曲轴箱中的柴油,用毛巾(不能使用棉纱)擦拭干净曲轴箱内部				
		将机油过滤后重新加入曲轴箱中				
3	清洗与检查	油底脏物清洗干净	达不到要求,一次扣4分	10		
		加机油要用油尺检查	不用油尺检查扣10分	10		
		泵运转机油压力不应低于 0.2MPa	压力低于 0.2MPa 扣15分	15		

续表

序号	考核内容	考核要求	评分标准	配分	扣分	得分
4	清洁场地	回收废油,清洁场地	做不到,一项扣5分	10		
5	劳保穿戴与操作	正确使用工具、用具	工具、用具使用不正确,一次扣4分;不维护保养,扣3分	10		
		劳保穿戴齐全,操作中符合安全操作规程要求	劳保穿戴每缺一件,扣4分;操作中违反安全操作规程不得分	10		
			合计	100		
备注			考评员签字 年 月 日			

十五、AC003 检查调整 AC－400C 型泵连杆瓦间隙

1. 考场准备

序号	名称	型号与规格	单位	数量	备注
1	螺丝刀	250mm	把	1	
2	套筒扳手		套	1	6件,12~22mm
3	手锤	0.5kg	把	1	
4	专用套筒	S36×36	套	1	
5	撬杠	1000mm	根	1	
6	外径千分尺	175~200mm	把	1	
7	百分表	160~250mm	个	1	
8	棉纱		kg	0.2	毛巾代用
9	砂布		张	2	
10	柱塞泵	AC－400C	台	1	
11	室内操作间	100m²	间	1	

2. 考核时限

准备时间1min,正式操作时间60min,到时停止操作,按完成项目计分。

3. 考核要求

(1) 工具准备:量具、工具、用具选择齐全

(2) 实际操作:严格按操作程序进行操作。

(3) 检查与调整:

① 连杆瓦与连杆轴颈间隙应达 0.05~0.15mm。

② 调整好后转动曲轴几周应无轻重不一的感觉。

③ 检查瓦面油膜应呈微小点状态,均匀分布在整个瓦面上。

④ 瓦盖固定螺栓按规定力矩拧紧,力矩应达到 300~320N·m。

(4) 量具使用:

① 量具使用正确,测量要准确。

② 量具要轻拿轻放,严禁敲击碰撞。

(5) 劳保穿戴与操作:正确使用工具、用具,用后进行维护保养;劳保穿戴齐全,操作中符合安全操作规程要求。

4. 评分标准

序号	考核内容	考核要求	评分标准	配分	扣分	得分
1	工具准备	量具、工具、用具选择齐全	量具、工具、用具不齐全,少一件扣3分	10		
2	实际操作	按操作程序进行操作	不按操作程序操作,错一步扣3分	10		
3	检查、调整	连杆瓦与连杆轴颈间隙应达0.05~0.15mm	每一项达不到要求扣3分	10		
		调整好后,转动曲轴几周应无轻重不一的感觉	有不一的感觉扣10分	10		
		检查瓦面油膜应呈微小点状态,均匀分布在整个瓦面上	没均匀分布扣10分	10		
		瓦盖固定螺栓按规定力矩拧紧,力矩应达到300~320N·m	力矩达不到要求扣10分	10		
4	量具使用	量具使用正确,测量要准确	量具使用不正确,扣5分;测量不准确,扣5分	10		
		量具要轻拿轻放,严禁敲击碰撞	做不到,扣5分,敲击碰撞扣5分	10		
5	劳保穿戴与操作	正确使用工具、用具	工具、用具使用不正确,一次扣4分;不维护保养,扣3分	10		
		劳保穿戴齐全,操作中符合安全操作规程要求	劳保穿戴每缺一件,扣4分;操作中违反安全操作规程不得分	10		
			合　　计	100		
备注			考评员签字 年　月　日			

十六、AC004　检查AC-400C型泵十字头滑板与导板的间隙

1. 考场准备

序号	名称	型号与规格	单位	数量	备注
1	活动扳手	300mm	把	1	
2	套筒扳手		套	1	6件,12~22mm
3	套筒扳手	S30×36	套	1	压裂车专用
4	柱塞拉拔器		套	1	压裂车专用
5	塞尺		套	1	
6	撬杠	1000mm	根	1	
7	棉纱		kg	0.2	毛巾代用
8	压裂车	AC-400C	台	1	
9	室内操作室	100m²	间	1	整洁无干扰

2. 考核时限

准备时间1min,正式操作时间60min,到时停止操作,按完成项目计分。

3. 考核要求

(1)工具准备:工具、用具选择齐全。
(2)实际操作:
① 严格按操作程序进行操作。
② 使用柱塞拉拔器操作方法正确。
(3)测量:
① 测量时塞尺插入要大于或等于十字头的长度。
② 用0.26~0.38mm之间的塞尺反复几次,直到某一尺寸合适为止。
(4)劳保穿戴与操作:正确使用工具、用具,用后进行维护保养;劳保穿戴齐全,操作中符合安全操作规程要求。

4. 评分标准

序号	考核内容	考核要求	评分标准	配分	扣分	得分
1	工具准备	工具、用具选择齐全	工具、用具不齐全,少一件扣3分	10		
2	实际操作	用扳手卸下吸入端螺纹压盖,并拔出吸入堵头,取出吸入弹簧和吸入阀体,分组放置	不按操作程序操作,错一步扣5分	20		
3		用专用套筒扳手从十字头上卸下柱塞,用柱塞拉拔器把柱塞从柱塞密封孔往吸入方向轻轻地拉出来	操作方法不正确,错一次扣5分	20		
4	测量	测量时塞尺插入要大于或等于十字头的长度	达不到要求,扣10分	10		
5		用0.26~0.38mm之间的塞尺测量	尺寸选择不当扣10分	10		
		反复几次,直到某一尺寸合适为止	测量达不到要求,扣5分;测量不准确,扣5分	10		
6	劳保穿戴与操作	正确使用工具、用具	工具、用具使用不正确,一次扣4分;不维护保养,扣3分	10		
		劳保穿戴齐全,操作中符合安全操作规程要求	劳保穿戴每缺一件,扣4分;操作中违反安全操作规程不得分	10		
			合 计	100		
备注			考评员签字 年 月 日			

十七、AC005 刮合大泵连杆瓦

1. 考场准备

序 号	名 称	型号与规格	单位	数量	备 注
1	机油壶		把	1	加满机油
2	千分尺	0~25mm,175~200mm	把	各1	
3	塞尺		套	1	

续表

序号	名称	型号与规格	单位	数量	备注
4	三角刮刀		把	1	
5	油石		块	1	
6	红丹漆		桶	1	小桶
7	棉纱		kg	0.2	
8	铅丝	$\phi 1.5 \sim \phi 2$mm	mm	500	
9	压裂泵	700B型	台	1	拔出柱塞,卸下弹性杆,打开泵曲轴箱大盖,拆下连杆瓦盖,并把连杆拉出泵外
10	室内操作间	100m²	间	1	

2. 考核时限

准备时间1min,正式操作时间180min,到时停止操作,按完成项目计分。

3. 考核要求

(1)工具准备:量具、工具、用具选择齐全。

(2)实际操作:刮瓦时操作要符合规范,严格按操作程序进行操作。

(3)检查间隙:刮好后轴承其接触面应达75%以上,且星点满布,间隙达0.05~0.13mm。

(4)上栓与盘轴:以300~320N·m的力矩上紧轴承螺栓,盘动曲轴转动自如。

(5)劳保穿戴与操作:正确使用工具、用具,用后进行维护保养;劳保穿戴齐全,操作中符合安全操作规程要求。

4. 评分标准

序号	考核内容	考核要求	评分标准	配分	扣分	得分
1	工具准备	量具、工具、用具选择齐全	量具、工具、用具不齐全,少一件扣3分;错用一次,扣2分	10		
2	实际操作	清洗曲轴轴颈,并用外径千分尺测量连杆轴颈,确定所用轴瓦规格。将轴瓦清洗干净后并进行粗刮,按余量大小而定	不按操作程序操作,错一步扣4分	10		
		将瓦片装入清洗干净的连杆和大头盖中,并在连杆轴颈上涂上一层薄薄的红丹漆,按其记号装在曲轴上,上紧螺栓(以能转动为准),转动曲轴一周	不按操作程序操作,错一步扣4分	10		
		拆下连杆,观查瓦上的接触点,用刮刀把高出的点刮削掉。反复几次,直到刮削符合标准为止	不按操作程序操作,错一步扣4分	10		
		刮合完毕后清洗干净,涂上机油,然后按记号和规定力矩上紧连杆螺栓,并用塞尺测量间隙	不按操作程序操作,错一步扣4分	10		

续表

序号	考核内容	考核要求	评分标准	配分	扣分	得分
3	检查间隙	刮好后轴承其接触面达75%以上	达不到75%以上,扣8分	10		
		星点满布,间隙达0.05~0.13mm	间隙达不到要求,扣7分	10		
4	上栓、盘轴	以300~320N·m的力矩上紧轴承螺栓	上紧轴承螺栓力矩达不到标准,扣7分	10		
		盘动曲轴转动自如	曲轴转动不自如,扣5分	10		
5	劳保穿戴与操作	正确使用工具、用具	工具、用具使用不正确,一次扣2分;不维护保养,扣3分	5		
		劳保穿戴齐全,操作中符合安全操作规程要求	劳保穿戴每缺一件,扣2分;操作中违反安全操作规程不得分	5		
备注			合　　计	100		
			考评员签字 年　月　日			

十八、AC006　检修FMC-2in高压活动弯头

1. 考场准备

序　号	名　称	型号与规格	单　位	数　量	备　注
1	管钳	450mm	把	1	
2	台虎钳	100mm	台	1	
3	孔用卡簧钳	125mm	把	1	
4	手压试压泵	120MPa	台	1	
5	黄油枪		支	1	充满黄油
6	测厚仪		台	1	
7	棉纱		kg	0.1	毛巾代
8	修理包	FMC-2in	个	1	2in活动弯头
9	纱布		块	2	
10	FMC-2in活动弯头	FMC-2in	个	1	
11	室内操作室	100m²	间	1	

2. 考核时限

准备时间1min,正式操作时间120min,到时停止操作,按完成项目计分。

3. 考核要求

(1)工具准备:工具、用具选择齐全。

(2)检查修理:

① 严格按操作程序进行操作。

② 要求密封圈靠紧止口。

③ 要求挡油环到位。

④ 要求测弯头厚度,壁厚不少于10mm。

⑤ 要求装钢珠60个。

⑥ 要求卡簧装到位。

(3)按要求加注黄油。

(4)试压:要求试压120MPa,不得有刺漏。

(5)劳保穿戴与操作:正确使用工具、用具,用后进行维护保养;劳保穿戴齐全,操作中符合安全操作规程要求。

4. 评分标准

序号	考核内容	考核要求	评分标准	配分	扣分	得分
1	工具准备	工具、用具选择齐全	工具、用具不齐全,少一件扣3分	10		
2	检查修理	按操作程序进行操作	不按操作程序做,错一步扣4分	10		
		要求密封圈靠紧止口	密封圈不到位,扣10分	10		
		要求挡油环到位	挡油环不到位置,扣10分	10		
		要求测弯头厚度,壁厚不少于10mm	不测厚度不知最大极限壁厚,扣10分	10		
		要求装钢珠60个	不检查钢珠数量,扣5分;少装一个,扣5分	10		
		要求卡簧装到位	不到位,扣5分	10		
3	加注黄油	按要求加注黄油	不加注黄油,扣10分	10		
4	试压	要求试压120MPa	试压刺漏,扣10分	10		
5	劳保穿戴与操作	正确使用工具、用具	工具、用具使用不正确,一次扣2分;不维护保养,扣3分	5		
		劳保穿戴齐全,操作中符合安全操作规程要求	劳保穿戴每缺一件,扣2分;操作中违反安全操作规程不得分	5		
			合 计	100		
备注			考评员签字 年 月 日			

十九、AC007 压裂(固井)泵及传动系一级保养作业

1. 考场准备

序号	名称	型号与规格	单位	数量	备注
1	轻柴油		L	2	
2	机油		L	5	
3	黄油		L	1	
4	管钳	600mm	把	1	
5	手锤	1.5kg	把	1	
6	手钳	200mm	把	1	
7	螺丝刀	150mm	把	1	
8	冲子		把	1	
9	活动扳手	200mm	把	1	
10	开口扳手	S14~17	把	1	
11	梅花扳手	S12~14	把	1	
12	油盆		个	2	
13	压裂车		台	1	

2. 考核时限

准备时间1min,正式操作时间60min,到时停止操作,按完成项目计分。

3. 考核要求

(1)工具准备:工具、用具选择齐全。

(2)答出保养周期及内容。

(3)检查变速箱(传动箱)和柱塞泵固定、联轴节磨损情况。

(4)检查十字头、导板、曲轴轴承、柱塞。

(5)清洗润滑油滤清器。

(6)检查高低压阀门。

(7)检查出口管壁。

(8)检查排挡控制系统。

(9)检查安全阀。

(10)劳保穿戴与操作:正确使用工具、用具,用后进行维护保养;劳保穿戴齐全,操作中符合安全操作规程要求。

4. 评分标准

序号	考核内容	考 核 要 求	评 分 标 准	配分	扣分	得分
1	工具准备	工具、用具选择齐全	工具、用具不齐全,少一件扣3分	10		
2	答出保养周期及内容	压裂、固井泵每累计运转100~120h,应进行一级保养,包括例行保养内容	不清楚一级保养时间扣5分,不了解保养内容扣5分	10		
3	检查变速箱(传动箱)和柱塞泵固定、联轴节磨损情况	检查并拧紧变速箱(传动箱)和柱塞泵固定螺钉。检查联轴节磨损情况,必要时加注黄油	操作步骤不对扣3分;检查不到位,一项扣3分;该加注黄油而没加的扣4分	10		
4	检查十字头、导板、曲轴轴承、柱塞	检查十字头、导板、曲轴轴承、柱塞的润滑情况	检查不到位,一项扣3分;该加注黄油而没加的扣4分	10		
5	清洗润滑油滤清器	仔细清洗润滑油滤清器	没清洗润滑油滤清器,扣10分	10		
6	检查高低压阀门	检查高低压阀门是否关闭严密和灵活好用	检查不当扣5分;判断错误扣5分	10		
7	检查出口管壁	检查出口管壁磨损情况及进、出口管内畅通情况,清除沉积物	检查不当扣5分;不能清除沉积物扣5分	10		
8	检查排挡控制系统	检查排挡控制系统(气控、电控、液控)的灵敏度和完善情况,必要时应清洗	检查不当扣5分;应当清洗而没清洗的扣5分	10		
9	检查安全阀	检查安全阀是否灵敏可靠	检查不当扣10分	10		
10	劳保穿戴与操作	正确使用工具、用具	工具、用具使用不正确,一次扣2分;不维护保养,扣3分	5		
		劳保穿戴齐全,操作中符合安全操作规程要求	劳保穿戴每缺一件,扣2分;操作中违反安全操作规程不得分	5		
			合　　计	100		
备注			考评员签字　　　　　　　　　　　年　月　日			

二十、AC008　检修闸阀

1. 考场准备

序 号	名　称	型号与规格	单 位	数 量	备 注
1	管钳	450mm	把	1	
2	台虎钳	100mm	台	1	
3	孔用卡簧钳	125mm	把	1	
4	紫铜棒	$\phi 30 \times 1000$mm	根	1	
5	油盆		个	1	
6	润滑油		L	0.5	
7	棉纱		kg	0.1	毛巾代
8	修理包		个	1	2in 活动弯头
9	纱布		块	2	
10	闸阀		个	1	
11	室内操作室	100m²	间	1	

2. 考核时限

准备时间 1min,正式操作时间 120min,到时停止操作,按完成项目计分。

3. 考核要求

(1)工具准备:工具、用具选择齐全。

(2)清洗闸阀外表,记清标志。

(3)解体。

(4)清洗全部零部件。

(5)检查零部件。

(6)组装。

(7)劳保穿戴与操作:正确使用工具、用具,用后进行维护保养;劳保穿戴齐全,操作中符合安全操作规程要求。

4. 评分标准

序号	考核内容	考核要求	评分标准	配分	扣分	得分
1	工具准备	工具、用具选择齐全	工具、用具不齐全,少一件扣3分	10		
2	清洗闸阀外表,记清标志	应在干净的环境中进行。先清洗闸阀外表,记清铭牌及其他标志,必要时用钢字头在闸阀的相关连接处打出标记	操作不当扣5分,没记清铭牌及其他标志扣5分	10		
3	解体	按照先外后内依次拆掉手轮或手柄	操作不当扣3分,顺序不正确扣2分	5		
		拆掉阀体与阀盖连接螺栓(或螺盖)	操作不当扣5分	5		
		从阀体内抽出阀杆及闸板(注意闸板密封面装配方向,不要擦伤密封面),而后拆卸阀杆与闸板的连接	顺序不正确扣10分	10		

续表

序号	考核内容	考核要求	评分标准	配分	扣分	得分
4	清洗全部零部件	零部件清洗干净	未清洗,扣5分;清洗不干净,扣3分	5		
5	检查零部件	检查阀杆应无弯曲(弯曲时,用紫铜棒在台具上校正),螺纹部分无严重磨损	检查不到位扣5分,没在台具上校正扣5分	10		
		闸板与阀座相互配合的密封面应光滑平整,否则应用磨料研磨	检查不到位扣5分,没用磨料研磨扣5分	10		
		填料函的填料应无老化,否则更换新填料	检查不到位扣5分,老化没更换新扣5分	10		
6	组装	将清洗干净的零部件涂上润滑油,先将阀杆下部与阀板接好,把阀板放入阀体座上,再将阀杆螺母旋入阀杆上,固定阀盖与阀体的连接螺栓。最后将密封填料装入填料函内。装好手轮,将阀杆螺纹涂上润滑油	操作不当一次扣5分	15		
7	劳保穿戴与操作	正确使用工具、用具	工具、用具使用不正确,一次扣2分;不维护保养,扣3分	5		
		劳保穿戴齐全,操作中符合安全操作规程要求	劳保穿戴每缺一件,扣2分;操作中违反安全操作规程不得分	5		
			合　　计	100		
备注			考评员签字 年　月　日			

第五部分 高级工理论知识试题

鉴定要素细目表

行为领域	代码	鉴定范围（重要程度比例）	鉴定比重	代码	鉴定点	重要程度	备注
基础知识 A 30%	A	流体力学和力学 (5:4:2)	8%	001	流体的基本物理性质	X	
				002	两种流态及转化标准	X	
				003	流体力学知识在井下作业的应用	Y	
				004	力的概念	Y	
				005	平面力系	X	
				006	力矩	Y	
				007	力偶	X	
				008	摩擦	X	
				009	理想气体	Y	
				010	热力学	Z	
				011	热力过程及卡诺循环	Z	
	B	金属材料的知识 (2:3:1)	5%	001	金属材料的一般用途	Y	
				002	柴油机常用材料的性能	X	
				003	特车泵常用材料的性能	Y	
				004	巴氏合金的作用	X	
				005	金属材料鉴别方法	Z	
				006	热处理基本方法	Y	
	C	公差与配合 (3:3:1)	5%	001	公差与配合的基本概念	Y	
				002	尺寸公差	Y	
				003	基本偏差	Y	
				004	基准制与配合	Z	
				005	公差配合的选用	X	
				006	形状公差	X	
				007	位置公差	X	

续表

行为领域	代码	鉴定范围（重要程度比例）	鉴定比重	代码	鉴定点	重要程度	备注
基础知识 A 30%	D	全面质量管理知识 (2:3:1)	3%	001	质量管理概述	X	
				002	现场质量管理	Y	
				003	全面质量管理的特点	Z	
				004	全面质量管理的要求与要领	X	
				005	PDCA循环	Y	
				006	基层实行全面质量管理应注意的问题	Y	
	E	大泵和柴油机的拆卸与安装技术 (3:2:1)	4%	001	运用各种方法拆卸紧固件	X	
				002	螺纹连接和锈死螺母的拆卸	X	
				003	断头螺栓的拆卸	Y	
				004	螺栓组的拆卸	Y	
				005	静配合件和铆接件的拆卸	Z	
				006	拆卸零部件时的注意事项	X	
	F	设备事故管理知识 (2:1:1)	2%	001	设备事故的定义	X	
				002	设备事故的分类	X	
				003	设备事故分析处理的权限	Y	
				004	设备事故的分析、处理与上报	Z	
	G	职工教育培训 (3:2:1)	3%	001	制定教学计划	X	
				002	课程设置	X	
				003	制定教学大纲	X	
				004	教学目的	Y	
				005	生产总结报告	Y	
				006	技术报告	Z	
专业知识 B 70%	A	压裂、固井车常见故障及处理 (6:2:0)	8%	001	400泵的结构、性能及参数	X	
				002	700泵的结构、性能及参数	X	
				003	WESTERN1500型压裂泵的结构、工作原理及技术参数	X	
				004	WESTERN100型混砂车结构、工作原理及技术参数	X	
				005	SS-2型管汇车结构、工作原理及技术参数	X	
				006	NTP-3500型氮车结构、工作原理及技术参数	Y	
				007	压裂泵的故障原因及处理方法	Y	
				008	传动机构的一般故障和处理方法	X	
	B	特车泵零件的修理工艺及技术要求 (4:3:1)	7%	001	特车泵的修理方式	X	
				002	特车泵零件修复中的机械加工类型	X	
				003	柱塞的修复方法	X	
				004	主轴及曲轴的修复方法	Y	
				005	泵头体的修复方法	Y	
				006	连杆总成的修复方法	Z	
				007	润滑油泵修复的技术要求	X	
				008	润滑油泵的修复方法	Y	

续表

行为领域	代码	鉴定范围（重要程度比例）	鉴定比重	代码	鉴 定 点	重要程度	备注
专业知识 B 70%	C	施工液基本知识 (2:1:1)	2%	001	压裂液性能及作用	X	
				002	压裂液种类及应用	Z	
				003	酸化液性能及作用	Y	
				004	酸化液种类及应用	X	
	D	特车泵离合器 (3:2:1)	4%	001	特车泵离合器的主要类型	X	
				002	特车泵离合器的功能	X	
				003	特车泵离合器的结构	X	
				004	特车泵离合器的工作原理	Z	
				005	扭转减振器的结构及原理	Y	
				006	离合器的调整方法	Y	
	E	特车泵易损件的互换性 (2:2:2)	4%	001	互换性的种类	X	
				002	柱塞的互换性	X	
				003	缸套的互换性	Y	
				004	阀及密封件的互换性	Z	
				005	滚动轴承的互换性	Y	
				006	滑动轴承的互换性	Z	
	F	特车泵阀门及常用阀门 (7:6:2)	10%	001	阀门的分类方式	Y	
				002	闸阀的结构及作用	X	
				003	截止阀的结构及作用	Y	
				004	针形阀的结构及作用	Y	
				005	球阀的结构及作用	X	
				006	蝶阀的结构及作用	X	
				007	旋塞阀的结构及作用	X	
				008	止回阀的结构及作用	Z	
				009	安全阀的结构及作用	Z	
				010	阀门部件的组成	X	
				011	阀门的法兰连接	Y	
				012	阀门的螺纹连接	X	
				013	阀门的卡套及卡箍连接	X	
				014	阀门的安装要求	Y	
				015	阀门的维修方法	Y	

续表

行为领域	代码	鉴定范围（重要程度比例）	鉴定比重	代码	鉴定点	重要程度	备注
专业知识 B 70%	G	特车泵用高压弯头及管件 (4:4:1)	7%	001	高压管件的组成	X	
				002	高压弯头的型号规格	X	
				003	高压活动弯头的基本构造	X	
				004	高压活动弯头的常见故障	Y	
				005	高压活动弯头的报废条件	X	
				006	高压活动弯头的检查及维护方法	Y	
				007	高压活动管接的基本构造	Z	
				008	高压活动管接的拆装方法	Y	
				009	高压活动管接的选配要求	Y	
	H	设备管理与标准化 (3:3:1)	16%	001	设备的管理制度	X	
				002	设备的维护制度	X	
				003	标准与标准化的定义	Y	
				004	标准的分类	Y	
				005	标准的分级	Z	
				006	标准的代号	Y	
				007	安全生产及其有关术语	X	
	I	井下作业井控技术 (11:7:4)		001	井控的概念	X	
				002	井下各种压力及相互关系	X	
				003	井侵的特点	X	
				004	溢流产生的原因	Y	
				005	溢流的显示	Y	
				006	井喷失控的原因和危害	Z	
				007	地质和工程设计井控内容	X	
				008	施工设计井控内容	X	
				009	压井工艺	X	
				010	注水井放喷降压	Y	
				011	不压井作业工艺技术	Y	
				012	作业过程井控	Z	
				013	井下作业井喷处理	X	
				014	井口装置	X	
				015	防喷器	X	
				016	防喷器控制装置	Y	
				017	封井器	Y	
				018	内防喷装置	Z	
				019	井口加压控制装置	X	
				020	节流管汇	X	
				021	防喷演习	Y	
				022	井喷失控应急预案	Z	

续表

行为领域	代码	鉴定范围（重要程度比例）	鉴定比重	代码	鉴 定 点	重要程度	备注
专业知识 B 70%	J	计算机简单操作（7:3:3）	12%	001	计算机系统的组成	X	
				002	计算机操作系统	X	
				003	计算机内存	X	
				004	计算机的输入、输出设备	Y	
				005	开机和关机	Y	
				006	键盘上常用的特殊键	Z	
				007	Word 文档	X	
				008	计算机的文件	X	
				009	汉字输入方法	X	
				010	Excel 软件的功能	Z	
				011	使用 Excel 编辑表格	X	
				012	Excel 中创建图表	Y	
				013	Excel 的其他使用	Z	

注：X—核心要素；Y——般要素；Z—辅助要素。

理论知识试题

一、选择题(每题有4个选项,只有1个是正确的,将正确的选项号填入括号内)

1. AA001　当温度升高时,( )。
　　(A) 液体和气体的黏度值增大
　　(B) 液体和气体的黏度值减小
　　(C) 液体的黏度值增大,气体的黏度值减小
　　(D) 液体的黏度值减小,气体的黏度值增大

2. AA001　液体的相对密度是指液体的质量与同体积的温度为 ( ) 的蒸馏水的质量之比。
　　(A) 0℃　　　(B) 0K　　　(C) 4℃　　　(D) 4K

3. AA002　固井时,套管与井壁环空内水泥以 ( ) 注入为最好。
　　(A) 低速　　(B) 层流状态　　(C) 紊流状态　　(D) 0.5m/s

4. AA002　油在内径为 ϕ100mm 的管中流动,其雷诺数为1600,则油在管中呈 ( )。
　　(A) 紊流状态　　(B) 层流状态　　(C) 临界状态　　(D) 不确定

5. AA002　光滑金属圆管中临界雷诺数值约为 ( )。
　　(A) 2000~2300　(B) 2500~2800　(C) 2800~3000　(D) 3000~3200

6. AA003　钻井泵排出空气包是利用 ( ) 来降低排出管内的压力波动。
　　(A) 气体的流动性
　　(B) 气体的低黏性
　　(C) 气体的可压缩性
　　(D) 气体的低密度

7. AA003　螺杆钻具是利用螺杆—衬套副将 ( ) 来驱动井底钻具。
　　(A) 液体动能转变为机械能
　　(B) 液体压能转变为机械能
　　(C) 机械能转变为液体能
　　(D) 液体能转变为机械能

8. AA003　YLC-1050型压裂车的LT416.9型三缸单作用柱塞泵,柱塞直径为75mm,冲程为203mm,冲次为117min^{-1},该泵的实际体积流量为 ( )。
　　(A) 0.2m^3/min　(B) 0.28m^3/min　(C) 0.282m^3/min　(D) 0.382m^3/min

9. AA004　凡是发现物体的 ( ),可断定它必然受到来自外力的作用。
　　(A) 运动状态发生了变化或变形
　　(B) 称呼或名称发生了变化
　　(C) 运动状态不发生变化或变形
　　(D) 相对位置和速度保持不变

10. AA004　工程上常以一根 ( ) 表示力。
　　(A) 带有符号的线段
　　(B) 带有箭头的线段
　　(C) 带有数字的线段
　　(D) 带有箭头的圆圈

11. AA004　物体之间的作用力与反作用力总是 ( )。
　　(A) 大小不等、方向相反、作用线交叉
　　(B) 大小相等、方向相反、作用线重合
　　(C) 大小相等、方向相同、作用线重合
　　(D) 大小不等、方向相同、作用线重合

12. AA005　力的作用线 ( ) 的力系,称为平面汇交力系。
　　(A) 在同一平面内,但并不相交于一点
　　(B) 不在同一平面内,且相交于一点

　　　　（C）在同一平面内,且相交于同一点
　　　　（D）不在同一平面内,且不相交于同一点
13. AA005　力的作用线（　　）的力系,称为平面一般力系。
　　　　（A）不在同一平面内,但并相交于同一点
　　　　（B）不在同一平面内,且并不相交于同一点
　　　　（C）在同一平面内,但并不相交于同一点
　　　　（D）在同一平面内,且相交于同一点
14. AA005　两个相交于一点的力,可用（　　）求出其合力的大小与方向。
　　　　（A）代数和的方法　　　　　　（B）长方形法则
　　　　（C）正方形法则　　　　　　　（D）平行四边形法则
15. AA006　当用扳手拧紧螺母,其转动的效果（　　）。
　　　　（A）与力的大小成正比,而且与力臂的大小成正比
　　　　（B）与力的大小成反比,与力臂的大小成反比
　　　　（C）与力的大小成正比,与力臂的大小成反比
　　　　（D）与力的大小成反比,与力臂的大小成正比
16. AA006　力矩的方向规定为（　　）。
　　　　（A）逆时针为正,顺时针为负　（B）顺时针为正,逆时针为负
　　　　（C）只规定顺时针为正　　　　（D）只规定逆时针为正
17. AA006　力矩的大小为（　　）。
　　　　（A）力与力臂的和　　　　　　（B）力与力臂的差
　　　　（C）力与力臂的积　　　　　　（D）力与力臂的商
18. AA007　所谓的力偶是（　　）。
　　　　（A）作用在不同物体上的两个大小相等,方向相反的一对力
　　　　（B）作用在同一物体上的两个大小相等,方向相同的一对力
　　　　（C）作用在同一物体上的两个大小相等,方向相反,作用线不重合的一对力
　　　　（D）作用在不同物体上的两个大小相等,方向相反的一对力
19. AA007　力偶使物体转动的效果（　　）。
　　　　（A）只与力偶中力的大小有关
　　　　（B）不仅与力偶中力的大小有关,而且与力偶的力臂有关
　　　　（C）与力偶中力的大小无关
　　　　（D）与力偶中力的大小无关,与力偶的力臂有关
20. AA007　力偶对物体作用的内效应是（　　）。
　　　　（A）使物体产生弹性变形　　　（B）使物体产生塑性变形
　　　　（C）使物体产生变形　　　　　（D）使物体产生扭转变形
21. AA008　摩擦力和摩擦系数关系很大,计算时摩擦力的大小和（　　）。
　　　　（A）摩擦面积成反比　　　　　（B）摩擦面积成正比
　　　　（C）正压力成反比　　　　　　（D）正压力成正比
22. AA008　湿摩擦是（　　）之间的相互作用。
　　　　（A）流体与流体层或流体与固体表面　（B）固体表面与固体表面
　　　　（C）只有流体与流体层　　　　（D）只能在流体与固体表面

23. AA008 静滑动摩擦是两物体之间（ ）的摩擦。
　　（A）具有相对滑动趋势时　　　（B）没有相对滑动趋势时
　　（C）只有相对滑动趋势时　　　（D）只能相对滑动趋势时
24. AA009 气体的压力、容积、温度是（ ）的物理量,称为气体的基本状态参数。
　　（A）通过计算才能得到　　　　（B）能用仪器直接测量
　　（C）在习惯上经常使用　　　　（D）通过实验才能得到
25. AA009 在理想气体状态方程中的 T 是用的（ ）。
　　（A）摄氏温度　（B）华氏温度　（C）热力学温度　（D）相对温度
26. AA009 在轮胎爆裂这一短暂过程中（ ）。
　　（A）气体急剧膨胀,对外做功,温度升高
　　（B）气体做等温膨胀
　　（C）气体膨胀,温度下降
　　（D）气体等压膨胀,内能增加
27. AA010 热力学第一定律:（ ）可以互相转换,转换前后的总量不变。
　　（A）热能和光能　　　　　　　（B）热能和化学能
　　（C）热能和机械能　　　　　　（D）热能和电能
28. AA010 热量是组成物质的分子、原子等微粒的（ ）的能量。
　　（A）正规运动　（B）规则运动　（C）没有运动　（D）杂乱运动
29. AA010 热力学第二定律使人们认识到,自然界中进行的涉及热现象的宏观过程都具有（ ）。
　　（A）方向性　　（B）时间性　　（C）认识性　　（D）可控性
30. AA011 定容过程是一定量的气体（ ）保持不变的吸热或放热过程。
　　（A）容积　　　（B）运动　　　（C）压力　　　（D）温度
31. AA011 定压过程就是气体（ ）保持不变的吸热或放热过程。
　　（A）容积　　　（B）运动　　　（C）压力　　　（D）温度
32. AA011 定温过程就是气体（ ）保持不变的吸热或放热过程。
　　（A）容积　　　（B）运动　　　（C）压力　　　（D）温度
33. AB001 铸铁在作业机上应用很广泛,HT20-40 主要用于制造（ ）。
　　（A）各类齿轮　　　　　　　　（B）气缸、底座、机体、壳体等
　　（C）重要的机械零件和工程结构件　（D）各种传动件、小型的热处理零件
34. AB001 钢的强度比铸铁高,中碳钢主要用来制造（ ）。
　　（A）气缸、底座、机体、壳体等　（B）要求不高的机械零件和工程结构件
　　（C）各种传动件、小型的热处理零件　（D）螺栓、螺母、垫圈等紧固件
35. AB001 合金结构钢具有很高的强度和优良的性能,主要用于制造（ ）。
　　（A）要求不高的机械零件　　　（B）一般传动件、小型的热处理零件
　　（C）重要的机械零件和工程结构件　（D）气缸、底座、机体、壳体等
36. AB002 柴油机的曲轴可用球墨铸铁制造,QT60-2 的抗拉强度可达（ ）。
　　（A）500N/mm^2　（B）200N/mm^2　（C）1000N/mm^2　（D）600N/mm^2
37. AB002 柴油机的气门常用40Cr 钢制造,它的抗拉强度可达（ ）。
　　（A）600N/mm^2　（B）200N/mm^2　（C）800N/mm^2　（D）1000N/mm^2

38. AB002　常用来制造柴油机缸体、缸盖的 HT-200 的抗拉强度可达（　　）。
　　（A）200N/mm²　（B）800N/mm²　（C）1000N/mm²　（D）600N/mm²

39. AB003　特车泵上被广泛使用的 20CrMnTi 钢的抗拉强度可达（　　）。
　　（A）1100N/mm²　（B）1800N/mm²　（C）1500N/mm²　（D）850N/mm²

40. AB003　特车泵上被广泛使用的 20CrMnTi 钢的表面硬度(HRC)可达（　　）。
　　（A）62~66　　（B）56~62　　（C）45~52　　（D）50~55

41. AB003　特车泵上被常用的弹簧钢 60Si2Mn 的抗拉强度可达（　　）。
　　（A）1600N/mm²　（B）1300N/mm²　（C）1000N/mm²　（D）900N/mm²

42. AB004　巴氏合金的主要成分有（　　）。
　　（A）锡、锑、铜、铝　　　　　　　（B）锡、锑、硅、铝
　　（C）锡、锑、铜、铅　　　　　　　（D）锡、锰、硅、铝

43. AB004　铅基轴承合金和锡基轴承合金相比，优点是（　　）。
　　（A）不易使轴颈发生胶合
　　（B）导热性和高温时的机械性能好
　　（C）耐用强度高，耐磨性和寿命较高，价格便宜
　　（D）磨合顺应性、抗胶合、嵌藏性、抗腐蚀性

44. AB004　锡基轴承合金和铅基轴承合金相比，优点是有很好的（　　）。
　　（A）耐压强度高
　　（B）疲劳强度高，承载能力好
　　（C）耐用强度高，耐磨性和寿命较高，价格便宜
　　（D）磨合顺应性、抗胶合、嵌藏性、抗腐蚀性

45. AB005　灰口铸铁的断口特征是（　　）。
　　（A）塑性变形很不明显，结晶颗粒很密
　　（B）塑性变形明显，呈银白色，能看到结晶颗粒
　　（C）塑性变形不明显，结晶颗粒比较细
　　（D）断口呈暗灰色，结晶颗粒粗大

46. AB005　中碳钢的断口特征是（　　）。
　　（A）塑性变形不明显，结晶颗粒比较细
　　（B）断口呈暗灰色，结晶颗粒粗大
　　（C）塑性变形很不明显，结晶颗粒很密
　　（D）有明显塑性变形，呈银白色，有结晶颗粒

47. AB005　高碳钢的断口特征是（　　）。
　　（A）有明显塑性变形，呈银白色，能看到结晶颗粒
　　（B）塑性变形很不明显，结晶颗粒很密
　　（C）断口呈暗灰色，结晶颗粒粗大
　　（D）塑性变形不明显，结晶颗粒比较细

48. AB006　渗碳加热的温度比较高，一般为（　　）℃。
　　（A）700~750℃　（B）750~800℃　（C）850~900℃　（D）900~950℃

49. AB006　淬火是将钢加热到临界点以上保温一定时间，然后以（　　）冷却。
　　（A）大于临界冷却速度快速　　　　（B）小于临界冷却速度缓慢

(C) 大于临界冷却速度缓慢　　　　(D) 小于临界冷却速度快速

50. AB006　退火是将钢加热、保温,( ),以获得某种组织性能。
(A) 随炉缓冷,出炉再在水中冷却
(B) 随炉缓冷,出炉再在空气中冷至室温
(C) 出炉在热油中冷至室温
(D) 出炉在空气中缓冷至室温

51. AC001　下列选项中,( ) 的基本偏差为下偏差。
(A) 孔 A~H　　(B) 孔 J~ZC　　(C) 轴 a~h　　(D) 孔 A~ZC

52. AC001　孔 $\phi 25_{-0.030}^{-0.020}$ mm 的基本偏差为( )mm。
(A) 0　　(B) 24.080　　(C) -0.033　　(D) -0.020

53. AC001　孔的尺寸为 $\phi 100_{0}^{+0.054}$ mm,轴的尺寸为 $\phi 100_{-0.071}^{-0.036}$ mm,二者配合,其最大间隙( )。
(A) +0.010mm　　(B) +0.120mm　　(C) +0.125mm　　(D) 0.20mm

54. AC002　国家标准将尺寸公差等级分为( )级。
(A) 20　　(B) 15　　(C) 10　　(D) 8

55. AC002　国家标准所规定的尺寸公差等级中( )级的精确度最高。
(A) IT1　　(B) IT01　　(C) IT20　　(D) IT8

56. AC002　对于冲压件、铸锻件等未注尺寸公差的尺寸精度,国家标准推荐选用( )。
(A) IT5~IT12　　(B) IT9~IT10　　(C) IT12~IT18　　(D) IT11~IT12

57. AC003　国家标准规定,孔和轴各有( )个基本偏差。
(A) 20　　(B) 26　　(C) 28　　(D) 32

58. AC003　孔与轴的基本偏差值由其( )确定。
(A) 基本尺寸
(B) 基本偏差
(C) 基本尺寸和基本偏差
(D) 公差等级

59. AC003　孔 $\phi 50B7$ 与轴 $\phi 50b7$ 的基本偏差( )。
(A) 绝对值相差一个 Δ 值
(B) 绝对值相等而符号相反
(C) 绝对值相等且均为正值
(D) 绝对值相等且均为负值

60. AC004　国家标准规定的基孔制和基轴制优先配合各有( )种。
(A) 47　　(B) 59　　(C) 26　　(D) 13

61. AC004　基孔制的孔为基准孔,基准孔的( )。
(A) 下偏差等于零　　　　(B) 上偏差等于零
(C) 下偏差大于零　　　　(D) 上、下偏差大小相等,符号相反

62. AC004　$\phi 50_{0}^{+0.039}$ mm 的孔与 $\phi 50_{-0.030}^{-0.025}$ mm 的轴相配是( )配合。
(A) 基轴制间隙　　(B) 基孔制间隙　　(C) 基轴制过盈　　(D) 基孔制过盈

63. AC005　滚动轴承的外圈与轴承座孔的配合宜选( )配合。
(A) 基孔制
(B) 基轴制
(C) 基孔制或基轴制
(D) 标准

64. AC005　过盈配合时( )。

(A) 孔的公差带在轴的公差带之上
(B) 孔的公差带在轴的公差带之下
(C) 孔的公差带与轴的公差带相交叠
(D) 孔的公差带大于轴的公差带

65. AC005 某一尺寸与其相应的基本尺寸的代数差称为（　）。
(A) 实际偏差　　(B) 极限偏差　　(C) 基本偏差　　(D) 尺寸偏差

66. AC006 在任意方向上的直线度公差带是（　）。
(A) 距离为公差值的两平行平面之间的区域
(B) 距离为公差值的两平行直线之间的区域
(C) 直径为公差值的圆柱面内的区域
(D) 不确定的

67. AC006 当采用不同的评定方法所获得的平面度误差值有争议时,应以（　）评定的结果为仲裁的依据。
(A) 三点法　　(B) 对角线法　　(C) 最小二乘积法　(D) 最小区域法

68. AC006 实际圆柱面的形状所允许的变动全量称为（　）。
(A) 直线度　　(B) 平面度　　(C) 圆度　　(D) 圆柱度

69. AC007 根据位置公差项目的特征,位置公差分为（　）。
(A) 定向公差,定位公差,跳动公差三类
(B) 定向公差,定位公差两类
(C) 平行度,位置度和圆跳动三类
(D) 定位公差,跳动公差两类

70. AC007 同轴度和对称度属于（　）。
(A) 定位公差　(B) 定向公差　(C) 跳动公差　(D) 形状公差

71. AC007 关联实际要素对基准在方向上允许的变动全量称为（　）。
(A) 定位公差　(B) 定向公差　(C) 跳动公差　(D) 形状公差

72. AD001 全面质量管理要求的是（　）的质量管理。
(A) 全部科研部门　　　　(B) 全部质量管理员
(C) 全企业　　　　　　(D) 质检部门

73. AD001 在（　）阶段,数理统计科学开始被运用到质量管理中来,对生产过程中影响质量的各种因素实施质量控制。
(A) 传统质量管理　　　　(B) 统计质量管理
(C) 全面质量管理　　　　(D) 现场质量管理

74. AD001 在质量管理工作中要抓住思想、目标、（　）和技术四个要领。
(A) 体系　　(B) 任务　　(C) 措施　　(D) 效益

75. AD002 现场质量管理的任务概括为质量缺陷的预防、质量的保持、（　）和评定四方面。
(A) 检测　　(B) 控制　　(C) 管理　　(D) 改进

76. AD002 现场质量管理是指生产第一线的质量管理,它的目标是（　）。
(A) 开拓全员管理的途径　　(B) 生产符合设计要求的产品
(C) 及时发现生产中存在的问题　(D) 完善质量体系

77. AD002 质量管理小组的基本活动程序是（　）循环。

(A) PDCA　　　(B) PCDA　　　(C) PBDD　　　(D) PDBD

78. AD003　按照规定的技术要求,对产品进行严格质量检验为主要特征的管理阶段,称为（　　）
(A) 检验质量管理阶段　　　　(B) 传统质量管理阶段
(C) 传统质量管理阶段　　　　(D) 全面质量管理阶段

79. AD003　按照现代生产技术发展的需要,以系统的观点来看待产品质量,对一切同产品质量有关的因素进行系统管理,称为（　　）。
(A) 检验质量管理阶段　　　　(B) 传统质量管理阶段
(C) 统计质量管理阶段　　　　(D) 全面质量管理阶段

80. AD003　全面质量管理是把过去的以事后检验和把关为主转变为（　　）
(A) 以预防为主　　　　　　　(B) 以改进为主
(C) 以预防为主、改进为主　　(D) 以事后改进为主

81. AD004　全面质量管理是为一定的（　　）
(A) 质量目标服务的
(B) 质量目标而展开的
(C) 质量目标服务的,是围绕一定的质量目标而展开的
(D) 经济目标服务的

82. AD004　现场工人在质量体系中的作用之一是要搞好工序质量控制,（　　）
(A) 严格执行工艺规程
(B) 作业指导书
(C) 严格执行工艺规程和作业指导书
(D) 严格执行三标作业

83. AD004　全面质量管理是要求（　　）的质量管理。
(A) 个别人参加　(B) 部分人参加　(C) 重要人参加　(D) 全员参加

84. AD005　全面质量管理中的PDCA循环工作方式是（　　）。
(A) 设计—制造—使用—维护　　(B) 收集—分析—处理—总结
(C) 计划—实施—检查—处理　　(D) 鉴别—预防—维持—改进

85. AD005　全面质量管理中的PDCA循环工作方式的计划阶段包括（　　）四个步骤。
(A) 收集资料、整理数据、找出问题、消除缺陷
(B) 分析现状、分析原因、寻出主要原因、针对原因
(C) 针对工序、找出问题、制定措施、行为计划
(D) 从粗到细、由大到小、集思广义、寻根究底

86. AD005　PDCA循环中计划阶段四个步骤里的分析原因应从（　　）分析。
(A) 两个方面　(B) 三个方面　(C) 四个方面　(D) 五个方面

87. AD006　基层实行全面质量管理应使职工明确质量与速度、质量与效益、质量与安全、质量与信誉的辩证关系,树立（　　）的思想。
(A) 质量第一　(B) 速度第一　(C) 效益第一　(D) 安全第一

88. AD006　在实施质量保证体系细则时,要严格执行操作规程,要按（　　）要求操作,控制各个工序的工作质量。
(A) 科学化　　(B) 制度化　　(C) 标准化　　(D) 自由化

89. AD006　PDCA循环中计划阶段四个步骤里的寻找主要原因应从（　　）寻找。
　　　　　　（A）关键的少数、一般的多数　　　　（B）关键的多数、一般的少数
　　　　　　（C）关键的少数、关键的多数　　　　（D）一般的多数、一般的少数五个方面

90. AE001　运用杠杆机构拆卸紧固件,常用的工具有（　　）。
　　　　　　（A）长短撬杠、尖扁撬杠、拉力计、机械切割钢丝等
　　　　　　（B）尖扁撬杠、拉力计、机械切割钢丝、加力杠
　　　　　　（C）拉力计、机械切割钢丝、加力杠、长短撬杠等
　　　　　　（D）长短撬杠、尖扁撬杠、加力杠、机械切割钢丝等

91. AE001　利用螺旋起重作用,可以较容易地拆卸紧固件,例如修井机拆卸链轮使用的（　　）。
　　　　　　（A）拔轮器　　　（B）拉力器　　　（C）压力计　　　（D）切割器

92. AE001　运用击震法拆装紧固件,为避免损伤零件,应在需要锤击的部位上垫上（　　）。
　　　　　　（A）棉布或擦车布　　　　　　　　　（B）石头或砖头
　　　　　　（C）大块铁板或铁架　　　　　　　　（D）较软的金属或木质垫块

93. AE002　运用减少结合面摩擦法拆卸紧固件,事先可以将需要拆卸的零件结合部位注入渗透性较强而黏度低的（　　），待油渗入结合面后,就可以破坏锈蚀的黏附力并减少结合面的摩擦,拆卸就省力。
　　　　　　（A）机油或柴油　　　　　　　　　　（B）柴油或煤油
　　　　　　（C）煤油或机油　　　　　　　　　　（D）润滑油或液压油

94. AE002　对于氧化生锈的螺纹连接件可采用在煤油中至少浸泡（　　）即可拧出,煤油的渗透力很强,使油渗透到锈层中去使锈层变松,易于拆卸。
　　　　　　（A）20~30min　　（B）20~30h　　（C）10~15min　　（D）10~15h

95. AE002　对于双头螺栓的拆卸必须使用（　　）。
　　　　　　（A）大活动扳手　　　　　　　　　　（B）大活动管钳
　　　　　　（C）大螺丝刀和大锤　　　　　　　　（D）专用工具

96. AE003　螺纹连接在长期压力作用下产生吸附、啮合现象难拆卸时,可徐徐拧进（　　）再退出,如此反复紧、松即可逐步拧出。
　　　　　　（A）1/8圈　　　（B）1/4圈　　　（C）1/2圈　　　（D）1圈

97. AE003　在取断头螺栓时,可用钻头把整个螺栓钻除,重新打孔攻螺纹,但只在断头螺栓为非淬火钢,而且螺纹孔（　　）方可采用此法。
　　　　　　（A）允许缩小时　（B）允许加大时　（C）不能缩小时　（D）不能加大时

98. AE003　在取断头螺栓时,可在螺栓上钻孔（　　）,然后用丝锥或反螺纹螺栓拧出。
　　　　　　（A）用螺丝刀和手锤敲击　　　　　　（B）用柴油或汽油浸泡
　　　　　　（C）攻标准正螺纹　　　　　　　　　（D）攻反螺纹

99. AE004　在拆卸平面螺栓组时,一般都按（　　）对称地拆卸,以防止零件变形而损坏。
　　　　　　（A）中心线　　　（B）斜线　　　　（C）直线　　　　（D）对角线

100. AE004　拆卸螺栓组时,首先将各螺栓（　　）,然后逐一拆卸。
　　　　　　（A）全部松动拧出　　　　　　　　　（B）全部松动拧出一半
　　　　　　（C）全部松动1~2扣　　　　　　　　（D）不用松动直接逐个拧出

101. AE004　拆卸悬臂部件的环形周缘的螺栓组时,应从（　　）按对称位置松开,最上面的螺

栓最后取出。

  (A) 上面开始　(B) 中间开始　(C) 两侧开始　(D) 下面开始

102. AE005　拆卸静配合件时,加力部位必须正确。例如,从轴上拆下滚动轴承时,受力部位应在(　)。

  (A) 轴颈上　(B) 轴孔上　(C) 内座圈上　(D) 外座圈上

103. AE005　铆接件属于(　),修理时一般不拆,只有当铆接件材料需要更换时,才进行拆卸。

  (A) 临时性连接　　　　(B) 永久性连接
  (C) 长期性连接　　　　(D) 短期性连接

104. AE005　拆卸铆接件时,一般是将铆钉(　),但要注意防止损坏零件基体。

  (A) 锯断　(B) 切割　(C) 磨除　(D)凿除或钻除

105. AE006　从轴上拆卸向心滚动轴承时,应压动或敲击轴承(　)。

  (A) 外钢圈　(B) 内钢圈　(C) 轴承座　(D) 轴承架

106. AE006　从机壳中打击轴时,应从(　)敲击。

  (A) 大直径端向小直径端　　　(B) 中间向两边端
  (C) 小直径端向大直径端　　　(D) 小直径端和大直径端同时

107. AE006　拆卸下来的零部件,应根据其(　)分别妥善放置在专门的地方。

  (A) 重要程度　　　　(B) 价格的高低
  (C) 大小、用途和精密程度　　(D) 维修种类

108. AF001　按照设备损坏程度将设备事故分为(　)。

  (A) 特大事故、大事故、中事故、小事故和一般事故
  (B) 大事故、较大事故、小事故、较小事故和一般事故
  (C) 特大事故、重大事故、大型事故、一般事故和小型事故
  (D) 特大事故、严重事故、恶性事故、一般事故和小型事故

109. AF001　按照损失价值划分,直接损失数额(　)为小型事故。

  (A) 3000元以内　(B) 20000元以内　(C) 1000元以内　(D) 100元以内

110. AF001　按照价值划分,直接损失金额(　)为一般事故。

  (A) 1万元至3万元以内　　(B) 1万元至5万元以内
  (C) 10万元以下2万元以上　(D) 2万元至5万元以内

111. AF002　作业机由于维修保养及管理不善,缺油、缺水等造成的设备事故称为(　)。

  (A) 责任事故　(B) 机械事故　(C) 自然事故　(D) 突发事故

112. AF002　由于人力不能抗拒的灾害(如火灾、水灾、风灾)造成的设备事故称之为(　)。

  (A) 责任事故　(B) 机械事故　(C) 自然事故　(D) 突发事故

113. AF002　由于设备本身的原因或正常磨损,疲劳过度等造成的设备事故称之为(　)。

  (A) 责任事故　(B) 机械事故　(C) 自然事故　(D) 突发事故

114. AF003　根据设备事故分析处理的权限规定,小型事故由(　)组织分析、调查和处理。

  (A) 事故单位　　　　(B) 机动安全部门
  (C) 公司主管领导　　　(D) 上级机动部门

115. AF003　根据设备事故分析处理的权限规定,发生大型事故由(　)组织分析、调查和处理。

(A) 事故单位　　　　　　　　　(B) 机动安全部门
(C) 公司主管领导　　　　　　　(D) 上级机动部门

116. AF003　设备发生事故后,( )应及时赶赴现场。
(A) 各级有关的领导　　　　　　(B) 各级有关的部门
(C) 上级直接主管领导　　　　　(D) 机动、安全等部门

117. AF004　设备事故发生后,( )未受到教育不放过是"三不放过"原则之一。
(A) 职工、干部、群众　　　　　(B) 事故责任者和干部、群众
(C) 事故责任者和干部、肇事双方 (D) 工人、群众、司机

118. AF004　设备事故调查分析是按( )等逐项调查分析。
(A) 事故的大小、利害关系　　　(B) 责任主次、罚款多少
(C) 事故类别、部位、时间　　　(D) 事故类别、部位、时间、等级、原因

119. AF004　由于发生工程事故造成设备事故的,设备管理部门要参与事故的( )。
(A) 善后处理工作　　　　　　　(B) 调查、分析和处理
(C) 上报工作　　　　　　　　　(D) 保险赔付工作

120. AG001　制定教学计划主要是针对培训目标、课程设置、( )、实例等具体内容的陈述。
(A) 基本内容　　(B) 基本原则　　(C) 基本方式　　(D) 学习标准

121. AG001　制定教学计划主要是针对( )、课程设置、基本原则、实例等具体内容的陈述。
(A) 生产需要　　(B) 师资水平　　(C) 教学设施　　(D) 培训目标

122. AG001　教学计划是( )安排的具体形式。
(A) 课程　　　　(B) 时间　　　　(C) 学科　　　　(D) 顺序

123. AG002　依据教学计划具体内容设置的各门科目,叫( )。
(A) 课程设置　　(B) 课程分配　　(C) 职业标准　　(D) 行业标准

124. AG002　课程设置就是依据教学计划具体内容的而设置的( )。
(A) 教学手段　　(B) 课时分配　　(C) 各门科目　　(D) 科目标准

125. AG002　把所设置的课程及内容的轻重合理地分配,叫( )。
(A) 教学计划　　(B) 课时分配　　(C) 职业标准　　(D) 行业标准

126. AG003　在课程设置及要求的基础上,依据课时分配而对各课程内容做更进一步具体要求和布置的是( )。
(A) 制定教学大纲　　　　　　　(B) 制定教学计划
(C) 职业标准　　　　　　　　　(D) 行业标准

127. AG003　制定教学大纲就是在( )及要求的基础上,依据课时分配而对各课程内容做更进一步具体要求和布置。
(A) 师资水平　　(B) 课程设置　　(C) 教学目标　　(D) 行业标准

128. AG003　制定教学大纲就是在课程设置及要求的基础上,依据( )而对各课程内容做更进一步具体要求和布置。
(A) 教学设施　　(B) 师资水平　　(C) 课时分配　　(D) 学员素质

129. AG004　教学的目的就是当学员通过学习某门课程后应达到的( )。
(A) 目标　　　　(B) 效果　　　　(C) 设想　　　　(D) 愿望

130. AG004　"使学员了解、熟悉、掌握"是( )常用的词汇。
(A) 教学目的　　(B) 教学计划　　(C) 课程设置　　(D) 考评标准

131. AG004 "能根据油水井动态变化情况提出相应的调整措施和意见"是（ ）常用的词汇。
(A) 考评标准　　(B) 教学计划　　(C) 课程设置　　(D) 教学目的

132. AG005 "首先拟定好标题、简要概括性地交待过去一年的工作总体情况、重点详细写过去一年里所做的主要工作及结果、最后简明扼要交待下一年生产工作安排设想"是（ ）常用的格式内容。
(A) 科研论文　　(B) 技术报告　　(C) 生产总结报告　(D) 安全总结报告

133. AG005 生产单位每年（阶段）对其完成企业所下达的经营目标和生产管理进行的有目的性的回顾和对下一年的工作进行展望是（ ）。
(A) 科研论文　　(B) 技术报告　　(C) 生产总结报告　(D) 安全总结报告

134. AG005 生产总结报告是生产单位每年（阶段）对其完成企业所下达的经营目标和生产管理进行的有目的性的（ ）和对下一年的工作进行展望。
(A) 协调　　　　(B) 计划　　　　(C) 决策　　　　(D) 回顾

135. AG006 技术报告标题的准确性就是用词要恰如其分,反映实质,表达出所研究的（ ）。
(A) 难易程度　　　　　　　　(B) 领域范围
(C) 范围和重要性　　　　　　(D) 范围和达到的深度

136. AG006 技术报告标题的拟定:标题应具备准确性、（ ）。
(A) 完整性　　　　　　　　　(B) 生动性
(C) 简洁性和鲜明性　　　　　(D) 简洁性和灵活性

137. AG006 写技术报告的正文中,在提出论点及细写研究课题过程中所采取的手段和方法后,再有就是对课题（ ）来进行对比分析。
(A) 实验应用的理论　　　　　(B) 实验参数
(C) 应用前景　　　　　　　　(D) 取得的成果

138. BA001 SNC-400Ⅱ水泥车柴油机通过（ ）离合器和万向轴将动力传至变速箱。
(A) 摩擦　　　　(B) 弹簧双片　(C) 液压　　　　(D) 超越

139. BA001 SNC-400Ⅱ水泥车柱塞泵为（ ）卧式泵。
(A) 双缸双作用　(B) 双缸单作用　(C) 三缸单作用　(D) 三缸双作用

140. BA001 SNC-400Ⅱ水泥车柱塞泵水功率为（ ）,最大排量为 $1.197m^3/min$。
(A) 82.6kW　　(B) 159kW　　(C) 171.3kW　　(D) 196kW

141. BA002 YLC-700I型压裂车柱塞泵传动轴和曲轴均为合金钢锻件,两轴间通过（ ）传动。
(A) 人字齿轮　　(B) 斜齿轮　　(C) 直齿轮　　(D) 叶片

142. BA002 YLC-700I压裂车十字头滑块和导板之间的间隙超过（ ）就需进行调整。
(A) 1mm　　　　(B) 1.2mm　　(C) 2mm　　　　(D) 3mm

143. BA002 YLC-700I型压裂车台上WoLA12ANDVa-JP型柴油机最大功率为（ ）。
(A) 154.4kW　　(B) 208kW　　(C) 257.4kW　　(D) 333kW

144. BA003 WESTERN1500型压裂车最高工作压力为（ ）。
(A) 73MPa　　(B) 98.1MPa　　(C) 100.5MPa　　(D) 103.4MPa

145. BA003 WESTERN1500型压裂车台上发动机额定功为（ ）,额定转速为1900r/min。
(A) 1900kW　　(B) 1342kW　　(C) 1175kW　　(D) 2050kW

146. BA003　某井压裂层深度为1500m,采用清水压裂液,相对密度为1,压裂液排量为30L/s, 管道摩擦阻力概估为4MPa,地层破裂压力梯度为0.02MPa/m,其他摩擦阻力损失为1.5MPa,地面施工泵压为(　　)。
　　　(A) 19.5MPa　　(B) 20.5MPa　　(C) 21.5MPa　　(D) 22.5MPa

147. BA004　WESTERN100型混砂车额定排出压力(　　)。
　　　(A) 345kPa　　(B) 552kPa　　(C) 490kPa　　(D) 100kPa

148. BA004　WESTERN100型混砂车最大输砂能力(　　)。
　　　(A) 3.4m³/min　(B) 3.29m³/min　(C) 5.67m³/min　(D) 1m³/min

149. BA004　WESTERN100型混砂车吸入总管口径为(　　)mm。
　　　(A) 300　　　　(B) 400　　　　(C) 500　　　　(D) 600

150. BA005　SS-2管汇车高压泵增压比为(　　)。
　　　(A) 60:1　　　(B) 100:1　　　(C) 200:1　　　(D) 300:1

151. BA005　SS-2管汇车投球器最大投球速度为(　　)。
　　　(A) 64个/min　　　　　　　　　(B) 24~26个/min
　　　(C) 24个/min　　　　　　　　　(D) 20个/min

152. BA005　固井、压裂车所用高压活接头的连接螺纹,多采用(　　)螺纹。
　　　(A) 矩形　　　(B) 普通　　　(C) 梯形　　　(D) 锥

153. BA006　NTP-3500型液氮车最高排出压力为(　　)。
　　　(A) 103.4MPa　(B) 151.1MPa　(C) 184.7MPa　(D) 236.9MPa

154. BA006　NTP-3500型液氮车最大排量为(　　)。
　　　(A) 120L/min　(B) 142.5L/min　(C) 150L/min　(D) 350L/min

155. BA006　NTP-3500型液氮车台上发动机额定功率为(　　)。
　　　(A) 317kW　　(B) 208kW　　(C) 154.4kW　　(D) 67kW

156. BA007　压裂泵动力端产生异响的原因之一是柱塞与十字头连接处(　　)。
　　　(A) 太紧　　　(B) 松动　　　(C) 有压力　　(D) 有液体

157. BA007　压裂泵抽空的原因之一是阀箱内有(　　)。
　　　(A) 空气　　　(B) 压力　　　(C) 动力　　　(D) 液体

158. BA007　压裂泵动力端出现油烟的原因之一是曲轴和连杆轴承因缺油或(　　)。
　　　(A) 直径大　　(B) 直径小　　(C) 间隙过大　(D) 间隙过小

159. BA008　变速箱任何挡位均不工作的原因之一是(　　)打滑。
　　　(A) 离合器　　(B) 齿轮　　　(C) 发动机　　(D) 传动轴

160. BA008　变速箱装完后,按照技术要求,箱体温度不得比环境温度高出(　　)。
　　　(A) 20~30℃　(B) 30~35℃　(C) 35~40℃　(D) 40~45℃

161. BA008　变速箱温度过高的原因之一是(　　)。
　　　(A) 工作时间短　(B) 停止时间长　(C) 油面正常　(D) 油内有气体

162. BB001　特车泵拆卸前,清洗特车泵外部,一般采用(　　)种方法。
　　　(A) 两　　　　(B) 三　　　　(C) 四　　　　(D) 五

163. BB001　拆除主轴及小齿轮轴时,只能用(　　)敲击。
　　　(A) 木锤　　　(B) 铁锤　　　(C) 铁棒　　　(D) 紫铜棒

164. BB001　特车泵的拆装,一般是按(　　)的顺序进行的。

(A) 先复杂后简单　　　　　　(B) 复杂简单同时进行
(C) 先简单后复杂　　　　　　(D) 任意情况

165. BB002　特车泵零件修复加工的对象是（　　）。
(A) 磨损的旧件　　　　　　　(B) 锻造的坏件
(C) 铸造的坏件　　　　　　　(D) 新件不合适的地方

166. BB002　用加工方法修复旧零件，往往是加工余量小，并且常常是（　　）加工。
(A) 全面积　　(B) 全面积　　(C) 整体　　(D) 批量

167. BB002　特车泵的修理就其基本方法来说，可分为（　　）两种。
(A) 就泵修理法与总成互换修理法
(B) 就泵修理法与零件互换修理法
(C) 零件互换修理法与总成互换修理法
(D) 零件互换修理法与组合件互换修理法

168. BB003　对于磨损较轻的柱塞，可应用外圆磨床将柱塞表面磨圆，再采用表面刷镀（　　）的方法修复。
(A) 镍层　　(B) 银层　　(C) 铜层　　(D) 锡层

169. BB003　柱塞表面圆柱度的标准为（　　）以内。
(A) 0.005mm　(B) 0.01mm　(C) 0.02mm　(D) 0.03mm

170. BB003　采用表面刷镀镍层的方法修复磨损的柱塞，刷镀的镍层厚度可达（　　）以上。
(A) 0.1mm　(B) 0.2mm　(C) 0.3mm　(D) 0.4mm

171. BB004　当特车泵曲轴或主轴的轴颈部分无明显拉伤，尺寸仍在控制范围内，只是同轴度稍差时，可采用（　　）予以修复。
(A) 冷校法或热校法　　　　　(B) 冷校法或电镀法
(C) 电镀法或热喷涂　　　　　(D) 热校法或电镀法

172. BB004　当曲轴或主轴颈部分有较严重的磨损或轴颈失圆严重时，则应采用（　　）修理。
(A) 镶套法　　(B) 分级磨削法　　(C) 表面刷镀法　　(D) 热喷涂法

173. BB004　特车泵的主轴与连杆配合的轴颈部分硬度为（　　）。
(A) HRC28~30　(B) HRC30~45　(C) HRC45~50　(D) HRC50~65

174. BB005　泵头体的缸套孔轴线与连接端面的垂直度偏差应控制在（　　）以内。
(A) 0.1mm　(B) 0.15mm　(C) 0.2mm　(D) 0.25mm

175. BB005　拆卸螺母、螺栓应根据其六方尺寸，首先选取合适的（　　）或套筒扳手。
(A) 固定扳手　　(B) 活动扳手　　(C) 手钳　　(D) 管钳

176. BB005　泵头体常采用（　　）铸造而成。
(A) 低碳合金钢　　(B) 中碳合金钢　　(C) 高碳合金钢　　(D) 优质碳素钢

177. BB006　连杆的主要损坏形式是（　　）。
(A) 变形损坏　　(B) 疲劳裂缝　　(C) 磨损超标　　(D) 内孔失圆

178. BB006　特车泵连杆总成在同一泵内的质量差不允许超时（　　）。
(A) 300g　　(B) 400g　　(C) 500g　　(D) 600g

179. BB006　在修理特车泵过程中，各自的零件、合件、组合件及总成不互换，除更换报废的零件外，原泵的零件、合件、组合件及总成经修理后仍装回原泵，这种方法称为（　　）。

(A) 总成互换修理法 (B) 零件更换修理法
(C) 零件报废修理法 (D) 就泵修理法

180. BB007 用厚薄规测量润滑油泵齿轮的啮合间隙时,同时要在相邻120°的三点上测量,其间隙相差不应超时( )。
(A) 0.1mm (B) 0.15mm (C) 0.2mm (D) 0.25mm

181. BB007 渐开线齿轮的齿侧间隙为( )。
(A) 0.02~0.08mm (B) 0.08~0.28mm
(C) 0.28~0.48mm (D) 0.48~0.68mm

182. BB007 润滑油泵经研磨后的泵体分解面要和轴孔的中心垂直,偏斜度每100mm内不能超时( )。
(A) 0.05mm (B) 0.1mm (C) 0.15mm (D) 0.2mm

183. BB008 用( )测量润滑油泵轴和轴承的间隙。
(A) 千分尺及游标卡尺 (B) 厚薄规及百分表
(C) 游标卡尺及厚薄规 (D) 百分表及千分尺

184. BB008 润滑油泵的端面间隙对泵的性能指标影响较大,如超时标准可采用( )修复。
(A) 刮削法 (B) 研磨法 (C) 锉削法 (D) 电镀法

185. BB008 润滑油泵被动齿轮中心孔与轴销间隙稍大时,可将轴销压出,调转( )再压入使用。
(A) 60° (B) 90° (C) 180° (D) 360°

186. BC001 在压裂施工中,携带砂子进入裂缝并起扩展和延伸裂缝作用的是( )。
(A) 前置液 (B) 顶替液 (C) 携砂液 (D) 试挤液

187. BC001 对某些压裂液,可在其中加入( ),使液体在进入裂缝时,能够在岩层表面形成很薄的滤饼,从而改善滤失性能。
(A) 防腐剂 (B) 表面活性剂
(C) 降滤失添加剂 (D) 乳化剂

188. BC001 在压裂施工过程中,向井内挤入的全部液体总称( )。
(A) 使用液体 (B) 工作液体 (C) 压裂液 (D) 活性剂

189. BC002 根据油层岩石的( )可以基本确定选用哪一类型的压裂液。
(A) 化学性质 (B) 物理性质 (C) 油气流的性质 (D) 渗透率

190. BC002 压裂施工时,地面设备泵压、液体静液柱压力、管路摩阻损失及地层破裂压力之间关系为( )。
(A) $p_泵 = p_破 - p_摩 - p_{静液}$ (B) $p_泵 = p_破 - p_摩 + p_{静液}$
(C) $p_泵 = p_破 + p_摩 - p_{静液}$ (D) $p_泵 = p_破 + p_摩 - p_{静液}$

191. BC002 压裂液根据作用的不同分为前垫液、携砂液、( )。
(A) 前置液 (B) 顶替液 (C) 后垫液 (D) 试挤液

192. BC003 常规酸化主要是利用酸液的化学溶蚀作用,扩大与之接触的岩石的孔、缝、洞,提高( )。
(A) 地层渗透性能 (B) 油、气饱合度
(C) 油、气压力 (D) 油、气层的稳定性

193. BC003 氯化氢气体的水溶液是( ),含杂质时略带黄色,在空气中其浓溶液冒出白色

烟雾,用于油层酸处理效果好,成本较低。
(A) 盐酸　　(B) 硫酸　　(C) 醋酸　　(D) 硝酸

194. BC003　酸基压裂液主要由水、( )和各类添加剂组成。
(A) 油　　(B) 碱　　(C) 酸　　(D) 其他液体

195. BC004　常规酸化主要是利用酸液的化学溶蚀作用,注酸压力( )油气层破裂压力。
(A) 大于　　(B) 等于　　(C) 小于　　(D) 大于或等于

196. BC004　土酸是指由( )配成的酸液。
(A) 盐酸、醋酸和水
(B) 盐酸、氢氟酸和水
(C) 醋酸、氢氟酸和水
(D) 氢氟酸、添加剂和水

197. BC004　根据酸液在地层中的作用,酸化一般可分为( )大类。
(A) 两　　(B) 三　　(C) 四　　(D) 五

198. BD001　SYL-700型酸化压裂车泵用离合器是一种( )
(A) 摩擦式离合器
(B) 非摩擦式离合器
(C) 干式摩擦片式离合器
(D) 湿式摩擦片式离合器

199. BD001　特车泵离合器通常只设有一片从动盘,其前后两面都装有摩擦衬片,因而具有两个摩擦表面。这种离合器称为( )。
(A) 单片离合器
(B) 双片离合器
(C) 中央弹簧离合器
(D) 膜片弹簧离合器

200. BD001　有些高压力负荷的特车泵,所要求离合器传递的扭矩相当大,最有效的措施是采用( )。
(A) 单片离合器
(B) 双片离合器
(C) 中央弹簧离合器
(D) 膜片弹簧离合器

201. BD002　特车泵依靠离合器主动部分和从动部分之间可能产生的相对运动来减小( )。
(A) 换挡时产生的异响
(B) 特车泵不能平稳地起始工作的现象
(C) 换挡齿轮啮合时产生的冲击
(D) 传动系承受的最大扭矩,防止传动系过载

202. BD002　当特车泵换挡时离合器处在( )状态。
(A) 分离　　(B) 接合　　(C) 半接合　　(D) 半分离

203. BD002　离合器的首要功用是( )。
(A) 防止换挡时产生异响
(B) 使特车泵平缓地起始工作
(C) 限制传动系统过载
(D) 限制传动系承受过大扭矩

204. BD003　在离合器三星弹子盘的两个圆盘上,均布着( )个由浅到深的弧形斜槽。
(A) 两　　(B) 三　　(C) 四　　(D) 五

205. BD003　离合器的具体结构应在保证发动机最大扭矩的前提下,满足( )两个基本性能要求。
(A) 分离彻底和接合柔和
(B) 分离彻底和防止传动系过载
(C) 接合柔和和减小冲击力
(D) 分离彻底和减小冲击力

206. BD003　摩擦式离合器基本上由主动部分、从动部分、压紧部分和( )部分组成。
(A) 分离　　(B) 操纵　　(C) 杠杆　　(D) 摩擦

207. BD004 摩擦式离合器所能传递的最大扭矩取决于( )。
(A) 摩擦面间最大压紧力　　　　(B) 摩擦面尺寸及性质
(C) 摩擦面间最大静摩擦力矩　　(D) 发动机的输出扭矩

208. BD004 离合器压板弹簧弹力不足会造成离合器( )。
(A) 分离不开　(B) 打滑　(C) 产生异响　(D) 处于分离状态

209. BD004 特车泵离合器主动部分和从动部分经常处于( )状态。
(A) 分离　(B) 接合　(C) 半接合　(D) 半分离

210. BD005 离合器中装设了扭转减振器后,传动系的刚度大为减小,从而降低了自振频率,避免了( )的产生。
(A) 冲击力　(B) 共振　(C) 传动过载　(D) 分离不彻底

211. BD005 扭转减振器是靠( )吸收传动系所受的冲击力。
(A) 减振弹簧　(B) 减振器盘　(C) 减振摩擦片　(D) 从动盘

212. BD005 离合器中装设了扭转减振器后,由于从动盘和毂是( )连接,所有冲击都要经过减振弹簧,缓和了冲击载荷,有利于离合器的柔和接合。
(A) 柔性　(B) 刚性　(C) 弹性　(D) 摩擦

213. BD006 ACF-700型压裂车离合器踏板将自由行程规定为( )。
(A) 20~30mm　(B) 30~45mm　(C) 45~50mm　(D) 50~60mm

214. BD006 多片式摩擦离合器压板行程为( )。
(A) 4~5mm　(B) 5~6mm　(C) 6~7mm　(D) 7~8mm

215. BD006 对ACF-700型压裂车而言,通常当主机每运行( )后,要检查调整离合器踏板的自由行程。
(A) 5h　(B) 10h　(C) 15h　(D) 20h

216. BE001 零件经检查属于可用一类的,是指零件磨损后( ),还可使用。
(A) 损伤严重,无法修复或无修复价值
(B) 可用可不用的零件
(C) 磨损量及几何形状的偏差大于允许值
(D) 尺寸及几何形状的偏差都在允许范围内

217. BE001 零部件在装配时,不需要经过任何挑选和修配就能装到机器上,并能获得预定的使用要求的,称为( )。
(A) 装配互换性　(B) 功能互换性　(C) 完全互换性　(D) 不完全互换性

218. BE001 在机械制造和仪器仪表中,互换性可分为( )。
(A) 完全互换性和不完全互换性　(B) 装配互换性和功能互换性
(C) 内互换性和外互换性　　　　(D) 装配互换性和功能互换性

219. BE002 AC-400B水泥特车泵有( )不同直径的活塞缸套可供更换,用来调节压力和排量。
(A) $\phi 100mm$、$\phi 115mm$、$\phi 127mm$ 三种
(B) $\phi 90mm$、$\phi 100mm$、$\phi 115mm$ 三种
(C) $\phi 75mm$、$\phi 90mm$ 两种
(D) $\phi 114.3mm$、$\phi 127mm$ 两种

220. BE002 YLC-1050压裂车的LT416.9三缸单作用卧式柱塞泵,其柱塞直径有( )

两种。
(A) φ65mm、φ80mm (B) φ75mm、φ90mm
(C) φ85mm、φ100mm (D) φ95mm、φ110mm

221. BE002 特车泵用于酸化压裂作业时,柱塞一般选用20Cr等不锈钢经正火处理后,在表面堆焊一层厚约( )以上的镍铬硼耐蚀合金。
(A) 0.5mm (B) 1.0mm (C) 1.5mm (D) 2mm

222. BE003 同一特车泵缸套内径,根据不同用途一般有( )种。
(A) 2~3 (B) 2~6 (C) 3~7 (D) 4~8

223. BE003 3BN-1000泵有( )种内径的缸套。
(A) 2 (B) 3 (C) 4 (D) 5

224. BE003 AC-400B水泥车的3PC-250三缸单作用卧式柱塞泵,其缸套直径为( )。
(A) φ100mm、φ115mm、φ127mm 三种
(B) φ90mm、φ100mm、φ115mm 三种
(C) φ100mm、φ110mm、φ120mm 三种
(D) φ70mm、φ80mm、φ90mm 三种

225. BE004 特车泵泵阀通常选用( )耐磨合金,进行高频淬火或渗碳处理,以提高表面硬度。
(A) 30CrMnTi (B) T12A (C) 2Cr13 (D) GCr15

226. BE004 特车泵阀密封可选用耐油、耐酸合成橡胶或聚氨酯,其肖氏硬度为( )。
(A) 65~75 (B) 75~85 (C) 85~95 (D) 95~99

227. BE004 目前国内外特车泵的柱塞和拉杆密封普遍采用( )密封。
(A) 压紧式 (B) 间隙式 (C) 浮动式 (D) 自封式

228. BE005 按照滚动轴承的公差标准规定,公称尺寸精度和旋转精度可分为( )。
(A) G、E、D、C 四个精度等级
(B) E、D、C 三个精度等级
(C) E、D、C、B 四个精度等级
(D) G、E、D、C、B 五个精度等级

229. BE005 滚动轴承的内外圈和滚动体用合金钢制造,经热处理后硬度很高,可达( )左右。
(A) HRC45 (B) HRC55 (C) HRC65 (D) HRC75

230. BE005 滚动轴承外圈内径、内圈外径与滚动体之间,由于大都采用分组装配,所以它们之间的互换性通常为( )互换性。
(A) 完全 (B) 不完全 (C) 装配 (D) 功能

231. BE006 目前广泛使用的轴承合金材料有锡基、铅基、锌基、( )等。
(A) 铝基和铜基 (B) 铝基和铁基 (C) 钨基和铜基 (D) 铜基和铁基

232. BE006 特车泵的连杆轴承为( )轴承。
(A) 滚动 (B) 滚针 (C) 滑动 (D) 向心

233. BE006 目前我国生产的滑动轴承属于( )互换性零件。
(A) 完全 (B) 不完全 (C) 内 (D) 外

234. BF001 阀门按压力可分为( )、低压阀、中压阀、高压阀和超高压阀等。
(A) 减压阀 (B) 气动阀 (C) 真空阀 (D) 安全阀

235. BF001 阀门按用途分为截止阀、减压阀、调节阀、止回阀、安全阀和( )等。

(A) 溢流阀　　　(B) 针形阀　　　(C) 球阀　　　(D) 蝶阀

236. BF001　阀门按结构分为闸阀、旋塞阀、针形阀、球阀和（　　）等。
(A) 截止阀　　　(B) 止回阀　　　(C) 安全阀　　　(D) 蝶阀

237. BF002　具有流体阻力小、介质可以双向流动,全开时密封面不易冲蚀、结构长度短的特点,可做大小阀门,并在管路中主要起切断作用的阀门是（　　）。
(A) 球阀　　　(B) 针形阀　　　(C) 截止阀　　　(D) 闸阀

238. BF002　有的闸阀从螺纹上可以看出阀的启闭程度,便于操作;螺纹与介质不接触,避免腐蚀,但螺纹外露,应尽量安装在室内,这种阀门是（　　）。
(A) 楔式闸阀　　(B) 平行式闸阀　(C) 暗杆式闸阀　(D) 明杆式闸阀

239. BF002　闸阀根据阀杆位置可分为（　　）两种。
(A) 明杆式和暗杆式
(B) 明杆式和平行式
(C) 明杆式和楔式
(D) 平行式和楔式

240. BF003　截止阀按通道方向分直通式、直角式和（　　）三类。
(A) 30°角式　　(B) 45°角式　　(C) 60°角式　　(D) 直流式

241. BF003　截止阀主要适用于（　　）管路。
(A) 低压、中压、高压
(B) 中压、高压、超高压
(C) 真空、低压、中压
(D) 任何压力的

242. BF003　截止阀的连接方式有（　　）两种。
(A) 螺纹连接和法兰连接
(B) 螺纹连接和卡套连接
(C) 法兰连接和卡箍连接
(D) 卡套连接和卡箍连接

243. BF004　针形阀通常用于（　　）的管路中。
(A) 超高压　　　(B) 超低压　　　(C) 中压　　　(D) 压力降较大

244. BF004　高压针形阀针阀芯的锥面与阀座的锥孔面配合起（　　）作用。
(A) 密封　　　(B) 压力　　　(C) 流量　　　(D) 通道

245. BF004　节流阀有（　　）两种。
(A) 直角式和直通式
(B) 直角式和直流式
(C) 直通式和直流式
(D) 直角式和45°角式

246. BF005　当阀开着时,阀芯的通孔与（　　）相通,液体流过。
(A) 阀体　　　(B) 管路　　　(C) 安全阀　　　(D) 高压旋塞阀

247. BF005　上下支承处装有轴承,开关较轻便,适合于高压大口径管路的阀门是（　　）。
(A) 固定球阀　(B) 浮动球阀　(C) 旋塞阀　　(D) 止回阀

248. BF005　结构简单,密封性好,适合于中低压小口径管路的阀门是（　　）。
(A) 固定球阀　(B) 截止阀　　(C) 浮动球阀　(D) 止回阀

249. BF006　结构简单,开闭迅速,流动阻力小,操作省劲,经济,在特车泵上广泛应用的阀门是（　　）。
(A) 截止阀　　　(B) 针形阀　　　(C) 球阀　　　(D) 蝶阀

250. BF006　不能用于精确地调节流量,橡胶密封圈易因老化而失去弹性的阀门是（　　）。
(A) 减压阀　　　(B) 安全阀　　　(C) 蝶阀　　　(D) 球阀

251. BF006　蝶阀是靠（　　）来达到启闭和节流的目的。
(A) 圆盘旋转角的大小
(B) 阀芯旋转角的大小

(C) 阀杆的压力　　　　　　　　(D) 阀瓣的形状

252. BF007　依靠旋塞体绕阀门中心线旋转,以达到开启与关闭目的的阀门是（　）。
(A) 针形阀　　(B) 球阀　　(C) 蝶阀　　(D) 旋塞阀

253. BF007　开关费力,密封面磨损大,高温高压时易卡住,适合于低压小口径和介质温度不高管路的阀门是（　）。
(A) 旋塞阀　　(B) 蝶阀　　(C) 球阀　　(D) 截止阀

254. BF007　旋塞阀的作用是（　）。
(A) 调节介质流量、压力
(B) 切断、分配和改变介质流量
(C) 切断和节流介质
(D) 切断介质

255. BF008　阻止介质倒流的阀门是（　）。
(A) 安全阀　　(B) 调压阀　　(C) 节流阀　　(D) 止回阀

256. BF008　AC-400B型水泥车最大压力为（　）。
(A) 30MPa　　(B) 30.5MPa　　(C) 39.1MPa　　(D) 39.2MPa

257. BF008　常用于泵和压缩机的管路上,不允许介质作反向流动的阀门是（　）。
(A) 止回阀　　(B) 闸阀　　(C) 球阀　　(D) 截止阀

258. BF009　剪力销式安全阀所控制的压力大小是由安全销（　）材质不同来确定的。
(A) 压力　　(B) 长短　　(C) 直径　　(D) 粗糙度

259. BF009　特车泵上常用的安全阀有（　）两种。
(A) 切销式和弹簧式
(B) 切销式和脉冲式
(C) 弹簧式和脉冲式
(D) 脉冲式和旋启式

260. BF009　在大型压裂车上应用比较普遍的是（　）安全阀。
(A) 切销式　　(B) 弹簧式　　(C) 卡套式　　(D) 脉冲式

261. BF010　阀门上的阀杆主要受（　）的作用。
(A) 轴向力　　(B) 径向力　　(C) 摩擦力　　(D) 冲击力

262. BF010　阀门常见的密合形式有（　）两种。
(A) 平面密合和球面密合
(B) 平面密合和锥面密合
(C) 锥面密合和球面密合
(D) 球面密合和斜面密合

263. BF010　阀门上的阀杆常用的材料有（　）。
(A) 灰铸铁、球墨铸铁、碳钢、合金钢
(B) 可锻铸铁、铜合金、碳钢、合金钢
(C) 碳素钢、合金钢、不锈钢、耐热钢
(D) 碳素钢、铜合金、灰铸铁、耐热钢

264. BF011　特车泵上阀门连接应用最多的是（　）连接。
(A) 法兰　　(B) 螺纹　　(C) 卡套　　(D) 卡箍

265. BF011　W-1500型压裂车压力传感器的最大许可调制压力为（　）。
(A) 68.6MPa　　(B) 70MPa　　(C) 90MPa　　(D) 103.4MPa

266. BF011　用椭圆形金属环作垫圈,工作压力较高,耐高温的阀门采用（　）式法兰连接。
(A) 光滑　　(B) 凹凸　　(C) 榫槽　　(D) 梯形槽

267. BF012　螺纹连接阀门的密封形式有（　）密封和垫圈密封两种形式。
(A) 压力　　(B) 平面密　　(C) 螺纹直接　　(D) 楔形面

268. BF012　在特车泵管汇连接中应用较多的简便连接方法是（　　）连接。
　　　　　　（A）法兰　　　（B）螺纹　　　（C）卡套　　　（D）卡箍
269. BF012　螺纹连接阀门的密封形式有螺纹直接密封和（　　）密封两种。
　　　　　　（A）垫圈　　　（B）铅油　　　（C）胶带　　　（D）丝麻
270. BF013　只需要两个螺栓,适用于经常拆卸阀门的一种快速连接方法是（　　）连接。
　　　　　　（A）法兰　　　（B）螺纹　　　（C）卡套　　　（D）卡箍
271. BF013　WT2×30 是指流通直径（　　）,耐压 30MPa。
　　　　　　（A）40mm　　　（B）45mm　　　（C）50mm　　　（D）55mm
272. BF013　当旋紧螺母时,卡套受到压力,使其刃部咬入管子外壁,卡套外锥面又在压力作用下与接头体内锥面密合,因而能够可靠地防止泄漏,是利用了（　　）连接的密封原理。
　　　　　　（A）法兰　　　（B）螺纹　　　（C）卡套　　　（D）卡箍
273. BF014　直立安装在水平管道上的阀门是（　　）阀。
　　　　　　（A）止回　　　（B）球　　　　（C）蝶　　　　（D）减压
274. BF014　阀门在安装时没有方向要求的是（　　）阀。
　　　　　　（A）截止　　　（B）闸　　　　（C）节流　　　（D）减压
275. BF014　下列阀门在安装时需要注意安装方向的是（　　）阀。
　　　　　　（A）止回　　　（B）闸　　　　（C）球　　　　（D）蝶
276. BF015　在维修闸阀全部装好后,实验压力为闸阀公称压力的（　　）倍,不渗不漏为合格。
　　　　　　（A）0.5　　　（B）1.0　　　（C）1.5　　　（D）2.0
277. BF015　如果阀门的密封圈根部泄漏,可将其螺纹用（　　）填充,压入固定的密封圈,并将生料带旋转至底部即可。
　　　　　　（A）聚四氟乙烯　（B）聚酯树脂　（C）厌氧胶　　（D）丙烯酸酯
278. BF015　对阀门中阀体、阀盖受力大的部位的缺陷一般采用（　　）的方法来修复。
　　　　　　（A）胶粘　　　（B）焊补　　　（C）拧紧　　　（D）调整
279. BG001　高压活动弯头有（　　）两种。
　　　　　　（A）一弯和两弯　（B）两弯和三弯　（C）一弯和三弯　（D）两弯和四弯
280. BG001　高压活动弯头有2个和（　　）个旋转节之分。
　　　　　　（A）3　　　　（B）4　　　　（C）5　　　　（D）6
281. BG001　在压裂和固井作业中,高压管件连接在（　　）之间。
　　　　　　（A）特车和井口　　　　　　（B）特车和特车泵入口
　　　　　　（C）特车泵入口和井口　　　（D）特车泵出口和井口
282. BG002　AC-400B型压裂车用的ϕ50mm(2in)活动弯头,它的最高工作压力是（　　）。
　　　　　　（A）39.2MPa　（B）40MPa　　（C）41MPa　　（D）38MPa
283. BG002　WT2×40 的高压活动弯头的耐压值是（　　）。
　　　　　　（A）30MPa　　（B）40MPa　　（C）50MPa　　（D）70MPa
284. BG002　耐压值为70MPa的高压活动弯头的型号为（　　）。
　　　　　　（A）WT2×70　（B）WT2×40　（C）WT2×80　（D）WT2×60
285. BG003　压裂时与井口采油树连接用的是（　　）高压活动弯头。

(A) 50mm　　　(B) 75mm　　　(C) 38mm　　　(D) 100mm

286. BG003　活动弯头接头外体套与接头体采用了（　）结构相连。
(A) 铰链　　　(B) 齿轮　　　(C) 钢球铰链　　　(D) 钢球

287. BG003　高压活动弯头接头外体套与接头体均为（　）弯头。
(A) 45°　　　(B) 60°　　　(C) 75°　　　(D) 90°

288. BG004　高压活动弯头产生故障的主要原因有（　）个。
(A) 4　　　(B) 5　　　(C) 6　　　(D) 7

289. BG004　WT2×70 高压活动弯头装（　）钢球。
(A) φ9.5mm　　　(B) φ10mm　　　(C) φ11mm　　　(D) φ12mm

290. BG004　高压活动弯头常见故障的主要原因是（　）。
(A) 弯头腐蚀　　　　　　(B) V 形密封圈失效
(C) O 形密封圈失效　　　(D) 滚球腐蚀

291. BG005　高压活动弯头（　）严重磨损变形时应予报废。
(A) 接头体　　　(B) 钢球　　　(C) 活动管接头　　　(D) 连接螺纹

292. BG005　高压活动弯头（　）严重磨损变形时应予报废。
(A) 接头体　　　(B) 钢球　　　(C) 活动管接头　　　(D) 滚道

293. BG005　高压活动弯头因严重锈蚀、碰撞,出现直径为（　）以上的伤痕时应予报废。
(A) 0.15mm　　(B) 0.20mm　　(C) 0.25mm　　(D) 0.30mm

294. BG006　经检查维护后的活动弯头在试压时,抗压强度应不小于额定工作压力的（　）,达到不渗不漏为合格。
(A) 90%　　　(B) 100%　　　(C) 110%　　　(D) 120%

295. BG006　高压活动弯头试压时抗压强度应（　）额定工作压力的 120%,以达到不渗漏为合格。
(A) 等于　　　(B) 小于　　　(C) 不小于　　　(D) 近似于

296. BG006　AC-400B 型压裂车用的 φ50mm(2in)活动弯头,它的最高工作压力是（　）。
(A) 39.2MPa　　(B) 40MPa　　(C) 41MPa　　(D) 38MPa

297. BG007　高压活动管接连接的高压密封有（　）和端面接触预压式密封两种。
(A) 球面密封　　(B) 锥面密封　　(C) 平面密封　　(D) 压紧密封

298. BG007　高压活动管接头采用（　）的卡瓦结构,卡簧固定,拆卸方便,易于更换。
(A) 一片式　　　(B) 两片式　　　(C) 三片式　　　(D) 四片式

299. BG007　高压管系的活动管接,按直径可分为（　）、2½in 和 3in 三种不同规格。
(A) ¼in　　　(B) ½in　　　(C) 1in　　　(D) 2in

300. BG008　对于（　）连接的活动管接接头,可先将卡簧取下,退出连接活动管接头,取下卡瓦即可更换。
(A) 平式油管螺纹　　　　(B) 卡箍式
(C) 法兰式　　　　　　　(D) 卡瓦式

301. BG008　对于平式油管螺纹连接的活动管接接头,利用（　）可拆装更换。
(A) 管台钳与管钳　　　　(B) 管台钳与大活动扳手
(C) 管钳与大活动扳手　　(D) 管钳与大锤

302. BG008　活动管接经过一段使用后,由于拆卸频繁和高压介质的磨损或腐蚀,常会出现

（　　）等现象。
(A) 活动管接断裂、变形　　　(B) 螺纹松动、密封不严
(C) 螺纹松动、活动管接断裂　(D) 密封不严、活动管接变形

303. BG009　两种不同螺纹的活动管接件公称直径和螺距相同的（　　）。
(A) 不可混合使用
(B) 急需时可互相替换
(C) 急需时矩形螺纹可替换梯形螺纹
(D) 急需时梯形螺纹可替换矩形螺纹

304. BG009　对大型综合施工的全部活动管接,（　　）。
(A) 应尽可能使用新活动管接,以便于拆装
(B) 应尽可能使用不同型号的活动管接,以防止装错位置
(C) 应尽可能使用统一型号的活动管接,以便于管线间的互换和紧急情况下的替代
(D) 应尽可能少使用活动管接,以便于减少工作量

305. BG009　活动管接的锁紧螺母与活动管接接头的螺纹部位形状有（　　）两种。
(A) 矩形螺纹和三角螺纹　　(B) 梯形螺纹和三角螺纹
(C) 三角螺纹和锯齿螺纹　　(D) 矩形螺纹和梯形螺纹

306. BH001　企业进行生产的技术装备是（　　）,是组成生产力的三大要素之一。
(A) 技术人员　(B) 设备　(C) 原材料　(D) 技术资料

307. BH001　企业固定资产的主要组成部分是（　　）,其拥有量的多少,是区分企业经济实力的一个重要标志。
(A) 设备　(B) 技术人员　(C) 生产资料　(D) 原材料

308. BH001　生产组织和计划平衡要根据（　　）的工作能力来确定。
(A) 技术人员　(B) 企业领导　(C) 设备　(D) 操作人员

309. BH002　设备在其寿命周期内的故障发展变化过程可分成初期故障期、偶发故障期和（　　）故障期三个时期。
(A) 磨损　(B) 后期　(C) 运转　(D) 一般

310. BH002　油田特车设备一般运行（　　）要进行一次二级维护。
(A) 400h　(B) 600h　(C) 800h　(D) 1000h

311. BH002　油田特车设备一般运行（　　）,要进行一次一级维护。
(A) 50h　(B) 100h　(C) 200h　(D) 300h

312. BH003　标准是通过一定程序并以一定格式发布的（　　）。
(A) 工作文件　(B) 管理文件　(C) 质量文件　(D) 技术文件

313. BH003　对重复性事物和概念所做的统一规定称为（　　）。
(A) 工作标准　(B) 标准化　(C) 标准　(D) 管理标准

314. BH003　在经济、技术、科学及管理等社会实践中,对重复性事物和概念,通过制定、实施标准达到统一,以获得最佳秩序和社会效益的过程称为（　　）。
(A) 标准　(B) 标准化　(C) 质量认证　(D) 行业标准

315. BH004　下列标准中不属于强制性标准的是（　　）。
(A) 药品标准　(B) 运输安全标准　(C) 环境质量标准　(D) 道德标准

316. BH004　按标准化的对象分类可将标准分为三类：即技术标准、管理标准和（　　）。
　　　　　　(A) 质量标准　　(B) 工作标准　　(C) 安全标准　　(D) 产品标准

317. BH004　强制性标准分为（　　）类。
　　　　　　(A) 2　　　　　(B) 3　　　　　(C) 4　　　　　(D) 5

318. BH005　1989年4月起施行的《中华人民共和国标准化法》规定实行四级标准，即国家标准、行业标准、地方标准和（　　）标准。
　　　　　　(A) 单位　　　　(B) 部门　　　　(C) 企业　　　　(D) 工作

319. BH005　国家标准是由（　　）制定，在全国范围内统一的标准。
　　　　　　(A) 全国人大或人大委员会　　　(B) 国务院标准化行政主管部门
　　　　　　(C) 国务院有关行政主管部门　　(D) 国家法律委员会

320. BH005　行业标准是由（　　）制定，在全国某个行业范围内统一的标准。
　　　　　　(A) 全国人大或人大委员会　　　(B) 国务院标准化行政主管部门
　　　　　　(C) 国务院有关行政主管部门　　(D) 企业单位

321. BH006　强制性国家标准的代号为（　　）。
　　　　　　(A) GB　　　　 (B) GB/T　　　 (C) GBN　　　　(D) GBQ

322. BH006　推荐性国家标准代号为（　　）。
　　　　　　(A) GB　　　　 (B) GB/T　　　 (C) GB/J　　　 (D) GBJ

323. BH006　地方标准的编号由（　　）部分组成。
　　　　　　(A) 3　　　　　(B) 4　　　　　(C) 5　　　　　(D) 6

324. BH007　为了控制与消除各种潜在的不安全因素，针对劳动环境、机具设备、工艺过程、劳动组织以及工人的安全技术知识等方面所存在的问题而采取的一系列技术措施称为（　　）。
　　　　　　(A) 安全生产　　(B) 安全技术　　(C) 生产技术　　(D) 技术指导

325. BH007　由于主客观上某些不安全因素存在，随着时间的推进而产生某些意外现象称为（　　）。
　　　　　　(A) 安全生产　　(B) 事故　　　　(C) 安全技术　　(D) 技术保障

326. BH007　下列触电方式中，承受电压最高、最危险的是（　　）触电。
　　　　　　(A) 单相　　　　(B) 双相　　　　(C) 跨步电压　　(D) 接触电压

327. BH007　当低压设备的电阻小于（　　）时禁止使用低压验电笔进行验电。
　　　　　　(A) 1MΩ　　　　(B) 2MΩ　　　　(C) 5MΩ　　　　(D) 10MΩ

328. BI001　根据井涌的规模和采取的控制方法不同，把井下作业井控分为（　　）。
　　　　　　(A) 二级　　　　(B) 三级　　　　(C) 四级　　　　(D) 五级

329. BI001　严重的溢流使井内液体过多地溢出井口，出现的涌出现象称之为（　　）。
　　　　　　(A) 井侵　　　　(B) 溢流　　　　(C) 井涌　　　　(D) 井喷

330. BI001　井喷发生后，无法用常规方法控制井口而出现敞喷的现象称之为井喷失控，这是井下作业中的（　　）。
　　　　　　(A) 常见事故　　(B) 一般事故　　(C) 较大事故　　(D) 严重事故

331. BI002　静液压力的大小取决于（　　）。
　　　　　　(A) 液柱黏度和高度　　　　(B) 液柱密度和垂直高度
　　　　　　(C) 液柱密度和黏度　　　　(D) 液柱密度和高度

332. BI002　(　)井底压力等于井筒液柱静液压力。
　　　(A) 起管柱时　(B) 下管柱时　(C) 空井时　(D) 循环时
333. BI002　在井底压力(　)地层压力条件的修井过程为近平衡修井。
　　　(A) 小于　(B) 大于　(C) 等于　(D) 稍大于
334. BI003　井底压力(　)地层压力,造成油、气、水侵入井筒内液体中的现象,即造成井侵。
　　　(A) 小于　(B) 大于　(C) 等于　(D) 不小于
335. BI003　天然气以气泡形式侵入压井液后,压井液的密度随井深(　)逐渐变小。
　　　(A) 自中向下　(B) 自中向上　(C) 自下而上　(D) 自上而下
336. BI003　随着气柱的上升膨胀,井底压力会(　)。
　　　(A) 突然变大　(B) 突然变小　(C) 逐渐变大　(D) 逐渐减小
337. BI004　在井下作业不同工序下,井底压力是由(　)压力构成。
　　　(A) 一种或多种　(B) 一种　(C) 多种　(D) 两种以上
338. BI004　只要压井液静液柱压力(　)地层压力,井涌就有可能发生。
　　　(A) 等于　(B) 大于　(C) 低于　(D) 稍高于
339. BI004　当地层压力(　)液柱压力时,会造成压井液漏失。
　　　(A) 等于　(B) 大于　(C) 稍高于　(D) 低于
340. BI005　溢流首先表现为出口管返出的修井液流速加快,随即修井液池液面(　),然后在地面出现天然气。
　　　(A) 变化　(B) 升高　(C) 降低　(D) 不变
341. BI005　为了及时发现溢流,循环作业时,应有(　)观察修井液液面的变化情况。
　　　(A) 职工　(B) 队干部　(C) 专人负责　(D) 技术人员
342. BI005　目前采取的关井方法主要是(　)。
　　　(A) 全关闭
　　　(B) 软关井
　　　(C) 硬关井
　　　(D) 软关井和硬关井
343. BI006　(　)是井喷失控的原因之一。
　　　(A) 洗井不彻底　(B) 洗井彻底　(C) 不洗井　(D) 洗井
344. BI006　(　)是井喷失控的原因之一。
　　　(A) 空井时间过短
　　　(B) 空井时间过长
　　　(C) 空井时间过长,无人观察井口
　　　(D) 无人观察井口
345. BI006　井喷失控是井下作业中性质严重、损失巨大的(　)。
　　　(A) 重大事故　(B) 严重事故　(C) 特大事故　(D) 灾难性事故
346. BI007　井下作业施工应具有(　)。
　　　(A) 三项设计　(B) 四项设计　(C) 五项设计　(D) 六项设计
347. BI007　地质设计井控内容包括提供井场周围一定范围内环境敏感区域勘察和调查资料;含硫油气田探井井口周围3km,生产井井口周围(　)范围内。
　　　(A) 4km　(B) 3km　(C) 2km　(D) 1km
348. BI007　工程设计是在(　)的基础上,根据不同的施工项目,优化施工工艺,计算施工参数,合理选择材料、设备和工具,提出井控技术措施,以保证实现施工目的。
　　　(A) 三项设计　(B) 井控设计　(C) 施工设计　(D) 地质设计

349. BI008　施工设计应根据地质设计、工程设计的内容,细化施工工序及具体的(　　)。
　　　　　　(A) 工艺要求　　(B) 生产过程　　(C) 操作规程　　(D) 设计要求

350. BI008　取套和侧斜作业时井场备用重晶石粉不得少于(　　)。
　　　　　　(A) 30t　　　　(B) 40t　　　　(C) 50t　　　　(D) 60t

351. BI008　取套和侧斜作业时全套井控设备在井场要进行清水试压,闸板防喷器、压井管汇、节流管汇均应试压到额定工作压力,以稳压时间不少于(　　),压降不超过0.7MPa,密封部位无渗漏为合格。
　　　　　　(A) 40min　　　(B) 30min　　　(C) 20min　　　(D) 10min

352. BI009　井下作业一般是在(　　)的情况下进行起下管柱和处理井下事故的。
　　　　　　(A) 井口敞开　　(B) 井口关闭　　(C) 井口半开　　(D) 井口作业

353. BI009　目前,现场上常用的压井方法有(　　)。
　　　　　　(A) 五种　　　　(B) 四种　　　　(C) 三种　　　　(D) 两种

354. BI009　反循环法压井对地层的回压(　　)正循环法压井对地层的回压。
　　　　　　(A) 小于　　　　(B) 等于　　　　(C) 不大于　　　(D) 大于

355. BI010　在注水井上进行修井施工时一般需要采取放喷降压或关井降压的方法来代替压井,使井口压力(　　),以便进行作业。
　　　　　　(A) 降低为零　　　　　　　　　　(B) 达到要求
　　　　　　(C) 降到一个大气压　　　　　　　(D) 保持平衡

356. BI010　注水井投注较长时间后,会导致油层渗透率(　　)。
　　　　　　(A) 升高　　　　(B) 较高　　　　(C) 降低　　　　(D) 减少

357. BI010　注水井放喷降压的方式,一般采用(　　)。
　　　　　　(A) 地面放喷　　(B) 空中放喷　　(C) 套管放喷　　(D) 油管放喷

358. BI011　不压井作业技术是在(　　)由专业技术人员操作特殊设备起下管柱的一种作业方法。
　　　　　　(A) 带压环境中　(B) 不带压环境中(C) 常压环境中　(D) 一般情况下

359. BI011　20世纪80年代我国研制出了车载式液压不压井修井机,目前可用于井口压力不高于(　　)不压井修井作业。
　　　　　　(A) 17MPa　　　(B) 16MPa　　　(C) 15MPa　　　(D) 14MPa

360. BI011　目前国内外应用的带压作业装置主要有(　　)。
　　　　　　(A) 六大类　　　(B) 五大类　　　(C) 四大类　　　(D) 三大类

361. BI012　施工设计应在(　　)前送到施工单位,施工设计部门负责向施工单位进行技术交流,施工单位必须向施工人员交底。
　　　　　　(A) 48h　　　　(B) 50h　　　　(C) 53h　　　　(D) 55h

362. BI012　起管柱作业前,开井观察(　　),无溢流后,方可进行起管柱作业。
　　　　　　(A) 10min　　　(B) 20min　　　(C) 30min　　　(D) 40min

363. BI012　取换套作业,坐岗观察计量罐的增减情况,增减量为(　　)时则按关井程序进行关井。
　　　　　　(A) 4m³　　　　(B) 3m³　　　　(C) 2m³　　　　(D) 1m³

364. BI013　在发生井喷初始,应停止一切施工,(　　)。
　　　　　　(A) 组织现场人员迅速撤离井场　　(B) 抢装井口或关闭防喷井控装置

(C) 向上级汇报等待指示　　　　　　(D) 立即向有关部门报警,严阵以待

365. BI013　当发现( )压井液被气侵、密度降低时,要及时替入适当密度的压井液。
(A) 油管内　　(B) 油管外　　(C) 井筒内　　(D) 井筒外

366. BI013　压井时出现( ),说明地层油气已进入井内,是井喷的预兆。
(A) 泵压不变,进出口排量一致
(B) 泵压下降,进口排量大于出口排量
(C) 泵压上升,进口排量大于出口排量
(D) 泵压上升,进口排量小于出口排量

367. BI014　井口装置是油、气井( )控制和调节油、气井生产的主要设备。
(A) 最上部　　(B) 较上部　　(C) 中下部　　(D) 最下部

368. BI014　套管头按悬挂套管的层次分为( )
(A) 五种　　(B) 四种　　(C) 三种　　(D) 两种

369. BI014　采油树按不同的连接方式可分为( )
(A) 六种　　(B) 五种　　(C) 四种　　(D) 三种

370. BI015　防喷器分( )。
(A) 两类　　(B) 三类　　(C) 四类　　(D) 五类

371. BI015　闸板防喷器按闸板数量分为( )。
(A) 两种　　(B) 三种　　(C) 四种　　(D) 五种

372. BI015　筒形胶芯环形防喷器,当胶筒已磨损厚度的( )以上时,应及时更换。
(A) 2/5　　(B) 1/3　　(C) 1/4　　(D) 2/3

373. BI016　FKQ320-4B型地面防喷器控制装置,其中 Q 表示( )。
(A) 气动控制　　(B) 液压控制　　(C) 电气控制　　(D) 电液控制

374. BI016　远程台应安装于离井口( )远处,井口控制台则安放在井口操作台上便于工人操作的地方。
(A) 50m　　(B) 40m　　(C) 30m　　(D) 20m

375. BI016　减压溢流阀的出口压力通常调整为( )。
(A) 15MPa　　(B) 14MPa　　(C) 12MPa　　(D) 10.5MPa

376. BI017　封井器的工作压力为( )。
(A) 4~5MPa　　(B) 5~7MPa　　(C) 6~8MPa　　(D) 8~10MPa

377. BI017　起下大直径工具的正确做法是( )。
(A) 把自封压盖打开即可
(B) 封井器胶芯上涂黄油,冬天使用时应用蒸汽加热
(C) 用自封和半封倒入或倒出
(D) 装入油管后必须上提自封检查油管螺纹是否上紧

378. BI017　自封封井器在井下作业中的作用是( )。
(A) 起下抽油杆防喷
(B) 在一定的油套管环空压力下自动密封油管环空
(C) 不能防小件管物样入井内
(D) 起下油管防喷、扶正油管且刮蜡

379. BI018　按安装位置,内防喷工具可分为井口内防喷工具、井下内防喷工具和( )。

(A) 井筒内防喷工具　　　　　　(B) 井上内防喷工具
(C) 套管内防喷工具　　　　　　(D) 井里内防喷工具

380. BI018　工作筒主体上部为（　　）油管螺纹,可与油管相连接。
(A) Φ60mm　(B) Φ62mm　(C) Φ64mm　(D) Φ66mm

381. BI018　电泵井不压井作业油管开关器按设计结构形式可分为（　　）。
(A) 两种　(B) 三种　(C) 四种　(D) 五种

382. BI019　井口加压控制装置的作用是（　　）。
(A) 保证油管上顶时安全顺利地起下油管
(B) 防喷
(C) 在起下作业中防止油管上顶
(D) 不能在高压下送油管下入井内

383. BI019　加压吊卡由壳体总成、（　　）、活门等组成。
(A) 固定架　(B) 固定螺钉　(C) 滑轮　(D) 滑轮轴

384. BI019　安全卡瓦的质量为（　　）。
(A) 110kg　(B) 105kg　(C) 100kg　(D) 98kg

385. BI020　节流管汇通常分为手动节流管汇与（　　）两种。
(A) 液动节流管汇　　　　　　(B) 气动节流管汇
(C) 全自动节流管汇　　　　　(D) 机械节流管汇

386. BI020　节流管汇型号 JG/S2-21 中的"S"表示（　　）。
(A) 气动控制　(B) 液压控制　(C) 手动控制　(D) 机械控制

387. BI020　液动节流管汇一般通径不小于（　　）,放喷管汇不小于76mm。
(A) 75mm　(B) 70mm　(C) 60mm　(D) 50mm

388. BI021　防喷演习要从实际出发,真正做到发现（　　）及时关井或装好井口防喷器。
(A) 溢流　(B) 井侵　(C) 井涌　(D) 井喷

389. BI021　（　　）负责现场井口操作及配合关闭手动防喷器。
(A) 一岗位　(B) 二岗位　(C) 三岗位　(D) 技术员

390. BI021　起下油管作业防喷演习的准备,套管阀门处于（　　）状态。
(A) 常关　(B) 半关　(C) 半开　(D) 常开

391. BI022　井喷失控应急预案编制原则之一维护公司的整体利益和（　　）。
(A) 长远利益　(B) 近期效益　(C) 短期利益　(D) 经济效益

392. BI022　通告程序和报警系统确定现场（　　）的通告和报警方式。
(A) 白天　(B) 晚上　(C) 8h　(D) 24h

393. BI022　气井施工突发事故应急救援,人员逃生方向应是来风方向或上风头,同时扩大警戒区域,在井口（　　）范围内进行监测。
(A) 3km　(B) 2km　(C) 1km　(D) 500m

394. BJ001　计算机系统由（　　）组成。
(A) 显示器和主机两大部分　　　　(B) 显示器和主机及键盘和鼠标系统
(C) 输入系统和输出系统两大部分　(D) 硬件系统和软件系统两大部分

395. BJ001　电子计算机是由控制器、运算器、（　　）、输入和输出设备组成。
(A) 显示器　(B) 存储器　(C) CPU　(D) 主机

396. BJ001　通常所讲的计算机的"神经中枢"是指计算机的（　　）。
　　　　（A）运算器　　（B）存储器　　（C）控制器　　（D）处理器
397. BJ002　在计算机系统中,操作系统是指（　　）。
　　　　（A）应用软件　（B）系统软件　（C）主机　　　（D）外部设备
398. BJ002　在计算机系统中,（　　）位于底层硬件与用户之间。
　　　　（A）操作系统　（B）应用软件　（C）驱动程序　（D）用户界面
399. BJ002　操作系统的主要功能是资源管理、（　　）和人机交互等。
　　　　（A）内存管理　（B）文件管理　（C）网络通信　（D）程序控制
400. BJ003　计算机（　　）的性能和工作状况关系着整个系统的性能和稳定性。
　　　　（A）内存　　　（B）外存　　　（C）应用软件　（D）输出设备
401. BJ003　RAM是计算机的（　　）。
　　　　（A）内存　　　（B）磁带　　　（C）磁盘　　　（D）光盘
402. BJ003　内存指电脑的内部存储器,是系统临时存放各种数据的（　　）。
　　　　（A）软件系统　（B）硬件系统　（C）寄存器　　（D）输出设备
403. BJ004　（　　）不是计算机的输出设备。
　　　　（A）显示器　　（B）打印机　　（C）绘图仪　　（D）扫描仪
404. BJ004　鼠标是计算机的（　　）。
　　　　（A）输出设备　（B）操作系统　（C）主机设备　（D）输入设备
405. BJ004　计算机的输出设备包括显示器、打印机、（　　）和磁带机等。
　　　　（A）键盘　　　（B）鼠标　　　（C）扫描仪　　（D）绘图仪
406. BJ005　由于系统在开机和关机的瞬间会有较大的冲击电流,因此开机时应先（　　）。
　　　　（A）对显示器加电　　　　　　（B）对键盘加电
　　　　（C）对主机加电　　　　　　　（D）对打印机加电
407. BJ005　关机时,先关主机,再关外部设备。每次开机和关机之间的时间间隔至少要（　　）。
　　　　（A）1s　　　　（B）3s　　　　（C）5s　　　　（D）10s
408. BJ005　启动计算机时,屏幕出现错误信息HDD Controller Failure,无法正常启动。错误信息提示的大意是（　　）启动失败。
　　　　（A）无效系统盘　　　　　　　（B）无效磁盘分区
　　　　（C）操作系统加载失败　　　　（D）硬盘控制器故障
409. BJ006　在计算机键盘上有些常用的特殊键,Delet为（　　）键。
　　　　（A）空格　　　（B）回车　　　（C）删除　　　（D）返回
410. BJ006　在计算机键盘上有些常用的特殊键,←为（　　）键。
　　　　（A）空格　　　（B）回车　　　（C）删除　　　（D）光标移动
411. BJ006　在计算机键盘上有些常用的特殊键,Esc为（　　）键。
　　　　（A）空格　　　（B）回车　　　（C）删除　　　（D）返回
412. BJ007　在Word文档中,当输完一些内容后,同时按下（　　）可以将刚输入的内容自动复制一次。
　　　　（A）Alt　　　（B）Shfit＋F3　（C）Alt＋Enter　（D）Ctrl＋l
413. BJ007　在Word文档中（　　）可实现复制功能。

(A) Ctrl + C　　(B) Ctrl + X　　(C) Ctrl + R　　(D) Ctrl + V

414. BJ007　在 Word 文档中,查找功能的快捷键是( )。
(A) Ctrl + Z　　(B) Ctrl + P　　(C) Ctrl + F　　(D) Ctrl + H

415. BJ008　文件(即某个具体文档)通常存在于( )。
(A) 某盘上　　　　　　　　(B) 某程序内
(C) 某文件上　　　　　　　(D) 某盘、某文件夹内

416. BJ008　存盘就是指通常的( )存在某盘、某文件夹内的过程。
(A) 某个具体文档　　　　　(B) 某段文章
(C) 某个图片　　　　　　　(D) 某窗口

417. BJ008　保存 Word 文档时出现文件名频繁重名时应在出现错误信息后( )再保存文件。
(A) 启用自动校正功能　　　(B) 稍等片刻
(C) 重起文件名　　　　　　(D) 杀毒后

418. BJ009　计算机的汉字输入方法很多,按所用媒介可大致分为( )。
(A) 光盘输入、扫描输入、键盘输入等
(B) 磁盘输入、扫描输入、键盘输入等
(C) 语音输入、扫描输入、键盘输入等
(D) 鼠标输入、扫描输入、键盘输入等

419. BJ009　五笔字型输入法 1983 年研制成功,五笔字型汉字输入方法从人们习惯的书写顺序出发,以( )为基本单位来组字编码。
(A) 笔划　　(B) 字母　　(C) 拼音　　(D) 字根

420. BJ009　智能拼音输入方法就是( )输入。
(A) 按规范的拼音(B) 按简略的拼音(C) 按朦胧的拼音(D) 按英文字母

421. BJ010　Excel 是功能强大的电子表格处理软件,具有( )等多种功能。
(A) 编辑、显示器　　　　　(B) 制作、绘制表格
(C) 计算、汇总　　　　　　(D) 计算、扫描

422. BJ010　Excel 软件,具有计算、汇总等多种功能,适合于( )的管理。
(A) 文档　　(B) 数据库　　(C) 一般报表系统　(D) 一般绘图系统

423. BJ010　Excel 办公软件突出的优点是( )。
(A) 文字的编辑　　　　　　(B) 报表的制作
(C) 数据的计算、汇总　　　(D) 图表的排版

424. BJ011　Excel 对一个单元格或单元格区域进行复制操作时,该单元格四周呈现闪烁滚动的边框,此时可以通过按下( )键取消选定区域的活动边框。
(A) [Esc]　　(B) [Ctrl]　　(C) [Tab]　　(D) [Shift]

425. BJ011　删除选中的 Excel 单元格已有格式的方法是( )。
(A) "编辑"—"删除"—"格式"　　(B) "工具"—"清除"—"格式"
(C) "工具"—"删除"—"格式"　　(D) "编辑"—"清除"—"格式"

426. BJ011　在 Excel 中,按住 Shift 键单击要填充的( ),在任意一个选中的工作表中输入内容,所有选中的工作表中都会填充相同的内容。
(A) 工作表标签　(B) 单元格　　(C) 工作表　　(D) 文件夹

427. BJ012　在Excel中创建图表时,首先要（　　）。
　　（A）输入源数据　　　　　　　　（B）选择图表类型
　　（C）选定坐标轴　　　　　　　　（D）确定图表位置

428. BJ012　在Excel中,要更改图表类型首先进行的操作是（　　）。
　　（A）选择新的"图表类型"
　　（B）在需更改的图表上右击选择"图表类型"
　　（C）更改源数据格式
　　（D）删除旧图,但不删除源数据

429. BJ012　在Excel中,图表中的数字或文字的旋转角度应为（　　）。
　　（A）－180°～180°　　　　　　（B）－45°～45°
　　（C）－90°～90°　　　　　　　（D）0°～90°

430. BJ013　在Excel操作中,选中（　　）菜单中的"单元格"从弹出的"单元格格式"对话框中选择"对齐"选项卡,将"自动换行"项的复选框选中,便可在一个单元格中输入多行文本。
　　（A）格式　　（B）视图　　（C）编辑　　（D）工具

431. BJ013　在操作Excel中,首先按住（　　）键选中需要打印的不连续区域,打开"文件"菜单,选择"打印",弹出"打印内容"对话框,在对话框的"打印内容"栏中选择"选定区域"单选项,单击"确定"可以将不连续的区域分页打印出来
　　（A）Shift　　（B）Ctrl　　（C）Enter　　（D）Alt

432. BJ013　在Excel工作表中使用（　　）组合键可以前移一张工作表。
　　（A）Alt＋Enter　　　　　　　　（B）Ctrl＋Enter
　　（C）Ctrl＋Page Up　　　　　　（D）Ctrl＋Page Down

二、判断题（对的画√,错的画×）

（　）1. AA001　流体的温度每增加1℃时所发生的体积相对变化量称为该流体的体积膨胀系数。
（　）2. AA002　液体流动状态的改变与流速的大小无关。
（　）3. AA003　涡轮钻具是利用液体动量变化产生的力来做功,即同时利用液体的动能和压能来做功。
（　）4. AA004　力的作用点是表示物体相互作用的地方,它实际上是一个点。
（　）5. AA005　平面汇交力系中各个力可以合成一个合力。
（　）6. AA006　力矩方向规定为顺时针为负,逆时针为正。
（　）7. AA007　作用于攻螺纹扳手上的一对力就是力偶。
（　）8. AA008　最大静摩擦力的大小与法向反力成正比。
（　）9. AA009　理想气体是从实验气体抽象出来的一个物理模型。
（　）10. AA010　热力学第一定律是能量守恒与转换定律在热力学中的具体应用。
（　）11. AA011　卡诺循环包括等温膨胀、绝热膨胀、等温压缩、绝热压缩4个步骤。
（　）12. AB001　渗碳钢一般含碳量都低,属于低碳钢。
（　）13. AB002　柴油机的曲轴可用铬钢制造。
（　）14. AB003　特车泵上常用的弹簧钢有65号、75号、50CrVA、55Si2Mn等多种。
（　）15. AB004　铅基合金比较脆,容易因疲劳造成破裂,但浇铸性比锡基合金好。

( ) 16. AB005　利用火花特征是金属材料的现场鉴别办法中的简易方法之一。

( ) 17. AB006　在含有氰盐的介质中将氰向钢件表面渗入的过程称为氰化。

( ) 18. AC001　最大极限尺寸与最小极限尺寸的算术平均值就是基本尺寸。

( ) 19. AC002　在基本尺寸一定的情况下,公差等级是决定标准公差大小的唯一参数。

( ) 20. AC003　基本尺寸≤500mm时,轴的基本偏差是从孔的基本偏差换算得来的。

( ) 21. AC004　孔的尺寸减去相配合的轴的尺寸所得的代数差为正时,是过盈配合。

( ) 22. AC005　过渡配合的孔的公差带与轴的公差带互相叠交,可能具有间隙,也可能具有过盈。

( ) 23. AC006　实际表面的形状所允许的变动全量称为圆柱度。

( ) 24. AC007　当最大实体原则应用于被测要素时,应在形位公差值之后标注符号 Ⓜ。

( ) 25. AD001　全面质量管理的范围是产品质量产生的过程。

( ) 26. AD002　现场质量管理是指生产第一线的质量管理,它的目标是生产符合设计要求的产品。

( ) 27. AD003　全面质量管理是以管因素变为管结果。

( ) 28. AD004　全面质量管理要求是全企业的质量管理,全企业的含义就是要求企业各队站、班组都有明确的质量管理活动内容。

( ) 29. AD005　PDCA循环中,处理阶段是关键阶段。

( ) 30. AD006　管理层要建立生产全过程、检验考核、信息反馈等各项保证制度。

( ) 31. AE001　用锤击的方法,通过对紧固件的冲击和振动,使其松动便于拆卸,这也是现场常用的拆卸方法。

( ) 32. AE002　有些用螺纹连接而又拆卸费力的零件,也可以浸泡入汽油或煤油中数小时甚至十几小时,待其全部结合面浸透进油之后,再进行拆卸。

( ) 33. AE003　汽油的渗透力很强,能渗透到生锈螺纹的锈层中。

( ) 34. AE004　拆卸平面螺栓组时,一般都按对角线对称地拆卸。

( ) 35. AE005　静配合件的拆卸前要检查连接有无销钉、螺钉等补充固定装置,以防零件被拆坏。

( ) 36. AE006　对重要的偶合件,拆下后应将偶合件成套存放。

( ) 37. AF001　一次事故造成设备直接经济损失在30万元以上的属于特大事故。

( ) 38. AF002　设备事故根据起因分为责任事故、机械事故、自然事故。

( ) 39. AF003　设备在运行过程中或生产过程中发生的设备事故,由安全部门负责组织调查鉴定,由机动部门给予协助,提出处理意见并上报。

( ) 40. AF004　设备事故发生后,事故单位应在24h内写出事故的书面报告,应在1日内写出处理意见、防范措施,填写事故报告上报上级有关部门。

( ) 41. AG001　制定教学计划主要是针对培训目标、课程设置、基本内容、实例等具体内容的陈述。

( ) 42. AG002　课时分配就是把所设置的课程根据内容的轻重合理地分配本学期所制定的总学时。

( ) 43. AG003　课程设置就是依据教学大纲的具体内容而设置的各门科目。

( ) 44. AG004　"能根据油水井动态变化情况提出相应的调整措施和意见"是教学目的常用的词汇。

（　）45. AG005　生产总结报告是生产单位每年（阶段）对其完成企业所下达的经营目标和生产管理进行的有目的性的回顾和对下一年的工作进行展望。

（　）46. AG006　技术报告结构内容的通用模式为：标题、摘要、前言、正文、结尾（结论）、参考文献、致谢和附录。

（　）47. BA001　SNC-4000Ⅱ型水泥车十字头衬套外圆柱面上开有螺旋式半圆油槽，用此以减轻重量。

（　）48. BA002　YLC-700Ⅰ型压裂车柱塞泵的柱塞直径及柱塞冲程分别是100mm和240mm。

（　）49. BA003　WESTERN1500型压裂车排量和水功率较低，具有较小的工作能力。

（　）50. BA004　WESTERN100型混砂车加砂过程中混砂要均匀，加砂突然过多，有可能发生砂堵。

（　）51. BA005　SS-2管汇试压泵为三级气动增压单作用柱塞泵。

（　）52. BA006　NTP-3500型液氮车排量选择不受压力限制，可以在最高工作压力103.4MPa下输出最大排量。

（　）53. BA008　机械式变速箱的故障一般是挂挡困难，其主要原因有离合器离不彻底，箱内齿轮轮齿损坏，排挡拨叉断裂和锁定装置损坏等。

（　）54. BB001　总成互换修理法是指特车泵在修理过程中除主体部分外，其余需修的总成或组合件都可以换用单独储备的总成或组合件。

（　）55. BB002　特车泵零件修复加工的对象是损坏和磨损的旧件。

（　）56. BB003　柱塞选用的材料是35CrMo中碳合金钢经锻造加工而成。

（　）57. BB004　在拆除特车泵的主轴及小齿轮轴的过程中，如果轴承取不下来可以用手锤直接敲击。

（　）58. BB005　泵头体的损坏形式有多种，阀座孔下沉及阀座孔刺起沟槽是其中的一种。

（　）59. BB006　连杆总成由优质碳素钢机械加工而成。

（　）60. BB007　压裂泵十字头依靠导板作为导轨，在连杆的带动下做往复直线运动，因此必须保证两者的配合间隙和良好的润滑，否则会使机件干磨，造成早期磨损和拉研。

（　）61. BB008　润滑油泵主动轴与轴孔的间隙过大时，可采用修理尺寸法，将孔铰大，同时相应地加大主动轴直径或者用镶套法修复。

（　）62. BC001　压裂液的黏度越高，悬浮性能越好，压裂液相对密度越大，悬浮性能越强。

（　）63. BC002　油基压裂液是用原油加入某些添加剂配制成的压裂液。

（　）64. BC003　酸化就是靠酸液的化学溶蚀作用以及向地层挤酸时的水力作用来提高地层渗透性能。

（　）65. BC004　用于油层酸化的酸液中加入一定量的冰醋酸作为稳定剂是为了保证酸液的物理化学性质在施工前保持一定的稳定性。

（　）66. BD001　摩擦式离合器所能传递最大扭矩的数值取决于摩擦面间的压紧力、摩擦系数以及摩擦面的数目和尺寸大小。

（　）67. BD002　离合器是靠主动件和从动件之间的刚性连接来传递扭矩的。

（　）68. BD003　压紧弹簧的压紧力越大，则离合器所能传递的扭矩越小。

（　）69. BD004　对于一定结构的离合器来说，静摩擦力矩有一定值，若扭矩超时此值，则离合器打滑。

( ) 70. BD005 扭转减振器中由于从动盘和毂是刚性连接的,所以从动盘受的扭矩较大,振动也较大。

( ) 71. BD006 分离杠杆内端调整螺钉的头部端面,必须调整到与飞轮端面平行的同一平面内,否则在启动特车泵时会产生颤抖现象。

( ) 72. BE001 特车泵易损零件的功能互换性是指零部件的几何参数具有的互换性。

( ) 73. BE002 为了满足互换性,必须将同型号泵的柱塞加工成同一规格。

( ) 74. BE003 YLC-1000B型泵有3种内径的缸套。

( ) 75. BE004 特车泵的泵头不是易损件,所以加工制造时不用考虑它的互换性。

( ) 76. BE005 特车泵滚动轴承外圈外径、内圈内径以及轴承的宽度与壳体孔、轴颈和轴承端盖的互换性称为外互换性。

( ) 77. BE006 更换特车泵连杆轴承时,新轴承不需校刮,直接更换即能保证配合间隙。

( ) 78. BF001 阀门按用途可分为截止阀、减压阀、调节阀、止回阀、安全阀和溢流阀等。

( ) 79. BF002 闸阀内介质不能双向流动。

( ) 80. BF003 截止阀的作用主要是切断液体在管路中的流动。

( ) 81. BF004 针形阀的主要作用是切断管路中液体的流动。

( ) 82. BF005 上下支承处装有轴承,开关较轻便,适合于高压大口径管路的阀门是固定球阀。

( ) 83. BF006 蝶阀靠调节阀杆压力大小达到开启与关闭的目的。

( ) 84. BF007 依靠旋塞体绕阀门中心线旋转,以达到开启与关闭目的的阀门是旋塞阀。

( ) 85. BF008 常用于泵和压缩机的管路上,不允许介质作反向流动的阀门是截止阀。

( ) 86. BF009 安全阀的作用就是起安全作用,当管路或容器中的压力超过规定值时自动开启,将过量的介质排出,泄除压力。

( ) 87. BF010 阀门上的阀杆主要受径向力的作用。

( ) 88. BF011 用椭圆形金属环作垫圈,工作压力较高,耐高温的阀门采用梯形槽式法兰连接。

( ) 89. BF012 特车泵上阀门连接应用最多的是螺纹连接。

( ) 90. BF013 当旋紧螺母时,卡套受到压力,使其刃部咬入管子外壁,卡套外锥面又在压力作用下与接头体内锥面密合,因而能够可靠地防止泄漏,是利用了卡套连接的密封原理。

( ) 91. BF014 阀门的安装没有方向性,可以随意安装。

( ) 92. BF015 阀门组装时,垫片和螺栓最好涂上用机油调和的石墨粉,以便下次拆卸。

( ) 93. BG001 高压活动弯头有二个和三个旋转节之分。

( ) 94. BG002 压裂时与井口采油树连接用的是90mm高压活动弯头。

( ) 95. BG003 高压活动弯头主要由接头外体套、接头体、活动管接、钢球、密封圈等组成。

( ) 96. BG004 高压活动弯头常见故障的主要原因是钢珠损坏。

( ) 97. BG005 高压活动弯头连接螺纹严重磨损变形时应予报废。

( ) 98. BG006 经检查维护后的活动弯头在试压时,抗压强度应不小于额定工作压力的200%,达到不渗不漏为合格。

( ) 99. BG007 高压活动管接连接的高压密封有球面密封和端面接触预压式密封两种。

( ) 100. BG008　泵头上的排出管接头采用固定接头式的螺纹连接,易于拆卸和更换。
( ) 101. BG009　两种不同螺纹的活动管接件公称直径和螺距相同的不可混合使用。
( ) 102. BH001　使用者应遵守的纪律和安全注意事项,它不属于设备使用规程中的基本内容。
( ) 103. BH002　设备的一级维护是在二级维护的基础上,对设备进行局部解体检查或修理。
( ) 104. BH003　标准是以科学、技术和实践经验的综合成果为基础,经有关方面协商一致,由主管机关批准,以特定方式发布,作为共同遵守的准则和依据。
( ) 105. BH004　按标准的约束性可将标准分为强制性标准和一般性标准两类。
( ) 106. BH005　企业标准是由省、市标准化行政主管部门制定,在本行政区域内统一实行的标准。
( ) 107. BH006　地方标准的编号由5部分组成。
( ) 108. BH007　常用电器设备的金属外壳必须有专用的接零导线。
( ) 109. BI001　井下作业井控技术是保证井下作业安全的一般技术。
( ) 110. BI002　井底压力随作业不同而变化。
( ) 111. BI003　在井下作业过程中,气层中的天然气不会向井筒内的液体中扩散。
( ) 112. BI004　在起管柱过程中,管柱起出井筒,井内液面就会下降。
( ) 113. BI005　在不同作业过程中,溢流的显示不同。
( ) 114. BI006　井喷失控到了无法处理的时候,最后不得不把井眼报废。
( ) 115. BI007　对作业过程提出具体井控及安全环保要求是工程设计井控内容之一。
( ) 116. BI008　气井、水平井等特殊井必须应用电缆射孔。
( ) 117. BI009　反循环法适用于高产井、高压井、气井。
( ) 118. BI010　放喷降压期间不需专人负责监控,打开油管(套管)阀门即可。
( ) 119. BI011　不压井作业是对常规压井作业方式的一个挑战,同常规作业方式相比,不压井作业具有不可比拟的优越性。
( ) 120. BI012　施工作业队到井后应立即进行起管柱作业。
( ) 121. BI013　一旦井喷失控,应立即切断危险区电源、火源,动力熄火。
( ) 122. BI014　采油树上的总阀门在正常生产时总是关闭的。
( ) 123. BI015　手动闸板防喷器是常规井下作业专用防喷器。
( ) 124. BI016　地面防喷器控制装置应能在10min内关闭任一个闸板防喷器。
( ) 125. BI017　半封封井器是靠关闭闸板来密封油套环形空间的井口密封工具。
( ) 126. BI018　井口旋塞阀是管柱循环系统中的自动控制阀,专用于防止井喷的紧急情况。
( ) 127. BI019　安全卡瓦是依靠卡瓦卡住油管,防止油管上顶飞出的不压井起下安全设备。
( ) 128. BI020　平板阀只能半开半关,不允许全开全关。
( ) 129. BI021　队长组织对在演习过程中的人员协调、技术等方面存在的问题进行讲评,并将情况记录在案。
( ) 130. BI022　公司调度室是生产运行的指挥机构,是所有信息的汇总点。
( ) 131. BJ001　计算机是一种需借助人力,而能以电子速度自动完成算术运算和逻辑运算的机器。

(　) 132. BJ002　计算机的操作系统可分为单用户操作系统和多用户操作系统。
(　) 133. BJ003　RAM(随机存储器)和ROM(只读存储器)都是计算机的内存。
(　) 134. BJ004　扫描仪是计算机输出设备。
(　) 135. BJ005　在计算机的开关机操作中,关机时,先关主机,再关外部设备。每次开机和关机之间的时间间隔至少要10s。
(　) 136. BJ006　在计算机键盘上有些常用的特殊键,Delet为返回键。
(　) 137. BJ007　在计算机Word文档正文编辑区中有个一闪一闪的光标,它所在的位置称为空格。
(　) 138. BJ008　在计算机的文件通常是指浏览器窗口中某盘下的某个文件夹内的某个具体文档(本)、表格等;文件有名称、大小、类型修改时间。
(　) 139. BJ009　智能拼音输入方法就是按规范的拼音输入。
(　) 140. BJ010　Excel创建工作簿可以基于指定的模板创建,当用模板建立一个新文件后,新文件就具有了模板的所有特征。
(　) 141. BJ011　在Excel中清除和删除操作是不一样的。
(　) 142. BJ011　在Excel中,单元格中的文字和数字都是左对齐,时间是右对齐。
(　) 143. BJ012　Excel创建完图表后,即使改变图表中的数据,图表也不会随之更新。
(　) 144. BJ013　Excel"页面设置"对话框由4个选项卡组成,分别是"页面"、"页边距"、"页眉/页角"、"工作表"。

理论知识试题答案

一、选择题

1. D	2. C	3. C	4. B	5. A	6. C	7. D	8. C	9. A	10. B
11. B	12. C	13. C	14. D	15. A	16. B	17. C	18. C	19. B	20. D
21. D	22. A	23. A	24. B	25. C	26. C	27. C	28. D	29. A	30. A
31. C	32. D	33. B	34. C	35. C	36. D	37. D	38. A	39. A	40. B
41. B	42. C	43. C	44. D	45. D	46. A	47. B	48. D	49. A	50. B
51. A	52. D	53. C	54. A	55. B	56. C	57. C	58. C	59. B	60. D
61. A	62. B	63. B	64. A	65. D	66. C	67. D	68. D	69. A	70. A
71. B	72. C	73. B	74. A	75. D	76. B	77. A	78. B	79. D	80. C
81. C	82. C	83. D	84. C	85. B	86. D	87. A	88. C	89. A	90. D
91. A	92. D	93. B	94. A	95. D	96. B	97. B	98. D	99. D	100. C
101. D	102. C	103. B	104. D	105. B	106. C	107. C	108. C	109. B	110. C
111. A	112. C	113. B	114. A	115. C	116. D	117. B	118. D	119. B	120. B
121. D	122. A	123. A	124. C	125. B	126. A	127. B	128. C	129. A	130. A
131. D	132. C	133. C	134. D	135. D	136. C	137. D	138. A	139. C	140. C
141. A	142. B	143. C	144. D	145. B	146. B	147. B	148. A	149. B	150. D
151. C	152. C	153. A	154. B	155. D	156. B	157. A	158. D	159. A	160. D
161. D	162. B	163. D	164. C	165. A	166. B	167. A	168. A	169. C	170. B
171. A	172. B	173. C	174. A	175. A	176. B	177. A	178. C	179. D	180. A
181. B	182. A	183. D	184. B	185. C	186. C	187. C	188. C	189. A	190. D
191. B	192. A	193. A	194. C	195. C	196. B	197. A	198. C	199. A	200. B
201. D	202. A	203. B	204. B	205. A	206. B	207. C	208. B	209. B	210. B
211. A	212. C	213. C	214. C	215. B	216. C	217. C	218. B	219. B	220. B
221. C	222. B	223. D	224. B	225. A	226. C	227. D	228. D	229. C	230. B
231. A	232. C	233. B	234. C	235. A	236. D	237. D	238. D	239. A	240. D
241. B	242. A	243. D	244. A	245. A	246. B	247. A	248. C	249. D	250. C
251. A	252. D	253. A	254. B	255. D	256. D	257. A	258. C	259. A	260. B
261. A	262. B	263. C	264. A	265. D	266. D	267. C	268. B	269. A	270. D
271. C	272. C	273. D	274. B	275. A	276. C	277. A	278. B	279. B	280. A
281. D	282. A	283. B	284. A	285. B	286. C	287. D	288. B	289. A	290. B
291. D	292. D	293. C	294. D	295. C	296. A	297. C	298. C	299. D	300. D
301. A	302. B	303. A	304. C	305. D	306. B	307. A	308. C	309. A	310. A
311. B	312. D	313. C	314. B	315. D	316. B	317. B	318. C	319. B	320. C

321. A	322. B	323. A	324. B	325. B	326. B	327. A	328. B	329. C	330. D
331. B	332. C	333. D	334. A	335. C	336. D	337. A	338. C	339. D	340. B
341. C	342. D	343. C	344. C	345. C	346. A	347. C	348. C	349. A	350. C
351. D	352. A	353. C	354. D	355. A	356. C	357. C	358. C	359. C	360. C
361. C	362. C	363. C	364. B	365. C	366. C	367. C	368. C	369. C	370. A
371. B	372. A	373. C	374. C	375. C	376. C	377. C	378. C	379. C	380. C
381. D	382. A	383. C	384. D	385. C	386. C	387. D	388. A	389. B	390. D
391. A	392. C	393. C	394. C	395. C	396. C	397. B	398. A	399. C	400. A
401. A	402. C	403. C	404. D	405. C	406. C	407. D	408. C	409. C	410. D
411. D	412. C	413. C	414. C	415. C	416. C	417. C	418. C	419. C	420. A
421. C	422. C	423. C	424. A	425. C	426. C	427. C	428. B	429. C	430. A
431. B	432. C								

二、判断题

1. √ 2. × 液体流动状态的改变与流速的大小有关。 3. √ 4. × 力的作用点是表示物体相互作用的地方,它实际上是一个面。 5. √ 6. × 力矩方向规定为顺时针为正,逆时针为负。 7. √ 8. √ 9. × 理想气体是从实际气体抽象出来的一个物理模型。 10. √

11. √ 12. √ 13. × 柴油机的曲轴可用球墨铸铁制造。 14. √ 15. × 铅基合金比较脆,容易因疲劳造成破裂,浇铸性不如锡基合金。 16. √ 17. × 在含有氰盐的介质中同时以碳、氮向钢件表面渗入的过程称为氰化。 18. × 基本尺寸指的是设计给定的尺寸。 19. √ 20. × 基本尺寸≤500mm 时,孔的基本偏差是从轴的基本偏差换算得来的。

21. × 孔的尺寸减去相配合的轴的尺寸所得的代数差为负时,是过盈配合。 22. √ 23. × 实际表面的形状所允许的变动全量称为平面度。 24. √ 25. × 全面质量管理的范围是产品质量产生、形成和实现的全过程。 26. √ 27. × 全面质量管理是以管结果变为管因素。 28. × 全面质量管理要求是全企业的质量管理,全企业的含义就是要求企业各管理层都有明确的质量管理活动内容。 29. √ 30. × 基层单位要建立生产全过程、检验考核、信息反馈等各项保证制度。

31. √ 32. √ 33. × 煤油的渗透力很强,能渗透到生锈螺纹的锈层中。 34. √ 35. √ 36. √ 37. √ 38. √ 39. × 设备在运行过程中或生产过程中发生的设备事故,由机动部门负责组织调查鉴定,由安全部门给予协助,提出处理意见并上报。 40. × 设备事故发生后,事故单位应在 3 日内写出事故的书面报告,应在 10 日内写出处理意见、防范措施、填写事故报告上报上级有关部门。

41. × 制定教学计划主要是针对培训目标、课程设置、基本原则、实例等具体内容的陈述。 42. √ 43. × 课程设置就是依据教学计划具体内容而设置的各门科目。 44. √ 45. √ 46. √ 47. × SNC－4000Ⅱ型水泥车十字头衬套外圆柱面上开有螺旋式半圆油槽,用以构成润滑油道。 48. √ 49. × WESTERN1500 型压裂车排量和水功率较高,具有较大的工作能力。 50. √

51. ×　SS-2管汇试压泵为二级气动增压双作用柱塞泵。　52. √　53. √　54. √　55. ×　特车泵零件修复加工的对象是磨损的旧件。　56. √　57. ×　在拆除特车泵的主轴及小齿轮轴的过程中,如果轴承取不下来不可以用手锤直接敲击。　58. √　59. ×　连杆总成由优质碳素钢锻造而成。　60. √

61. √　62. √　63. ×　油基压裂液是用原油、成品油或在其中加入某些添加剂配制成的压裂液。　64. √　65. ×　用于油层酸化的酸液中加入一定量的冰醋酸作为稳定剂是为了防止铁铝碱类的沉淀物堵塞油层。　66. √　67. ×　离合器是靠主动件和从动件之间的柔性连接来传递扭矩的。　68. ×　压紧弹簧的压紧力越大,则离合器所能传递的扭矩越大。　69. √　70. ×　扭转减振器中由于从动盘和毂是柔性连接的,所以从动盘受的扭矩较大,振动也较大。

71. √　72. ×　装配互换性是指零部件的几何参数具有的互换性。　73. √　74. √　75. ×　由于钻井、酸化、压裂等工艺的进一步强化,特车泵经常处于满载甚至超载状态,泵头容易产生疲劳裂纹和工作表面刺坏,因而制造时必须确保泵头的互换性。　76. √　77. ×　由于特车泵连杆轴承属于不完全互换性零件,修理更换时必须经过校刮,才能保证配合间隙。　78. √　79. ×　闸阀内介质能双向流动。　80. √

81. ×　针形阀的主要作用是切断管路中气体的流动。　82. √　83. ×　蝶阀靠调节阀板达到开启与关闭的目的。　84. √　85. ×　常用于泵和压缩机的管路上,不允许介质作反向流动的阀门是单流阀。　86. √　87. ×　阀门上的阀杆主要受轴向力的作用。　88. √　89. ×　特车泵上阀门连接应用最多的是法兰连接。　90. √

91. ×　阀门的安装有方向性,不可以随意安装。　92. √　93. √　94. ×　压裂时与井口采油树连接用的是75mm高压活动弯头。　95. √　96. ×　高压活动弯头常见故障的主要原因是V形密封圈失效。　97. √　98. ×　经检查维护后的活动弯头在试压时,抗压强度应不小于额定工作压力的120%,达到不渗不漏为合格。　99. √　100. ×　泵头上的排出管接头采用活接头式的螺纹连接,易于拆卸和更换。

101. √　102. ×　使用者应遵守的纪律和安全注意事项也属于设备使用规程中的基本内容。　103. ×　设备的二级维护是在一级维护的基础上,对设备进行局部解体检查或修理。　104. √　105. ×　按标准的约束性可将标准分为强制性标准和推荐性标准两类。　106. ×　地方标准是由省、市标准化行政主管部门制定,在本行政区域内统一实行的标准。　107. ×　地方标准的编号由3部分组成。　108. √　109. ×　井下作业井控技术是保证井下作业安全的关键技术。　110. √

111. ×　在井下作业过程中,气层中的天然气会向井筒内的液体中扩散。　112. √　113. √　114. √　115. √　116. ×　气井、水平井等特殊井必须应用油管输送射孔。　117. √　118. ×　放喷降压期间要有专人负责监控,及时根据喷出水量及水质情况调节喷水方案。　119. √　120. ×　施工作业队未接到下步作业方案,不得起管柱作业。

121. √　122. ×　采油树上的总阀门在正常生产时总是打开的。　123. √　124. ×　地面防喷器控制装置应能在30s内关闭任一个闸板防喷器。　125. √　126. ×　井口旋塞阀是管柱循环系统中的手动控制阀,专用于防止井喷的紧急情况。　127. √　128. ×　平板阀只能全开全关,不允许半开半关。　129. √　130. ×　分公司调度室是生产运行的指挥机构,是所有信息的汇总点。

131. √　132. √　133. √　134. ×　扫描仪是计算机输入设备。　135. √　136. ×　在计算机键盘上有些常用的特殊键,Delet 为删除键。　137. ×　在计算机 Word 文档正文编辑区中有个一闪一闪的光标,它所在的位置称为插入点。　138. √　139. √　140. √

141. √　142. √　143. ×　Excel 创建完图表后,仍可以不断改变图表中的数据,源数据改动后,图表会自动更新。　144. √

第六部分　高级工技能操作试题

考核内容层次结构表

级　别	技　能　操　作			合　计
	基本操作	安装与调试	维护与保养	
初级工	30 分 60~90min	30 分 60~100min	40 分 50~90min	100 分 170~280min
中级工	30 分 40~150min	30 分 40~120min	40 分 60~180min	100 分 140~450min
高级工	30 分 45~50min	30 分 40~60min	40 分 60~120min	100 分 145~230min

鉴定要素细目表

行为领域	鉴定范围		鉴定比重	鉴定点		重要程度
	代码	名称		代码	名称	
技能操作 A 100%	A	基本操作	30%	001	使用游标卡尺测量工件	X
				002	用千分尺测量曲轴连杆轴颈	Y
				003	使用手电钻钻孔,用丝锥攻内螺纹	X
	B	安装与调试	30%	001	调整12V-150柴油机气门间隙	X
				002	检查ACF-700B型压裂泵动力端润滑情况并调整机油压力	Y
				003	多片式摩擦离合器行程间隙的调整	X
				004	蜗轮传动齿面啮合的调整方法	Z
				005	使用可调手用铰刀铰削工件	Z
				006	十字头导向板间隙调整方法	Y
	C	维护与保养	40%	001	清洗多片式摩擦离合器片	X
				002	拆装3PCF-300型泵高压旋塞阀	X
				003	压裂(固井)泵及传动系二级保养作业	Y
				004	压裂(固井)泵及传动系三级保养作业	Z
				005	闸阀的组装及检验方法	Y

注:X—核心要素;Y——般要素;Z—辅助要素。

技能操作试题

一、AA001 使用游标卡尺测量工件

1. 考场准备

序号	名称	规格	单位	数量	备注
1	棉纱			若干	
2	螺栓	M10×60	个	1	
3	水泵轴	6135AK-10	根	1	
4	滚动轴承	205	个	1	
5	螺栓、轴、轴承草图		份	各1	未标注尺寸
6	钳工工作台		个	1	
7	游标卡尺(三用)	0~150mm	把	1	能测量深度
8	螺距规	公制	个	1	
9	工作间	12m²	间	1	

2. 考核时限

准备时间 1min,正式操作时间 45min,到时停止操作,按完成项目计分。

3. 考核要求

(1)测量零件尺寸。
(2)正确使用游标卡尺。
(3)劳保穿戴齐全。

4. 评分标准

序号	考核内容	考核要求	评分标准	配分	扣分	得分
1	测量零件尺寸	按图样要求测量螺栓各部尺寸	测量数据缺一项扣4分	10		
		把测得的数据填写到图样的相应部位	测量数据有一项不准扣4分	10		
		按图样要求测量水泵轴的尺寸	测量数据齐全,缺一项扣4分	10		
		把测得的尺寸填写到图样的相应部件	测量数据有一项不准扣4分	10		
		测量滚动轴承尺寸,并说出轴承的型号	测量不准确扣3分;型号说明的不准扣3分	10		
2	正确使用游标卡尺	测量前要对被测物表面进行清洁处理	未清除被测物表面污垢扣5分	5		
		测量前要对所用游标卡尺核对"0"位线,并擦拭清洁	未核对"0"位线扣7分	10		
		测量时量爪要轻轻地靠向被测面	动作过大扣5分	5		
		卡尺与被测面成垂直位置,量爪不能歪斜	卡尺与被测面不垂直,扣8分	10		
		要根据被测面形状选择量爪的适当部件	选择部件不正确扣10分	10		
		使用完毕应把量具擦拭干净,轻轻放入盒内	未擦拭扣5分;随意摆放扣2分	5		

续表

序号	考核内容	考核要求	评分标准	配分	扣分	得分
3	劳保穿戴	劳保穿戴齐全	劳保缺一项扣 2 分	5		
备注			合　计	100		
			考评员签字　　　　　　　年　月　日			

二、AA002 用千分尺测量曲轴连杆轴颈

1. 考场准备

序号	名称	规格	单位	数量	备注
1	清洗油	无铅汽油	L	5	
2	软布		块	1	
3	曲轴总成	6135	根	1	
4	油盆	小号	个	1	
5	千分尺	50～75mm、75～100mm、100～125mm	把	各1	
6	记录纸		张	若干	
7	笔		支	1	
8	V 型铁	划线用	块	2	
9	钳工工作台		个	1	
10	工作间	12m²	间	1	

2. 考场时限

准备时间 1min,正式操作时间 50min,到时停止操作,按完成项目计分。

3. 考核要求

(1) 检查曲轴整体状况。

(2) 正确使用千分尺。

(3) 测量曲轴连杆轴颈。

(4) 提出检验结果。

(5) 劳保穿戴齐全。

4. 评分标准

序号	考核内容	考核要求	评分标准	配分	扣分	得分
1	检查曲轴整体状况	清洗曲轴轴颈,不得用掉毛的棉纱擦洗	未清洗扣 5 分,清洗不干净扣 5 分	10		
		口述检查曲轴弯曲、扭曲、裂纹的方法	不知道检查方法扣 5 分,一项说不准确扣 2 分	10		
2	正确使用千分尺	正确选用千分尺,应根据所测轴径的大小选用合适的千分尺	不知道尺的分类扣 5 分,不会选择扣 5 分	10		
		校对千分尺应把千分尺的固定和活动测杆擦拭干净,以减少测量误差	未擦拭扣 10 分	10		
		正确使用千分尺:用手握住隔热装置,打开锁紧扳手,注意在测量时使用转帽和微分筒的区别	握尺部位不对扣 3 分,未打开锁紧扳手扣 3 分,未注意转帽和微分筒的区别扣 3 分	10		

续表

序号	考核内容	考核要求	评分标准	配分	扣分	得分
3	测量曲轴连杆轴颈	测出曲轴的圆柱度,在每一道轴颈上沿轴向分两个位置测量	测量有误一项扣4分	10		
		测出曲轴的圆度,沿曲轴径向垂直取两个点测量	测量有误一次扣5分	10		
		测出曲轴的最大直径和最小直径	测量有误一次扣2分	5		
		做好测量记录;应当分别记录下6个缸的连杆轴颈的尺寸	记录每缺一项扣5分,缸序混乱扣5分	10		
4	提出检验结果	判断曲轴的质量	未提出检验结果或检验结果不正确扣10分	10		
5	劳保穿戴	劳保穿戴齐全	劳保缺一项扣2分	5		
备注			合　计	100		
			考评员签字 　　　　年　月　日			

三、AA003 使用手电钻钻孔,用丝锥攻内螺纹

1. 考场准备

序号	名称	规格	单位	数量	备注
1	机油壶	小号	个	1	内有机油
2	棉纱		kg	0.1	
3	移动电缆及插座	220V	M	30	
4	绝缘手套	耐压500V	副	1	
5	图样		张	1	标有螺孔尺寸
6	手电钻	220V,13mm	台	1	
7	带虎钳的钳工工作台		个	1	
8	钻头	$\phi 6 \sim \phi 10m$	套	1	
9	丝锥及架	M10	套	1	
10	样冲		个	1	
11	手锤		把	1	
12	扁毛刷	宽13mm	把	1	
13	游标卡尺	0~150mm	把	1	三用
14	钢板尺	300mm	把	1	
15	划针	200mm	根	1	
16	划规	150mm	把	1	
17	低碳钢毛坯		块	1	
18	考试场地		块	1	有220V电源

2. 考核时限

准备时间1min,正式操作时间50min,到时停止操作,按完成项目计分。

3. 考核要求

(1)根据给定的尺寸选择钻头和丝锥。

(2)钻出底孔。

(3)用丝锥攻丝。

(4)劳保穿戴与操作:正确使用工具、用具,用后进行维护保养;劳保穿戴齐全,操作中符合安全操作规程要求。

4. 评分标准

序号	考核内容	考试要求	评分标准	配分	扣分	得分
1	根据给定的尺寸选择钻头和丝锥	根据给定的螺纹尺寸计算底孔尺寸	不会计算扣5分,计算误差超标扣5分	10		
		根据计算尺寸选择钻头和丝锥尺寸	选错扣5分	10		
2	钻出底孔	按给定尺寸划线打样冲眼	不打定位眼扣5分,定位眼有误扣5分	10		
		卡紧钻头	钻头未卡紧扣10分	10		
		卡紧工件,工件的待加工面应与钳口平行,夹紧力以夹紧工件又不损坏工件为准	未卡扣5分,卡的位置不正确扣5分	10		
		用手电钻钻孔:两手用力要均匀,钻头轴线与工件应始终保持垂直,钻进过程中要用冷却液或机油冷却,并不断来回提起钻头清屑	持电钻姿势不正确扣3分,进钻时不及时将钻头退出清屑扣3分,未冷却扣2分,损坏钻头扣2分	10		
3	用丝锥攻丝	检查底孔尺寸	未检查扣5分,尺寸不合要求扣5分	10		
		用丝锥攻丝,先用头锥,再用二锥,两手用力要均匀,始终让丝锥与工件保持垂直	丝锥中心线与工件中心线有偏差扣3分,用力过猛或不均匀扣3分,未冷却扣2分,丝锥扳断扣2分	10		
4	劳保穿戴与操作	正确使用工具、用具	工具、用具使用不正确,一次扣4分;不维护保养,扣3分	10		
		劳保穿戴齐全,操作中符合安全操作规程要求	劳保穿戴每缺一件,扣4分;操作中违反安全操作规程不得分	10		
			合计	100		
备注			考评员签字		年 月 日	

四、AB001 调整 12V-150 柴油机气门间隙

1. 考场准备

序号	名称	型号与规格	单位	数量	备注
1	开口扳手		套	1	
2	套筒扳手		套	1	
3	弯扳手	19mm	把	1	
4	气门卡子		个	1	
5	钩头扳手		把	1	
6	塞尺		套	1	
7	棉纱		kg	0.1	
8	柴油机	12V-150	台	1	

2. 考核时限

准备时间 1min,正式操作时间 40min,到时停止操作,按完成项目计分。

3. 考核要求

(1) 工具准备:工具、用具选择齐全。

(2) 操作与调整:

① 严格按操作程序进行操作。

② 气门间隙要达到要求。

(3) 劳保穿戴与操作:正确使用工具、用具,用后进行维护保养;劳保穿戴齐全,操作中符合安全操作规程要求。

4. 评分标准

序号	考核内容	考核要求	评分标准	配分	扣分	得分
1	工具准备	工具、用具选择齐全	工具、用具不齐全,少一件扣3分	10		
2	操作与调整	气门间隙的调整应在冷机状态下进行	在热机下调整扣15分	15		
		按规定的步骤进行	不按规定的步骤进行扣15分	15		
		气门间隙应达到(2.34±0.1)mm	气门间隙达不到标准扣15分	15		
		调整气门间隙,应检查气门的内外弹簧有无断裂	不检查气门内外弹簧扣15分	15		
		如更换应使活塞位于上止点	更换时不使活塞位于上止点扣10分	10		
3	劳保穿戴与操作	正确使用工具、用具	工具、用具使用不正确,一次扣4分;不维护保养,扣3分	10		
		劳保穿戴齐全,操作中符合安全操作规程要求	劳保穿戴每缺一件,扣4分;操作中违反安全操作规程不得分	10		
			合 计	100		
备注			考评员签字 年 月 日			

五、AB002 检查 ACF-700B 型压裂泵动力端润滑情况并调整机油压力

1. 考场准备

序号	名称	型号与规格	单位	数量	备注
1	开口扳手	13mm	把	1	
2	活动扳手	300mm	把	1	
3	螺丝刀	200mm	把	1	
4	棉纱		kg	0.2	毛巾代用
5	压裂车	ACF-700B	台	1	
6	室内操作室	100m²	间	1	整洁无干扰

2. 考核时限
准备时间 1min,正式操作时间 60min,到时停止操作,按完成项目计分。

3. 考核要求
(1)工具准备:工具、用具选择齐全。
(2)观察机油压力及润滑情况:泵低速运转,机油压力应为 0.2~0.49MPa。
(3)调整机油压力:若机油压力不正确,熄火调整。
(4)劳保穿戴与操作:正确使用工具、用具,用后进行维护保养;劳保穿戴齐全,操作中符合安全操作规程要求。

4. 评分标准

序号	考核内容	考核要求	评分标准	配分	扣分	得分
1	工具准备	工具、用具选择齐全	工具、用具不齐全,少一件扣3分	10		
2	观察机油压力及润滑情况并判断故障	卸掉曲轴箱观察孔盖及滑板室盖板,发动柴油机,使泵一挡低速运转,并观察机油压力表	操作步骤错一步扣3分,零件乱摆乱放扣3分,泵高速运转扣2分,不看油表压力值扣2分	10		
		检查曲轴轴承连杆瓦、连杆铜套、十字头及导板的润滑情况	漏检一处扣3分	10		
		根据油压、油量判断润滑状况及故障所在	判断不准确扣10分	10		
3	调整机油压力	按步骤调整机油压力,熄火并用扳手卸掉机油泵压力开关外固定螺母	熄火操作不正确扣5分,拆卸固定螺母方法不正确扣5分	10		
		用螺丝刀旋转调整螺母半扣至两扣,重新装好固定	调整螺母旋转方向错误扣3分,每次旋转过多或过少扣3分,固定螺母未装好扣3分	10		
		重新启泵,观察油压是否达到要求,否则重新按步骤调至合格	启泵操作不正确扣5分,压力未调至 0.2~0.49MPa 范围内扣5分	10		
		盖上观察孔及滑板室盖板,上紧螺栓	操作方法不正确扣10分	10		

续表

序号	考核内容	考核要求	评分标准	配分	扣分	得分
4	劳保穿戴与操作	正确使用工具、用具	工具、用具使用不正确,一次扣4分;不维护保养,扣3分	10		
		劳保穿戴齐全,操作中符合安全操作规程要求	劳保穿戴每缺一件,扣4分;操作中违反安全操作规程不得分	10		
备注			合　　计	100		
			考评员签字　　　　　　年　　月　　日			

六、AB003 多片式摩擦离合器行程间隙的调整

1. 考场准备

序号	名称	型号与规格	单位	数量	备注
1	开口扳手		套	1	
2	套筒扳手		套	1	
3	弯扳手	19mm	把	1	
4	螺丝刀	200mm	把	1	
5	泵车		台	1	
7	棉纱		kg	0.1	
8	场地	100m²	块	1	清洁

2. 考核时限

准备时间1min,正式操作时间40min,到时停止操作,按完成项目计分。

3. 考核要求

(1)工具准备:工具、用具选择齐全。

(2)拆离合器胀紧螺丝。

(3)取出外锥套。

(4)拆下三星弹子盘总成。

(5)根据磨损量调整衬垫的厚度。

(6)离合器总成全部装好后调整。

(7)劳保穿戴与操作:正确使用工具、用具,用后进行维护保养;劳保穿戴齐全,操作中符合安全操作规程要求。

4. 评分标准

序号	考核内容	考核要求	评分标准	配分	扣分	得分
1	工具准备	工具、用具选择齐全	工具、用具不齐全,少一件扣3分	10		
2	拆离合器胀紧螺钉	拆下柴油机曲轴尾端固定离合器胀紧螺钉	操作不当扣10分	10		
3	取出外锥套	拔下离合器齿圈总成,取出内锥套	操作不当扣5分,没取出内锥套扣5分	10		

续表

序号	考核内容	考核要求	评分标准	配分	扣分	得分
4	拆下三星弹子盘总成	拆下三星弹子盘总成,检查三星弹子盘座的斜面槽以及分离弹子的磨损情况	操作不当扣5分,没检查磨损情况扣5分	10		
5	根据磨损量调整衬垫的厚度	根据磨损量的多少,相应增加调整衬垫的厚度	操作不当扣5分,增加调整衬垫的厚度不正确扣5分	10		
		调整衬套正常总厚度为4mm	总厚度尺寸不正确扣10分	10		
6	离合器总成全部装好后调整	将离合器总成全部装好后,检查离合器压板行程量	操作不当扣5分,不检查离合器压板行程量不正确扣5分	10		
		若行程量(即间隙)达不到6~7mm,可拆下压板螺钉,再次检查行程量	操作不当扣5分,检查离合器压板行程量不正确扣5分	10		
		若仍不符合要求则可在压板背后,加上适当厚度的垫子	操作不当扣5分,垫子加得不适当扣5分	10		
7	劳保穿戴与操作	正确使用工具、用具	工具、用具使用不正确,一次扣2分;不维护保养,扣3分	5		
		劳保穿戴齐全,操作中符合安全操作规程要求	劳保穿戴每缺一件,扣2分;操作中违反安全操作规程不得分	5		
备注			合　计	100		
			考评员签字　　　　　年　　月　　日			

七、AB004 蜗轮传动齿面啮合的调整方法

1. 考场准备

序号	名称	型号与规格	单位	数量	备注
1	开口扳手		套	1	
2	套筒扳手		套	1	
3	百分表		个	1	
4	螺丝刀	200mm	把	1	
5	红丹粉		盒	1	
7	棉纱		kg	0.1	
8	场地	100m^2	块	1	清洁

2. 考核时限

准备时间1min,正式操作时间40min,到时停止操作,按完成项目计分。

3. 考核要求

(1)工具准备:工具、用具选择齐全。

(2)判断蜗轮传动齿面啮合位置。

(3)蜗轮移位:齿的啮合面偏向哪一侧,就将蜗轮沿轴向哪一侧移动。

(4)测量调整:用百分表靠在蜗轮端面上,测量蜗轮的移动量,相应调整垫子。

(5)检查:啮合面应不少于总齿面的65%。

(6)劳保穿戴与操作:正确使用工具、用具、用后进行维护保养;劳保穿戴齐全,操作中符合安全操作规程要求。

4. 评分标准

序号	考核内容	考核要求	评分标准	配分	扣分	得分
1	工具准备	工具、用具选择齐全	工具、用具不齐全,少一件扣3分	10		
2	判断蜗轮传动齿面啮合位置	蜗轮传动齿面正确啮合应在蜗杆轴心线与蜗轮齿面中心线的重合部位。根据蜗轮副啮合面磨出的痕迹或用涂色法检查齿面啮合位置,判断啮合面偏向哪一侧	不会判断蜗轮传动齿面正确啮合位置扣15分;操作不当扣5分	20		
3	蜗轮移位	齿的啮合面偏向哪一侧,就将蜗轮沿轴向哪一侧移动。移动的方法视其结构而定,一般是把蜗轮轴的两端轴承盖卸下,用增减垫子方法,使蜗轮移位	操作不当扣10分,移位不正确扣10分	20		
4	测量调整	用百分表靠在蜗轮端面上,测量蜗轮的移动量	操作不当扣5分,测量蜗轮的移动量不正确扣5分	10		
		根据移动量的多少,调整垫子的薄厚	操作不当扣5分,调整垫子的薄厚不正确扣5分	10		
5	检查	在蜗轮齿面上涂上一层薄薄的红丹粉,转动蜗杆通杆通过红丹粉在齿面上的痕迹检查齿的啮合面,应在中间	操作不当扣5分,检查不正确扣5分	10		
		啮合面应不少于总齿面的65%	检查不正确扣10分	10		
6	劳保穿戴与操作	正确使用工具、用具	工具、用具使用不正确,一次扣2分;不维护保养,扣3分	5		
		劳保穿戴齐全,操作中符合安全操作规程要求	劳保穿戴每缺一件,扣2分;操作中违反安全操作规程不得分	5		
备注			合　计	100		
			考评员签字 　　　　　年　月　日			

八、AB005 使用可调手用铰刀铰削工件

1. 考场准备

序号	名称	型号与规格	单位	数量	备注
1	开口扳手		套	1	
2	套筒扳手		套	1	
3	可调手用铰刀		套	1	
4	螺丝刀	200mm	把	1	
5	台钳		件	1	
7	棉纱(毛巾)		kg	0.1	
8	游标卡尺	150mm	把	1	
9	场地	100m²	块	1	清洁

2. 考核时限

准备时间 1min,正式操作时间 40min,到时停止操作,按完成项目计分。

3. 考核要求

(1)工具准备:工具、用具选择齐全。

(2)选用合适的铰刀。

(3)擦净铰刀。

(4)铰刀或被铰的工件固定在台钳上。

(5)铰削。

(6)控制铰削量。

(7)工件翻面。

(8)调节铰削量。

(9)保养铰刀。

(10)劳保穿戴与操作:正确使用工具、用具,用后进行维护保养;劳保穿戴齐全,操作中符合安全操作规程要求。

4. 评分标准

序号	考核内容	考核要求	评分标准	配分	扣分	得分
1	工具准备	工具、用具选择齐全	工具、用具不齐全,少一件扣2分	5		
2	选用合适的铰刀	根据需要铰削工件的孔径,选用合适的铰刀。如,需铰削孔径为 $\phi20mm$,则应选用范规为 $\phi19 \sim \phi20mm$ 毫米的铰刀	不会选铰刀扣5分,选的铰刀不合适扣4分	9		
3	擦净铰刀	用毛巾擦净铰刀,并检查刀条,刀体应无损伤	没擦净铰刀扣3分,没检查扣3分	6		
4	铰刀或被铰的工件固定在台钳上	把铰刀或被铰的工件固定在台钳上,如工件大则可固定工件	操作不当扣5分,固定不牢扣3分	8		
5	铰削	铰削时,双手持平工件,使孔的端面垂直于刀	操作不当扣5分,不能保持孔的端面垂直于刀扣3分	8		
		按顺时针方向转动铰削,切不可倒转。进刀速度不宜过快	操作不当扣3分,进刀速度过快扣3分	6		
6	控制铰削量	每次的铰削量不宜太多,一般在 0.08mm 左右	操作不当扣3分,每次的铰削量太多扣3分	6		
		不能用力过大或过猛,始终保持孔的端面与铰刀垂直	操作不当扣4分,不能保持孔的端面垂直于刀扣3分	7		
7	工件翻面	每铰削一次,应把工件翻面再铰,以防铰出锥度	操作不当扣3分,出现锥度扣3分	6		
8	调节铰削量	调节铰削量时,应先松开上调节器螺母,后上紧下调节器节螺母	操作不当扣4分,顺序不对扣3分	7		
		调节器节铰削量的大小,可根据调节节螺母的螺距和铰刀体上的斜槽的斜度加以控制	操作不当扣5分,不会控制扣3分	8		
		螺距为 1.5mm,槽的斜度为 1:50,则调节螺母每转一周铰削量增减 $1.5 \div 50 \times 2 = 0.06mm$	不会计算不得分	8		

续表

序号	考核内容	考核要求	评分标准	配分	扣分	得分
9	保养铰刀	铰刀使用后,应擦净放入工具盒内,保护好刀刃	操作不当扣3分,不放入工具盒内扣3分	6		
10	劳保穿戴与操作	正确使用工具、用具	工具、用具使用不正确,一次扣2分;不维护保养,扣3分	5		
		劳保穿戴齐全,操作中符合安全操作规程要求	劳保穿戴每缺一件,扣2分;操作中违反安全操作规程不得分	5		
备注			合 计	100		
			考评员签字 年 月 日			

九、AB006 十字头导向板间隙调整方法

1. 考场准备

序号	名称	型号与规格	单位	数量	备注
1	开口扳手		套	1	
2	套筒扳手		套	1	
3	外径千分尺		套	1	
4	螺丝刀	200mm	把	1	
5	内径百分表		件	1	
7	棉纱(毛巾)		kg	0.1	
8	塞尺	150mm	件	1	
9	紫铜皮	0.5mm	张	1	
10	车床		台	1	
11	场地	100m²	块	1	清洁

2. 考核时限

准备时间1min,正式操作时间40min,到时停止操作,按完成项目计分。

3. 考核要求

(1)工具准备:工具、用具选择齐全。

(2)判断十字头导向板间隙大小。

(3)取下十字头。

(4)检查配合间隙。

(5)调整间隙。

(6)检查调整效果。

(7)劳保穿戴与操作:正确使用工具、用具,用后进行维护保养;劳保穿戴齐全,操作中符合安全操作规程要求。

4. 评分标准

序号	考核内容	考核要求	评分标准	配分	扣分	得分
1	工具准备	工具、用具选择齐全	工具、用具不齐全,少一件扣2分	10		
2	判断十字头导向板间隙大小	十字头导向板间隙过小,在十字头运动时因摩阻大,引起发热;间隙大则会导致十字头工作时发摆,导向性差	不会判断扣5分,判断不正确扣5分	10		
3	取下十字头	将十字头拆取下来,擦洗干净十字头和泵体上的导向板(座),并去掉导向板工作面上的毛刺	操作不当扣5分,不去毛刺扣3分	8		
4	检查配合间隙	用外径千分尺测量十字头导向面最大极限尺寸	不会用外径千分尺扣5分,测量不正确扣5分	10		
		用内径百分表测量泵体上五导向板间的最大极限尺寸	不会用内径百分表扣5分,测量不正确扣5分	10		
		把十字头按原位放入泵体导向板内,用大于十字头长度的塞尺(薄厚规),在十字头上下的弧面上测量实际间隙	不会用塞尺扣5分,测量不正确扣5分	10		
5	调整间隙	间隙大时用紫铜皮(厚度大于0.5mm,需加热使其软化)垫在十字头与十字头滑板之间或垫在导向板与泵体导向座之间	操作不当扣5分,垫子使用不正确扣3分	8		
		间隙小时,用研磨砂研磨或用砂布打磨。若磨量大,则应把十字头导向弧面用车床加工至所需尺寸	操作不当扣5分,不用车床加工扣3分	8		
6	检查调整效果	间隙调整后,经检查应符合要求,最好将十字头放入导向板,用手推拉十字头,应滑动自如,无松旷现象	操作不当扣5分,滑动不自如扣3分	8		
		将十字头、连杆全部装好后,盘动曲轴无蹩劲,十字头来去运动自如	操作不当扣5分,滑动不自如扣3分	8		
7	劳保穿戴与操作	正确使用工具、用具	工具、用具使用不正确,一次扣2分;不维护保养,扣3分	5		
		劳保穿戴齐全,操作中符合安全操作规程要求	劳保穿戴每缺一件,扣2分;操作中违反安全操作规程不得分	5		
			合　　　计	100		
备注			考评员签字			
					年　月　日	

十、AC001 清洗多片式摩擦离合器片

1. 考场准备

序号	名称	型号与规格	单位	数量	备注
1	开口扳手	22mm	把	1	
2	螺丝刀	250mm	把	1	
3	扁铲		把	1	
4	手锤	0.36kg	把	1	
5	油盆		个	1	
6	毛巾		条	1	
7	自制钩子		个	2	
8	汽油		kg	2	
9	摩擦器离合片		片	4	
10	压裂车	ACF-700B 型	台	1	
11	室外场地	10m×10m	块	1	

2. 考核时限

准备时间1min,正式操作时间70min,到时停止操作,按完成项目计分。

3. 考核要求

(1)工具准备:工具、用具选择齐全。
(2)拆卸压板取出离合器片。
(3)清洗并安装。
(4)劳保穿戴与操作:正确使用工具、用具,用后进行维护保养;劳保穿戴齐全,操作中符合安全操作规程要求。

4. 评分标准

序号	考核内容	考核要求	评分标准	配分	扣分	得分
1	工具准备	工具、用具选择齐全	工具、用具不齐全,少一件扣3分	10		
2	拆卸压板取出离合器片	拆卸压板,要求锁片、螺母、螺栓无损伤	损伤锁片扣10分;损伤螺母、螺栓扣10分	20		
		取出离合器片,先用汽油喷到离合器内浸泡或轻轻敲击摩擦片	未用汽油浸泡或敲击扣5分,有零件损伤扣5分,操作不符合要求扣5分	15		
3	清洗并安装	清洁离合器里面,要求掏净脏物,离合器里面要洗干净	有脏物未掏净扣5分,未清洗离合器里面扣5分	10		
		清洗摩擦片,把离合器片从里到外逐片清洗干净、擦干,洗一片、装一片	摩擦片未清洗扣5分,摩擦片装入时未擦干扣5分,拆装不按规定要求扣5分	15		
		复装压板,对称地上紧所有螺母,并锁紧	紧固螺母顺序不正确扣5分,螺母未锁紧扣5分	10		

续表

序号	考核内容	考核要求	评分标准	配分	扣分	得分
4	劳保穿戴与操作	正确使用工具、用具	工具、用具使用不正确,一次扣4分;不维护保养,扣3分	10		
		劳保穿戴齐全,操作中符合安全操作规程要求	劳保穿戴每缺一件,扣4分;操作中违反安全操作规程不得分	10		
备注			合　　计	100		
			考评员签字			
				年　　月　　日		

十一、AC002 拆装 3PCF-300 型泵高压旋塞阀

1. 考场准备

序号	名称	型号与规格	单位	数量	备注
1	套筒扳手	19~22mm	把	1	
2	螺丝刀	150mm	把	1	
3	撬杠	1000mm	根	1	
4	手压试压泵	120MPa	台	1	
5	黄油枪		把	1	充满黄油
6	油盆	大号	个	1	
7	棉纱		kg	0.1	毛巾代
8	密封圈		个	4	3PCF-300型泵高压旋塞阀用O形圈2个,密封圈2个
9	黄油		袋	1	
10	清洗液		kg	3	可用汽油代
11	高压旋塞阀		个	1	3PCF-300型泵用
12	室内操作室	100m²	间	1	

2. 考核时限

准备时间 1min,正式操作时间 120min,到时停止操作,按完成项目计分。

3. 考核要求

(1)工具准备:工具、用具选择齐全。

(2)拆卸阀门。

(3)清洗检查。

(4)组装。

(5)试压:要求试压 120MPa,保持 5min,不得有刺漏。

(6)劳保穿戴与操作:正确使用工具、用具,用后进行维护保养;劳保穿戴齐全,操作中符合安全操作规程要求。

4. 评分标准

序号	考核内容	考核要求	评分标准	配分	扣分	得分
1	工具准备	工具、用具选择齐全	工具、用具不齐全,少一件扣3分	10		
2	拆卸阀门	用19~22mm套筒扳手卸掉手轮固定螺钉取下手轮	不按操作程序做,错一步扣5分	10		
		用撬杠卸掉阀芯压帽,用19~22mm梅花扳手卸掉压帽螺栓,取下压帽、密封圈、阀芯;取下两片瓦片	不按操作程序做,错一步扣5分	10		
3	清洗检查	清洗并检查零部件;检查更换密封圈	不清洗扣5分,不检查扣5分	10		
4	组装	将阀芯及瓦片涂上黄油,将瓦片的孔对准旋塞的孔,然后把瓦片的槽对准阀体中的稳钉,将阀芯装入阀体内,上紧压板,装上密封圈,用撬杠上紧,阀芯装入压帽,最后装上手轮	不涂黄油扣5分;不按程序组装,错一步扣5分	20		
5	试压	连接试压泵试压	操作错误扣10分	10		
		要求压力达到120MPa时,保持5min不刺不漏为合格	压力达不到扣4分;不保持5min扣3分;试压刺漏,扣3分	10		
6	劳保穿戴与操作	正确使用工具、用具	工具、用具使用不正确,一次扣4分;不维护保养,扣3分	10		
		劳保穿戴齐全,操作中符合安全操作规程要求	劳保穿戴每缺一件,扣4分;操作中违反安全操作规程不得分	10		
			合　　计	100		
备注			考评员签字　　　　　　　　　　　年　　月　　日			

十二、AC003 压裂(固井)泵及传动系二级保养作业

1. 考场准备

序号	名称	型号与规格	单位	数量	备注
1	轻柴油		L	2	
2	机油		L	5	
3	黄油		L	1	
4	管钳	600mm	把	1	
5	大锤	1.5kg	把	1	
6	手钳	200mm	把	1	
7	螺丝刀	150mm	把	1	
8	冲子		把	1	
9	活动扳手	200mm	把	1	
10	开口扳手	S14~17	把	1	
11	梅花扳手	S12~14	把	1	
12	油盆		个	2	
13	压裂车		台	1	

2. 考核时限

准备时间 1min,正式操作时间 60min,到时停止操作,按完成项目计分。

3. 考核要求

(1)工具准备:工具、用具选择齐全。

(2)答出保养周期及内容。

(3)清洗换油。

(4)检查变速箱(传动箱)、减速箱齿轮。

(5)检查柱塞泵曲轴(主轴)、连杆及轴承。

(6)检查十字头、导板。

(7)检查制动带。

(8)检查润滑油泵。

(9)劳保穿戴与操作:正确使用工具、用具,用后进行维护保养;劳保穿戴齐全,操作中符合安全操作规程要求。

4. 评分标准

序号	考核内容	考核要求	评分标准	配分	扣分	得分
1	工具准备	工具、用具选择齐全	工具、用具不齐全,少一件扣3分	10		
2	答出保养周期及内容	压裂、固井泵每累计运转 400~480h,应进行二级保养,包括一级保养内容	不清楚二级保养时间扣5分,不了解保养内容扣5分	10		
3	清洗换油	清洗柱塞泵,变速箱(传动箱)、减速箱等油箱,更换润滑油。清洗柱塞冷却油池,更换冷却油	清洗不彻底扣5分;不更换油扣5分	10		
4	检查变速箱(传动箱)、减速箱齿轮	检查变速箱(传动箱)、减速箱齿轮磨损情况	操作步骤不对扣5分;检查不彻底扣5分	10		
5	检查柱塞泵曲轴(主轴)、连杆及轴承	检查柱塞泵曲轴(主轴)、连杆及轴承磨损情况,清洗曲轴箱	检查不到位扣5分;没清洗曲轴箱扣5分	10		
6	检查十字头、导板	检查十字头、导板磨损情况及十字头销子衬套的磨损情况,必要时予以调整和更换	操作步骤不对,扣5分;检查不全,每一项扣2分	10		
7	检查制动带	检查制动带磨损及固定情况(如YLC-700型压裂车)	未检查扣10分;检查不彻底扣5分	10		
8	检查润滑油泵	检查调整柱塞泵、变速箱(传动箱)润滑油泵供油情况	操作步骤不对扣5分;检查不全,每一项扣2分	10		
9	劳保穿戴与操作	正确使用工具、用具	工具、用具使用不正确,一次扣4分;不维护保养,扣3分	10		
		劳保穿戴齐全,操作中符合安全操作规程要求	劳保穿戴每缺一件,扣4分;操作中违反安全操作规程不得分	10		
			合　　计	100		
备注			考评员签字			
				年　月　日		

十三、AC004 压裂(固井)泵及传动系三级保养作业

1. 考场准备

序号	名称	型号与规格	单位	数量	备注
1	轻柴油		L	2	
2	机油		L	5	
3	黄油		L	1	
4	管钳	600mm	把	1	
5	大锤	1.5kg	把	1	
6	手钳	200mm	把	1	
7	螺丝刀	150mm	把	1	
8	冲子		把	1	
9	活动扳手	200mm	把	1	
10	开口扳手	S14~17	把	1	
11	梅花扳手	S12~14	把	1	
12	油盆		个	2	
13	压裂车		台	1	

2. 考核时限

准备时间1min,正式操作时间60min,到时停止操作,按完成项目计分。

3. 考核要求

(1)工具准备:工具、用具选择齐全。
(2)答出保养周期及内容。
(3)检查变速箱(传动箱)、减速箱各齿轮。
(4)检查柱塞泵动力端曲轴、主轴承、连杆轴承、传动齿轮。
(5)检查十字头、导板。
(6)检查调整离合器。
(7)检修传动轴万向节。
(8)检查或检修变速箱(传动箱)控制系统。
(9)劳保穿戴与操作:正确使用工具、用具,用后进行维护保养;劳保穿戴齐全,操作中符合安全操作规程要求。

4. 评分标准

序号	考核内容	考核要求	评分标准	配分	扣分	得分
1	工具准备	工具、用具选择齐全	工具、用具不齐全,少一件扣3分	10		
2	答出保养周期及内容	压裂、固井泵每累计运转1200~1400h,应进行三级保养,包括二级保养内容	不清楚三级保养时间扣5分,不了解保养内容扣5分	10		
3	检查变速箱(传动箱)、减速箱各齿轮	检查变速箱(传动箱)、减速箱各齿轮磨损情况和轴承间隙,必要时予以调整或检修	检查不彻底扣5分;不调整扣5分	10		

续表

序号	考核内容	考核要求	评分标准	配分	扣分	得分
4	检查柱塞泵动力端曲轴、主轴承、连杆轴承、传动齿轮	检查柱塞泵动力端曲轴、主轴承、连杆轴承、传动齿轮等磨损情况及配合间隙,必要时予以调整或检修	检查不彻底扣 5 分;不调整或不检修扣 5 分	10		
5	检查十字头、导板	检查十字头、导板等磨损情况及配合间隙,必要时予以调整或检修	检查不彻底扣 5 分;不调整或不检修扣 5 分	10		
6	检查调整离合器	检查调整离合器,清洗离合器片,必要时予以调整或检修	检查不彻底扣 5 分;不调整或不检修扣 5 分	10		
7	检修传动轴万向节	检修传动轴万向节(联轴节)	检修不彻底扣 10 分	10		
8	检查或检修变速箱(传动箱)控制系统	检查或检修变速箱(传动箱)控制系统的工作灵敏度及完善情况	操作步骤不对,扣 5 分;检查不全,每一项扣 2 分	10		
9	劳保穿戴与操作	正确使用工具、用具	工具、用具使用不正确,一次扣 4 分;不维护保养,扣 3 分	10		
		劳保穿戴齐全,操作中符合安全操作规程要求	劳保穿戴每缺一件,扣 4 分;操作中违反安全操作规程不得分	10		
			合 计	100		
备注			考评员签字 年 月 日			

十四、AC005 闸阀的组装及检验方法

1. 考场准备

序号	名称	型号与规格	单位	数量	备注
1	管钳	450mm	把	1	
2	台虎钳	100mm	台	1	
3	孔用卡簧钳	125mm	把	1	
4	紫铜棒	$\phi 30 \times 1000$mm	根	1	
5	油盆		个	1	
6	润滑油		L	0.5	
7	棉纱		kg	0.1	毛巾代
8	修理包		个	1	2in 活动弯头
9	纱布		块	2	
10	闸阀		个	1	
11	室内操作室	100m^2	间	1	

2. 考核时限

准备时间1min,正式操作时间120min,到时停止操作,按完成项目计分。

3. 考核要求

(1)工具准备:工具、用具选择齐全。

(2)组装:严格按操作程序进行操作。

(3)检验:全部装好后,转动手轮,应无卡阻现象,闸板上下灵活;试压检查闸阀的密封性和抗压强度,试验压力为闸阀公称压力的1.5倍。

(4)劳保穿戴与操作:正确使用工具、用具,用后进行维护保养;劳保穿戴齐全,操作中符合安全操作规程要求。

4. 评分标准

序号	考核内容	考 核 要 求	评 分 标 准	配分	扣分	得分
1	工具准备	工具、用具选择齐全	工具、用具不齐全,少一件扣3分	10		
2	组装	将修复好的零部件清洗干净,涂上润滑油	没清洗干净扣5分,没涂上润滑油扣5分	10		
		先将阀杆下部与闸板接好,小心把闸板放入阀体的阀座上	操作不当扣5分,没按顺序扣5分	10		
		将阀杆螺母旋入阀杆上,固定阀盖与阀体的连接螺栓。在未固定死前,应转动阀杆将闸板上提,防止因阀盖上紧使闸板被顶死	操作不当扣5分,没按顺序扣5分	10		
		将密封填料装入填料函内,装好手轮,给阀杆螺纹涂润滑油	操作不当扣5分,没涂润滑油扣5分	10		
3	检验	全部装好后,转动手轮,应无卡阻现象,闸板上下灵活	操作不当扣5分,顺序不正确扣5分	10		
		试压检查闸阀的密封性和抗压强度,试验压力为闸阀公称压力的1.5倍,不渗不漏为合格	没试压扣20分;试验压力不正确扣10分,渗漏扣5分	20		
4	劳保穿戴与操作	正确使用工具、用具	工具、用具使用不正确,一次扣4分;不维护保养,扣3分	10		
		劳保穿戴齐全,操作中符合安全操作规程要求	劳保穿戴每缺一件,扣4分;操作中违反安全操作规程不得分	10		
			合 计	100		
备注			考评员签字			
				年 月 日		

参 考 文 献

[1] 中国石油天然气集团公司人事服务中心. 特车泵工. 北京:石油工业出版社,2004.
[2] 赵磊. 简明井下工具使用手册. 北京:石油工业出版社,2004.
[3] 李俊荣,左柯庆,刘祥康,等. 含硫油气田硫化氢防护系列标准宣贯教材. 北京:石油工业出版社,2005.
[4] 张桂林,张之悦,颜廷杰. 井下作业井控技术. 北京:中国石化出版社,2006.
[5] 荆波. 班组 HSE 基础知识与操作实务. 北京:中国石化出版社,2007.